高职高专电子信息类专业"十二五"课改规划教材

# 单片机应用技术

主　编　鲍安平　严莉莉
副主编　王　璇
参　编　高玉玲　魏　琰　陈　勇



西安电子科技大学出版社

## 内容简介

本书从单片机应用的7个经典项目(流水灯设计、可调式电子闹钟系统设计、单片机与PC机通信系统设计、温度采集系统设计、简易数字电压表设计、简易信号发生器设计、具有记忆功能的计数器设计)入手，利用12个任务，通过项目操作的引导，使学生掌握单片机的各方面知识以及开发应用的相关内容。

本书写法新颖、内容详实、操作性强，可作为高职高专电子信息工程、应用电子技术等专业的教材，也可作为相关专业技术人员的参考书。

**图书在版编目(CIP)数据**

**单片机应用技术/鲍安平，严莉莉主编.—西安：西安电子科技大学出版社，2013.1**

高职高专电子信息类专业“十二五”课改规划教材

ISBN 978-7-5606-2943-8

Ⅰ.①单… Ⅱ.①鲍… ②严… Ⅲ.①单片微型计算机—高等职业教育—教材

Ⅳ.①TP368.1

**中国版本图书馆CIP数据核字(2012)第294322号**

策划编辑 张 媛

责任编辑 张 媛

出版发行 西安电子科技大学出版社(西安市太白南路2号)

电 话 (029)88242885 88201467 邮 编 710071

网 址 www.xduph.com 电子邮箱 xdupfxb001@163.com

经 销 新华书店

印刷单位 西安文化彩印厂

版 次 2013年1月第1版 2013年1月第1次印刷

开 本 787毫米×1092毫米 1/16 印张 14.5

字 数 341千字

印 数 3,000册

定 价 23.00元

ISBN 978-7-5606-2943-8/TP

**XDUP 323500 1-1**

* * * 如有印装问题可调换 * * *

# 前　言

单片机的应用对于大多数电子爱好者来说，是必须要掌握的一项技能。单片机的英文名称是 Microcontroller(微控制器)，这也体现了其主要应用领域。目前，市场上的单片机型号可以说是琳琅满目，但是 51 系列单片机依然在单片机应用领域中占有不可替代的地位，也是广大电子爱好者学习单片机的入门之选。

目前，51 单片机的应用技术依然是高校电子工程、应用电子、自动控制等专业的一门核心课程。由于单片机的应用集成了硬件电路设计和软件程序开发，因此其综合性和实践性非常强。对于高职院校的学生来说，更注重实际应用。本书以 51 单片机为核心，以项目设计为主线，通过七个主要项目，融合了单片机应用中的基本知识；在软件程序上，采用 C 语言作为主要开发语言，每个项目都在 Proteus 软件中仿真通过。

本书的特色主要体现在：

(1) 以项目设计为主线，摆脱传统有关单片机教材中，理论与实践脱节的缺点，将单片机每一部分的理论和实践分解到相关项目中，使读者在学习的时候，不仅知道为什么，还知道怎么用，将理论与实践有机结合起来。每个项目中，首先提出项目要求，使学习者明确学习目标；再去介绍跟这个项目有关的理论知识；随后对项目进行分析，引导学习者如何将大的项目分解成一个个小任务去完成，最后再进行整合。

(2) 项目的选取具有针对性和可扩展性。本书共设计了七个大项目，由 I/O 口简单应用到内部资源的应用再到常用外围器件接口电路设计及程序开发，由简到难，每个项目都是在前一个项目基础上设计的，并为后一个项目做准备。在项目的具体实施中根据项目的难易程度再成分若干个小任务，将单片机学习中需要掌握的每个部分融合进去，体现了“学做一体”的思想。并且每个项目都有拓展内容，从拓展内容中体现单片机应用的多样性。

(3) 采用 C 语言编程，贴近岗位需求。传统汇编语言虽然运行速度要比 C 语言快，但是过多的助记符及程序结构很难理解，而且采用汇编语言要求对硬件的结构理解透彻，增加了单片机学习的难度。目前在单片机产品的实际开发中，基本不再使用汇编语言。C 语言由于其可读性强、易于理解、方便移植，已成为单片机产品开发的主流语言。本书所有项目的软件程序均采用 C 语言编写，每段程序后都有详细的程序分析，可提高学习效果。

(4) 引入仿真软件，直观生动。在 Keil 软件的调试状态下，只能简单观察外设和 I/O 口的状态，进行简单程序的调试，对于较大程序的调试需借助仿真器。Proteus 软件是目前最好的模拟单片机外围器件的工具，包含丰富的元件库。本书中所有项目均利用 Proteus 软件进行仿真调试，该软件电路的仿真运行效果直观、可靠。而且 Proteus 可以和 Keil C51 软件进行联合调试，无需采用实际仿真器进行单步跟踪、调试。Proteus 软件的应用大大缩短了单片机程序的开发时间。

南京信息职业技术学院鲍安平、严莉莉担任本书主编，编写了项目 2 和项目 5、7，并对全书进行了统稿；王璇担任副主编，编写了项目 3、6；高玉玲编写了项目 1；魏琰编写了项目 4。本书在项目的选取和设计中得到了南京中认南信检测技术有限公司陈勇工程师的指导，他也参与本书各项目模块电路的设计，在此编者向他表示感谢。

由于我们初次编写以项目为主线的教材，缺乏经验，书中难免有不妥之处，希望读者给予指正。

编　者

2012 年 3 月

# 目　录

# 0　单片机概述

## 0.1　单片机的由来

单片机也被称为微控制器(Microcontroller)，是因为它最早被用在工业控制领域。单片机由芯片内仅有CPU的专用处理器发展而来。它最早的设计理念是通过将大量外围设备和CPU集成在一个芯片中，使计算机系统更小，更容易集成进复杂的而对体积要求严格的控制设备当中。Intel的Z80是最早按照这种思想设计出的处理器，从此以后，单片机和专用处理器的发展便分道扬镳。

单片机是一种集成的电路芯片，是采用超大规模集成电路技术把具有数据处理能力的中央处理器CPU、随机存储器RAM、只读存储器ROM、多种I/O口和中断系统、定时器/计数器等电路(可能还包括显示驱动电路、脉宽调制电路、模拟多路转换器、A/D转换器等）功能集成到一块硅片上构成的一个小而完善的计算机系统。

## 0.2　单片机的发展历程

单片机作为微型计算机的一个重要的分支，应用面很广，发展也很快。1971年Intel公司首次发布4004的4位微处理器，1974年12月仙童(Fair Child)公司即推出8位单片机F8(需另加一块3851芯片，还不能真正称得上为单片机)。随后，Mostek公司和仙童公司一起推出了与F8兼容的3870单片机系列。Intel公司在1976年9月推出了MCS-48单片机系列(包括8048/8748/8035等)。GI(General Instrument Crop)公司在1977年10月发布了PIC1650单片机系列。1978年，Rockwell公司也推出了R6500/1系列单片机(与6502微处理器兼容)。这些单片机都有8位CPU、若干个并行I/O口、8位定时器/计数器、容量有限的RAM和ROM，以及简单中断处理等功能。Motorola公司和Zilog公司的单片机问世稍晚一些，但产品性能较高，其单片机含有串行I/O、多级中断处理等功能，片内的RAM和ROM容量较大，有的还带有A/D转换接口。Motorola公司在1978年下半年发布了与6800微处理器兼容的6801单片机(在此之前，先推出了双片式的6802)；Zilog公司在同年10月也推出了Z8单片机系列。1982年，Mostek公司和Intel公司先后推出了16位单片机MK68200(与68000微处理器兼容）和MCS-96系列。1987年Intel公司又推出了性能是8096的2.5倍的新型单片机80296。

综上所述，可以把单片机的发展划分为以下四个阶段：

第一阶段(1974年开始)：单片机初级阶段。因工艺限制，此阶段的单片机采用双片的形式，而且功能比较简单，如仙童公司的F8实际上只包括了8位CPU、64字节RAM和2个并行I/O口，因此，还需加一块3851(由1K ROM、定时/计数器和2个并行I/O口构成）才能组成一台完整的微型计算机。

第二阶段（1976 年开始）：低性能单片机阶段。以 Intel 公司的 MCS－48 为列，其采用了单片结构，即在一块芯片内就含有 8 位 CPU、并行 I/O 口、8 位定时/计数器、RAM 和 ROM 等，但无串行 I/O 口，中断处理也比较简单，片内 RAM 和 ROM 容量较小，且寻址范围有限，一般都不大于 4 KB。

第三阶段（1978 年开始）：高性能单片机阶段。这一阶段的单片机带有串行 I/O，有多级中断处理功能，定时/计数器为 16 位，片内的 RAM 和 ROM 相对增大，且寻址范围可达 64 KB，有的片内还带有 A/D 转换接口。这类单片机包括 Intel 公司的 MCS－51，Motorola 公司的 6801 和 Zilog 公司的 Z8 等。由于这类单片机应用的领域较广，目前还在不断的改进和发展之中。

第四阶段（1982 年开始）：16 位单片机阶段。16 位单片机除了 CPU 为 16 位以外，RAM 和 ROM 容量进一步增大，实时处理的能力更强。如 Intel 公司的 MCS－96，其集成度已为 120 000 管子/片，主振频为 12 MHz，片内 RAM 为 232B，ROM 为 8 KB，中断处理为 8 级，而且片内带有多通道 10 位 A/D 转换和高速输入/输出部件（HSIO），实时处理的能力很强。

## 0.3 单片机的特点

单片机具有以下特点：

（1）体积小、重量轻、功耗低、功能强、性价比高，可嵌入各种设备中组成以之为核心的嵌入式系统。

（2）数据大都在单片机内部传送，运行速度快，抗干扰能力强，可靠性高。

（3）结构灵活，易于组成各种微机应用系统。

（4）应用广泛，既可用于工业自动控制等场合，又可用于测量仪器、医疗仪器及家用电器等领域。

## 0.4 单片机的应用领域

单片机的应用领域主要为以下几个方面：

（1）智能仪器仪表。单片机用于各种仪器仪表，一方面提高了仪器仪表的使用功能和精度，使仪器仪表智能化，同时还简化了仪器仪表的硬件结构，从而可以方便地完成仪器仪表产品的升级换代。典型产品如各种智能电气测量仪表、智能传感器等。

（2）机电一体化产品。机电一体化产品是集机械技术、微电子技术、自动化技术和计算机技术于一体，具有智能化特征的各种机电产品。单片机在机电一体化产品的开发中可以发挥巨大的作用。典型产品如机器人、数控机床、自动包装机、点钞机、医疗设备、打印机、传真机、复印机等。

（3）实时工业控制。单片机还可以用于各种物理量的采集与控制，如电流、电压、温度、液位、流量等物理量。在实时工业控制系统中，利用单片机作为系统控制器，可以根据被控对象的不同特征采用不同的智能算法，实现期望的控制指标，从而提高生产效率和产品质量。典型应用如电机转速控制、温度控制、自动生产线等。

(4) 分布式系统的前端模块。在较复杂的工业系统中，经常要采用分布式测控系统完成大量的分布参数的采集。在这类系统中，采用单片机作为分布式系统的前端采集模块，系统具有运行可靠，数据采集方便灵活，成本低廉等一系列优点。

(5) 家用电器。家用电器是单片机的又一重要应用领域，前景十分广阔。如空调器、电冰箱、洗衣机、电饭煲、高档洗浴设备、高档玩具等产品中，单片机起到了很重要的作用。

另外，在交通领域中，汽车、火车、飞机、航天器等均有单片机的广泛应用，如汽车自动驾驶系统、航天测控系统、黑匣子等。

# 项目1　流水灯设计

## 1.1　项目要求

本项目通过单片机控制8只并排的发光二极管，使其能有序的点亮与熄灭，呈现流水灯的效果。

项目重难点：

(1) 51单片机的内部结构；

(2) 51单片机引脚功能；

(3) 51单片机最小系统硬件电路；

(4) 51单片机与LED灯的接口设计。

技能培养：

(1) 熟练掌握Proteus软件的应用；

(2) 熟练掌握Keil C51软件的应用；

(3) 能够进行51单片机与LED灯接口电路的分析与设计，并能熟练编写简单的单片机程序；

(4) 掌握51单片机程序下载的过程。

## 1.2　理论知识

### 1.2.1　MCS-51单片机的结构

**1. MCS-51单片机的内部结构**

把中央处理器(CPU)、存储器(RAM、ROM)、定时/计数器，以及输入/输出(I/O)接口电路等集成在一块芯片上，这样组成芯片级的微型控制器称为单片机(Micro Controller Unit，MCU)。单片机虽然只是一个芯片，但从组成和功能上看，它已具备微机系统的含义。图1-1为MCS-51单片机的内部结构图。

MCS-51单片机的基本结构包括：

(1) 一个8位算术逻辑单元CPU；

(2) 32个I/O口；

(3) 4组8位端口可单独寻址；

(4) 两个16位定时/计数器；

(5) 全双工串行通信；

(6) 6个中断源(5个中断向量)；

(7) 两个中断优先级；

(8) 128 B 内置 RAM；

(9) 独立的 64 KB 可寻址数据和代码区。

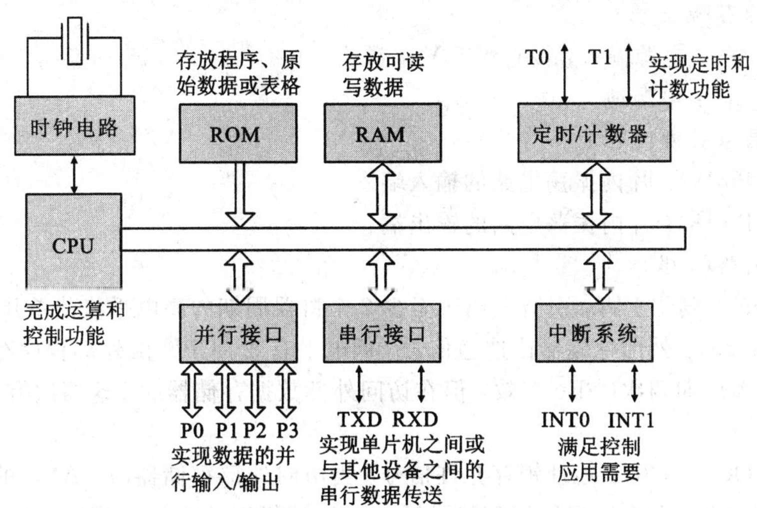


图 1-1　MCS-51 单片机的内部结构图

本书主要介绍 51 系列单片机，配套的实验板使用 STC89C52 单片机。STC89C52 是 MCS-51 单片机的一种，并在基本 51 的基础上有所扩展，具有 8 KB 可编程 FLASH 存储器、256 B 内部 RAM、3 个 16 位定时器/计数器、8 个中断源(6 个中断向量)。

**2. MCS-51 单片机的外部引脚**

常见 51 系列单片机有 PDIP、PLCC、TQFP 三种封装方式，其中最常见的就是采用 40 Pin封装的双列直插 PDIP 封装，其外观及封装引脚如图 1-2 和 1-3 所示。引脚的排列顺序和其他双列直插塑料封装定义一样，都是从靠芯片的缺口左边那列引脚逆时针数起，

图 1-2　STC89C52 外观图

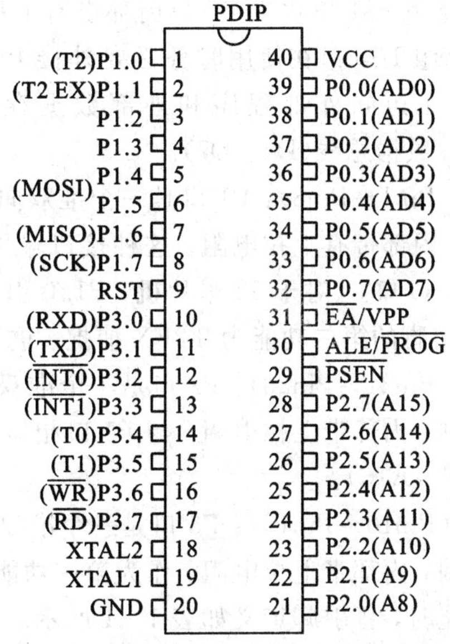


图 1-3　PDIP 封装引脚图

依次为第 1、2、3、4…40 脚，其中芯片的 1 脚顶上有个凹点。

在 40 个引脚中，电源引脚有 2 根，外接晶体振荡器引脚有 2 根，控制引脚有 4 根，4 组 8 位可编程 I/O 引脚有 32 根，各引脚的功能如下：

1）主电源引脚(2 根)

VCC(Pin40)：电源输入，接直流 5 V 电源。

GND(Pin20)：电源地。

2）外接晶振引脚(2 根)

XTAL1(Pin19)：片内振荡电路的输入端。

XTAL2(Pin18)：片内振荡电路的输出端。

3）控制引脚(4 根)

RST(Pin9)：复位引脚，引脚上出现至少 2 个机器周期的高电平将使单片机复位。

$\overline{\text{PSEN}}$(Pin29)：外部存储器读选通信号，低电平有效。CPU 由外部程序存储器取指令期间，每个机器周期两次$\overline{\text{PSEN}}$有效，但在访问外部数据存储器时，这两次有效的$\overline{\text{PSEN}}$信号将不出现。

ALE/$\overline{\text{PROG}}$(Pin30)：地址锁存允许信号。当访问外部存储器时，ALE 的输出用于锁存地址的低位字节。在不访问外部存储器时，ALE 端仍以不变的频率输出脉冲信号(此频率为振荡器频率的 1/6)。在 FLASH 编程期间，$\overline{\text{PROG}}$用于输入编程脉冲。

$\overline{\text{EA}}$/VPP(Pin31)：程序存储器的内外部选通脚。接低电平时，CPU 直接从外部程序存储器读指令；接高电平时，CPU 先从内部程序存储器读指令，内部存储器取完之后，自动转向外部存储器。对于片内含有 EPROM 的机型(8751)，在编程期间，此引脚用作 21 V 编程电源 VPP 的输入端。一般我们都会选择多于实际代码需求的单片机来设计，所以不需要扩展外部程序存储器，此时管脚应当连接高电平。

4）可编程输入/输出引脚(32 根)

P0 口(Pin39～Pin32)：P0 口为一个双向 8 位三态 I/O 口，名称为 P0.0～P0.7，每一位可独立控制。51 单片机 P0 口内部没有上拉电阻，为高阻状态，所以不能正常输出高电平，因此该组 I/O 口在使用时务必要外接上拉电阻，一般我们选择接入 10 kΩ 的上拉电阻。此外，在访问外部程序和外部数据存储器时，P0 口是分时转换的低 8 位地址(A0～A7)/数据总线(D0～D7)。

P1 口(Pin1～Pin8)：P1 口是一个准双向 8 位 I/O 口，名称为 P1.0～P1.7，每一位可独立控制，内部带有上拉电阻。这种接口输出没有高阻状态，输入也不能锁存，故不是真正的双向 I/O 口。(对于 52 单片机，P1.0 引脚的第二功能为 T2 定时器/计数器的外部输入，P1.1 引脚的第二功能为 T2EX 捕捉、重装触发，即 T2 的外部控制端。)

P2 口(Pin21～Pin28)：P2 口是一个准双向 8 位 I/O 口，名称为 P2.0～P2.7，每一位可独立控制，内部带上拉电阻，与 P1 口相似。此外，在访问外部存储器时，P2 口送出高 8 位地址(A8～A15)。

P3 口(Pin10～Pin17)：P3 口是一个准双向 8 位 I/O 口，名称为 P3.0～P3.7，每一位可独立控制，内部带上拉电阻。作为第一功能使用时就当作普通 I/O 口，与 P1 口相似；作为第二功能时，各引脚定义如表 1-1 所示。

值得强调的是：P3 口的每一个引脚均可独立定义为第一功能的输入/输出或第二功

能。P3口的第二功能如表1-1所示。

**表1-1　P3口第二功能**

| 引脚 | 第二功能 | 引脚 | 第二功能 |
|---|---|---|---|
| P3.0 | RXD(串行输入口) | P3.4 | T0(定时器0外部输入) |
| P3.1 | TXD(串行输出口) | P3.5 | T1(定时器1外部输入) |
| P3.2 | $\overline{\text{INT0}}$(外部中断0输入) | P3.6 | $\overline{\text{WR}}$(外部数据存储器写选通) |
| P3.3 | $\overline{\text{INT1}}$(外部中断1输入) | P3.7 | $\overline{\text{RD}}$(外部数据存储器读选通) |

在单片机上电或复位后，P3口自动处于第一功能状态，也就是静态I/O端口的工作状态。根据应用的需要，通过对特殊功能寄存器的设置可将P3端口线设置为第二功能。在实际应用中会将P3口的某几条端口线设为第二功能，而另外几条端口线处于第一功能运行状态。在这种情况下，不宜对P3端口作字节操作，需采用位操作的形式。

**3. MCS-51单片机的I/O口结构及功能**

MCS-51系列单片机有4个8位的并行I/O接口：P0、P1、P2和P3口。这4个口既可以作输入，也可以作输出；既可按字节处理，也可按位方式使用。其输出时具有锁存能力，输入时具有缓冲功能。

1）P0口结构

P0口是一个三态双向口，可作为地址/数据分时复用口，也可作为通用的I/O接口。它包括一个输出锁存器、两个三态缓冲器、一个输出驱动电路和一个输出控制电路，如图1-4所示。

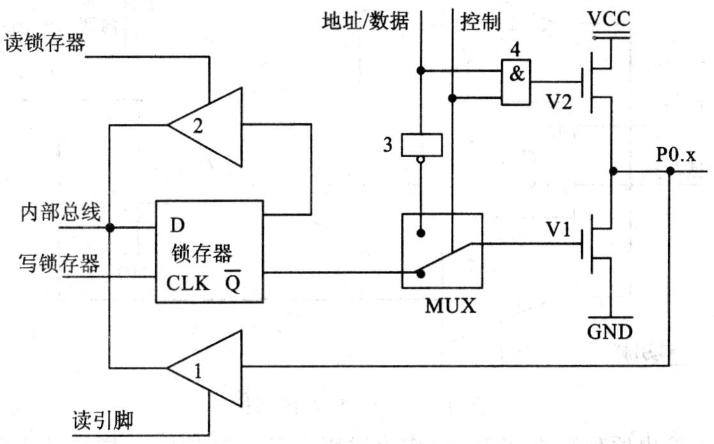


图1-4　P0口内部结构

当控制信号为高电平“1”时，P0口作为地址/数据分时复用总线用。这时可分为两种情况：一种是从P0口输出地址或数据，另一种是从P0口输入数据。控制信号为高电平“1”，转换开关MUX把反相器3的输出端与V1接通，同时把与门4打开。如果从P0口输出地址或数据信号，当地址或数据为“1”时，经反相器3使V1截止，而经与门4使V2导通，P0.x引脚上出现相应的高电平“1”；当地址或数据为“0”时，经反相器3使V1导通而V2截止，引脚上出现相应的低电平“0”，这样就将地址/数据的信号输出。如果从P0口输入数据，输入数据从引脚下方的三态输入缓冲器进入内部总线。

当控制信号为低电平“0”时，P0 口作为通用 I/O 口使用。控制信号为“0”，转换开关 MUX 把输出级与锁存器$\overline{Q}$端接通，在 CPU 向端口输出数据时，因与门 4 输出为“0”，使 V2 截止，此时，输出级是漏极开路电路。当写入脉冲加在锁存器时钟端 CLK 上时，与内部总线相连的 D 端数据取反后出现在$\overline{Q}$端，又经输出 V1 反相，在 P0 引脚上出现的数据正好是内部总线的数据。当要从 P0 口输入数据时，引脚信号仍经输入缓冲器进入内部总线。

当 P0 口作通用 I/O 接口时，应注意以下两点：

(1) 在输出数据时，由于 V2 截止，输出级是漏极开路电路，要使“1”信号正常输出，必须外接上拉电阻。

(2) P0 口作为通用 I/O 口输入使用时，在输入数据前，应先向 P0 口写“1”，此时锁存器的$\overline{Q}$端为“0”，使输出级的两个场效应管 V1、V2 均截止，引脚处于悬浮状态，才可用作输入。因为，从 P0 口引脚输入数据时，V2 一直处于截止状态，引脚上的外部信号既加在三态缓冲器 1 的输入端，又加在 V1 的漏极。假定在此之前曾经输出数据“0”，则 V1 是导通的，这样引脚上的电位就始终被钳位在低电平，使输入高电平无法读入。因此，在输入数据时，应人为地先向 P0 口写“1”，使 V1、V2 均截止，方可作输入。

(3) P0 口的输出级具有驱动 8 个 LS TTL 负载的能力，输出电流不大于 800$\mu$A。

2) P1 口结构

P1 口是准双向口，它只能作通用 I/O 接口使用。P1 口的结构与 P0 口不同，它的输出只由一个场效应管 V1 与内部上拉电阻组成，如图 1-5 所示。

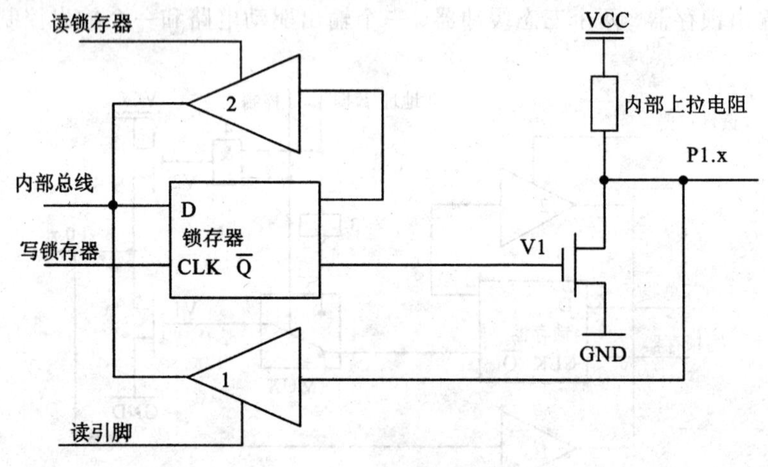


图 1-5　P1 口内部结构

P1 口的输入输出原理特性与 P0 口作为通用 I/O 口使用时一样，当其输出时，可以提供电流负载，不必像 P0 口那样需要外接上拉电阻。P1 口具有驱动 4 个 TTL 负载的能力。

3) P2 口结构

P2 口也是准双向口，它有两种用途：通用 I/O 接口和高 8 位地址线。它的一位的结构如图 1-6 所示。与 P1 口相比，它只在输出驱动电路上比 P1 口多了一个模拟转换开关 MUX 和反相器 3。

当控制信号为高电平“1”时，转换开关接内部地址线，P2 口用作高 8 位地址线使用。

当控制信号为低电平“0”时，转换开关接锁存器 Q 端，P2 口用作准双向通用 I/O 接口，其工作原理与 P1 相同，只是 P1 口输出端由锁存器$\overline{Q}$接 V1，而 P2 口是由锁存器 Q 端经反相器3接V1。P2口具有输入、输出、端口操作三种工作方式，负载能力也与P1相同。

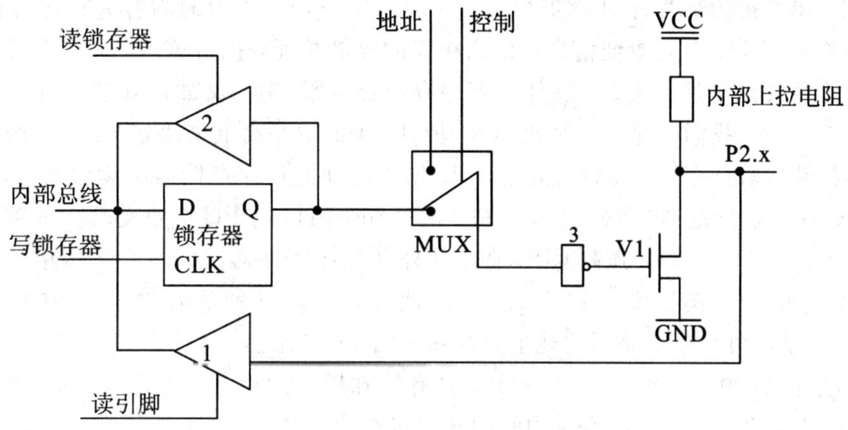


图1-6 P2口内部结构(一位)

4) P3口结构

P3口一位的结构如图1-7所示。它的输出驱动由与非门3、V1组成，输入比P0、P1、P2口多了一个缓冲器4。

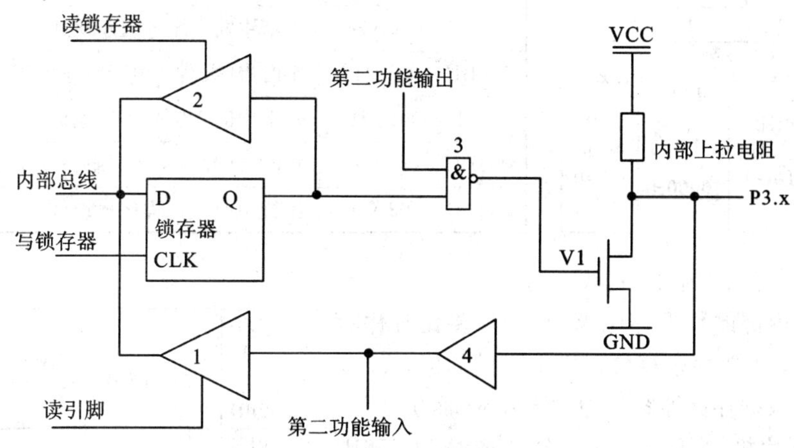


图1-7 P3口内部结构

当P3口作为通用I/O接口时，第二功能输出线为高电平，与非门3的输出取决于锁存器的状态。这时，P3是一个准双向口，它的工作原理、负载能力与P1、P2口相同。

当P3口作为第二功能时，锁存器的Q输出端必须为高电平，否则V1管导通，引脚将被钳位在低电平，无法实现第二功能。当锁存器Q端为高电平时，P3口的状态取决于第二功能输出线的状态。P3口第二功能中输入信号RXD、$\overline{\text{INT0}}$、$\overline{\text{INT1}}$、T0、T1经缓冲器4输入，可直接进入芯片内部。

**4. MCS-51单片机的内部存储器配置**

存储器是单片机内部一个非常重要的资源，我们知道单片机是要靠指令(程序)来工作的，将写好的程序烧录到单片机中，单片机上电后，在时钟脉冲的作用下，按顺序一条条执行指令，这些程序就存储在单片机内部的存储器里。单片机内部的存储器主要包含程序存储器和数据存储器。

程序存储器(ROM)主要存放程序和表格常数。51单片机内部的程序存储器大小为

4 KB，地址为 0000H～0FFFH，52 单片机内部的程序存储器大小为 8 KB，地址为 0000H～1FFFH。单片机内部程序计数器(Program Counter，PC) 中的内容为程序存储器的地址，CPU 将根据 PC 中的地址信息，找到相应的存储单元，执行该单元中的指令。当内部存储器不够存放程序时，需要扩展外部程序存储器。那 CPU 又如何知道到外部程序存储器中去取指令呢？我们可通过单片机第 31 脚($\overline{EA}$) 的电平高低来决定 CPU 从内部存储器还是外部存储器取指令。当$\overline{EA}$=1 时，CPU 先从内部的程序存储器中读取指令，PC 值超过内部 ROM 的地址范围时(对 51 单片机，超过 0FFFH)，CPU 会自动转向外部程序存储器读取指令；当$\overline{EA}$=0 时，强制 CPU 直接从外部程序存储器读取指令。51 单片机程序计数器是 16 位的，也就是说可以存放 16 位地址码，可寻址的存储器范围为 0000H～FFFFH。51 单片机程序存储器的地址分配图如图 1-8 所示。

在程序存储器中，0003H～002AH 是具有特殊用途的单元，这 40 个单元均匀地分成五段，其功能如表 1-2 所示(有关中断的知识将在项目 2 中介绍)。

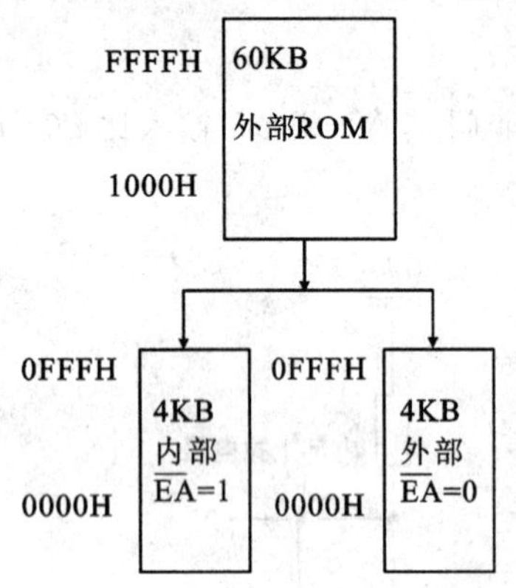


图 1-8　程序存储器分配图

**表 1-2　专用存储器单元及功能表**

| 存储器地址范围 | 用　途 |
|---|---|
| 0003H～000AH | 外部中断 0 服务程序地址区 |
| 000BH～0012H | 定时/计数器 0 中断服务程序地址区 |
| 0013H～001AH | 外部中断 1 服务程序地址区 |
| 001BH～0022H | 定时/计数器 1 中断服务程序地址区 |
| 0023H～002AH | 串行中断服务程序地址区 |

单片机内部的数据存储器(RAM)要比程序存储器小得多，主要用来存放程序中变量的值。51 单片机内部的数据存储器容量为 128B，地址为00H～7FH；52 单片机内部的数据存储器容量为 256B，地址为 00H～FFH。数据存储器从功能上分为三部分。第一部分为 00H～1FH 的通用寄存器区，每个区包含 8 个单元，分别为 R0～R7，每个单元 8 位。可以通过程序状态字寄存器(PSW)中 RS0 和 RS1 两位的值来选中某一个区。第二部分为 20H～2FH 单元的位寻址区，定义的位变量(bit 型变量)存放在这个区域，字节变量也可以存放在这里。第三部分为 30H～7FH 单元，是用户 RAM 区(52 单片机此区域地址为 30H～FFH)，这个区域没有限制和规定。当内部数据存储器不够用时，可以扩展外部数据存储器。51 单片机内部数据存储器分配如图1-9 所示。

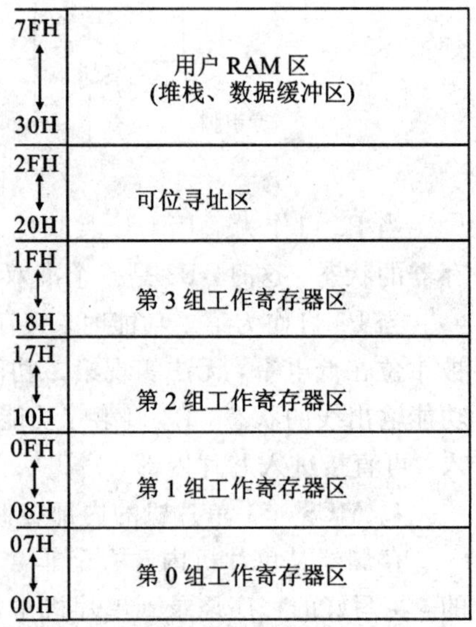


图 1-9　51 单片机内部 RAM 地址分配图

程序状态字寄存器(PSW)各位的含义如表 1-3 所示。

表 1-3 程序状态字各位含义

| 位地址 | D7H | D6H | D5H | D4H | D3H | D2H | D1H | D0H |
|---|---|---|---|---|---|---|---|---|
| 位符号 | CY | AC | F0 | RS1 | RS0 | OV | — | P |

CY：在执行某些算术操作类、逻辑操作类指令时，可被硬件或软件置位或清零。它表示运算结果是否有进位或借位。如果在最高位有进位(加法时)或有借位(减法时)，则C=1，否则C=0。

AC：辅助进位(或称半进位)标志位。它表示两个8位数运算，低4位有无进(借)位的状况。当低4位相加(或相减)时，若D3位向D4位有进位(或借位)，则AC=1，否则AC=0。

F0：用户自定义标志位。用户可根据自己的需要对F0赋予一定的含义，通过软件置位或清零。

RS1、RS0：工作寄存器组选择位。可用软件置位或清零，用于选定当前使用的4个工作寄存器组中的某一组。RS1RS0=00选择0区；RS1RS0=01选择1区；RS1RS0=10选择2区；RS1RS0=11选择3区。

OV：溢出标志位。做加法或减法时，由硬件置位或清零，以指示运算结果是否溢出。

P：奇偶标志位。在执行指令后，单片机根据累加器A中1的个数的奇偶自动给该标志位置位或清零。若A中1的个数为奇数，则P=1，否则P=0。

51单片机内部有21个特殊功能寄存器(Special Function Registers，SFR)，离散地分布在地址为80H～FFH之间的区域中，特殊功能寄存器实质上是一些具有特殊功能的RAM单元。这些SFR专用于控制、管理片内算术逻辑部件、并行I/O口、串行I/O口、定时器/计数器、中断系统等功能模块的工作，用户在编程时可以置数设定。

每个SFR的名称及地址如表1-4所示。表1-4最后一列，“可位寻址”的含义是这些SFR不仅可以对其内部8位以“字节”的方式一起读写，也可以以“位”的形式单独进行读写。例如，在程序中写“P0=0xaa”，表示将P0口各位的电平依次设置为高电平、低电平交替；写“P0_1=1”，表示将P0口第1位的状态改为高电平，其余位状态不改变。

**SFR寄存器中只有其16进制地址的末位是0或8的寄存器可以以“位”的形式读写(位寻址)。其余SFR寄存器均必须以“字节”形式读写。**

表 1-4 特殊功能寄存器一览表

| 序号 | SFR地址 | SFR符号 | 复位值 | 功　能 | 说明 |
|---|---|---|---|---|---|
| 1 | E0H | ACC | 00H | 累加器 | 可位寻址 |
|  | F0H | B | 00H | B寄存器 | 可位寻址 |
|  | D0H | PSW | 00H | 程序状态字 | 可位寻址 |
| 2 | 80H | P0 | FFH | P0口锁存寄存器 | 可位寻址 |
| 3 | 81H | SP | 07H | 堆栈指针 |  |
| 4 | 82H | DPL | 00H | 数据指针DPTR0低8位 |  |
| 5 | 83H | DPH | 00H | 数据指针DPTR0高8位 |  |

续表

| 序号 | SFR 地址 | SFR 符号 | 复位值 | 功　能 | 说明 |
|---|---|---|---|---|---|
| 8 | 87H | PCON | 0XXX0000B | 电源控制寄存器 | |
| 9 | 88H | TCON | 00H | 定时器控制寄存器 | 可位寻址 |
| 10 | 89H | TMOD | 00H | 定时 0 和 1 的模式寄存器 | |
| 11 | 8AH | TL0 | 00H | 定时器 0 低 8 位 | |
| 12 | 8BH | TL1 | 00H | 定时器 1 低 8 位 | |
| 13 | 8CH | TH0 | 00H | 定时器 0 高 8 位 | |
| 14 | 8DH | TH1 | 00H | 定时器 1 高 8 位 | |
| 15 | 90H | P1 | FFH | P1 口锁存寄存器 | 可位寻址 |
| 16 | 98H | SCON | 00H | 串行口控制寄存器 | 可位寻址 |
| 17 | 99H | SBUF | XXXX XXXXB | 串行数据缓冲寄存器 | |
| 18 | 0A0H | P2 | FFH | P2 口锁存寄存器 | 可位寻址 |
| 19 | 0A8H | IE | 0X00 0000B | 中断允许控制寄存器 | 可位寻址 |
| 20 | 0B0H | P3 | FFH | P3 口锁存寄存器 | 可位寻址 |
| 21 | 0B8H | IP | XX00 0000B | 中断优先级控制寄存器 | 可位寻址 |

### 1.2.2 MCS－51 单片机的时序

单片机是根据指令来工作的，每一条指令的执行时间有长有短，但是都是按照一定的节拍一步一步来执行的，这里的节拍就是时钟电路提供的时钟信号。一条指令可以分解为若干基本的微操作，而这些微操作所对应的脉冲信号，在时间上有严格的先后次序，这些次序就是单片机的时序。时序是非常重要的概念，它指明了单片机内部以及内部与外部互相联系所遵守的规律。在单片机系统中通常有振荡周期、时钟周期、机器周期、指令周期。图 1－10 表明了各种周期的相互关系。

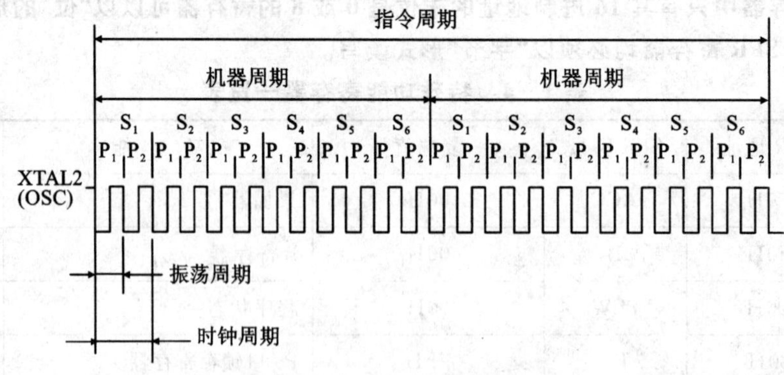


图 1－10　MCS－51 单片机各种周期的相互关系

振荡周期：又称节拍(用 P 表示)，指为单片机提供脉冲信号的振荡源的周期。

时钟周期：又称状态周期(用 S 表示)。振荡脉冲经过二分频后的时钟信号的周期，一个状态包含两个节拍，前一个叫 $P_1$，后一个叫 $P_2$。MCS－51 单片机中一个时钟周期为振荡周期的 2 倍。

机器周期：CPU 完成一个基本操作所需要的时间。MCS－51 单片机的一个机器周期由 6 个状态周期组成，即 6 个时钟周期，12 个振荡周期，可依次表示为 $S_1P_1$、$S_1P_2$…… $S_6P_1$、$S_6P_2$。

指令周期：执行一条指令所需要的时间。MCS－51 单片机的一个指令周期含 1～4 个机器周期。

**若振荡源的频率是 12 MHz，则机器周期为 1 μs。**

# 1.3 项目分析及实施

本项目是设计流水灯，为了实现由单片机控制 8 只发光二极管的有序点亮与熄火，我们可以先让单片机控制 1 只 LED 闪烁，再去考虑控制 8 只 LED 灯，由此可将项目分解为如下两个任务：

任务 1——单片机控制单个 LED 灯闪烁；

任务 2——单片机控制多个 LED 灯闪烁。

## 1.3.1 任务 1——单片机控制单个 LED 灯闪烁

### 1. 任务要求和分析

1）任务要求

利用单片机控制一只 LED 灯，使其以一定的时间间隔闪烁。

2）任务分析

以单片机为核心的电子设计中，包含两方面的任务：硬件设计和软件设计。

硬件设计主要是电路原理图的设计，但是仅仅有原理图只是完成了任务的一半，必须将写好的程序烧写到单片机中，通过程序控制单片机引脚的电平状态，从而改变外围电路的状态，才能最终完成我们的设计。

不管单片机做任何工作，首先必须保证单片机可以正常工作，单片机要正常运行，必须具备一定的硬件条件，其中最主要的就是以下三个基本条件。

(1) 电源。不同型号单片机应接入对应的电源，常压为＋5 V，低压为＋3.3 V，实际使用时查看芯片资料。此处 AT89C52 单片机使用的是＋5 V 电源，40 脚(VCC)电源引脚工作时接＋5 V 电源，20 脚(GND)为接地线。

(2) 时钟电路。时钟电路为单片机产生时序脉冲，单片机所有运算与控制过程都是在统一的时序脉冲的驱动下进行的，时钟电路就好比人的心脏，如果单片机的时钟电路停止工作(晶振停振)，那么单片机也就停止运行了。51 单片机时钟电路有两种方式，一种是内部时钟方式，就是利用晶振和电容构成振荡电路，产生时钟信号，连接方法如图 1－11 所示。在时钟引脚 XTAL1(19 脚)和 XTAL2(18 脚)引脚之间接入一个晶振，两个引脚对地分别再接入一个电容即可产生所需的时钟信

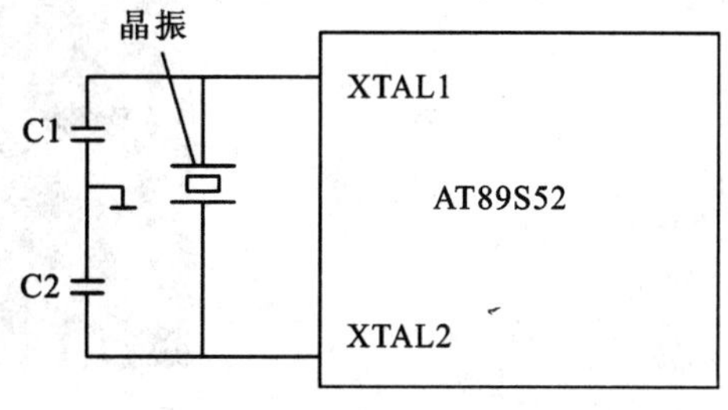

图 1－11 内部时钟电路

号，电容的容量一般是 10 pF～30 pF。另一种是外部时钟方式，当有现成的时钟信号时，可直接将时钟信号从 XTAL2 接入，XTAL1 接地即可。单片机系统中多采用内部时钟方式。

（3）复位电路。在复位引脚（9 脚）持续出现至少 24 个振荡器脉冲周期（即 2 个机器周期）的高电平信号将使单片机复位。复位以后单片机从头开始执行程序，并初始化一些专用寄存器为复位状态值。常见复位电路有上电复位和按键复位两种，如图 1－12(a) 和(b) 所示。

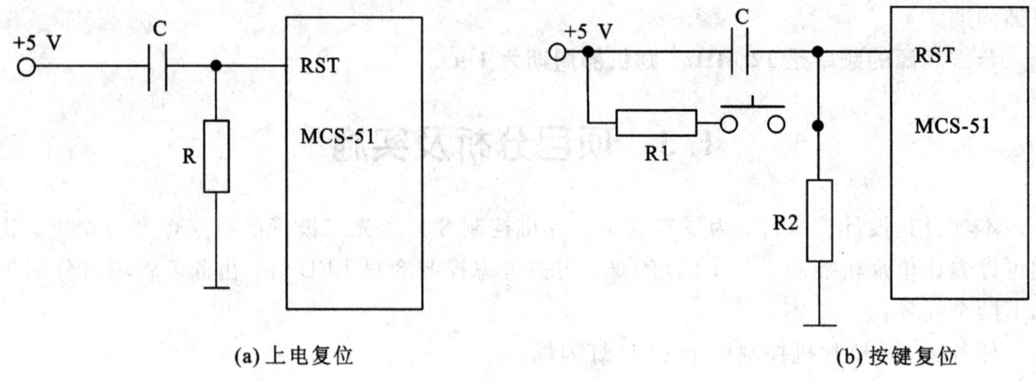


图 1－12 复位电路

在软件方面，需要通过程序，控制与发光二极管相连的 I/O 引脚的电平状态，使其持续一段时间的高电平，再持续一段时间的低电平，高低交替，就可以达到使 LED 闪烁的效果。

**2. 器件及设备选择**

保证了单片机正常运行的条件之后，在本任务中还需要加入发光二极管（LED），发光二极管的原理和普通二极管一样，都具有单向导电性，通过 5 mA 左右电流即可发光，电流越大，其亮度越强，但若电流过大会烧毁二极管，因此一般控制在 3 mA～20 mA 之间。要控制发光二极管的正向电流，就必须知道发光二极管的一个重要参数：工作电压。在二极管发光时（接反了就不会发光），测量出的发光二极管两端的电压就是它的工作电压。电流增大，这个工作电压不会明显增加，直至发光二极管电流过大而烧毁。

不同颜色的发光二极管有不同的工作电压值，红色发光二极管工作电压最低，约 1.7～2.5 V，绿色发光二极管约 2.0～2.4 V，黄色发光二极管约 1.9～2.4 V，蓝/白色发光二极管约 3.0～3.8 V 。

图 1－13 为直插式发光二极管的实物图。发光二极管有两个电极，其正极又称阳极，负极又称阴极，电流只能从阳极流向阴极。直插式发光二极管长脚为阳极，短脚为阴极。

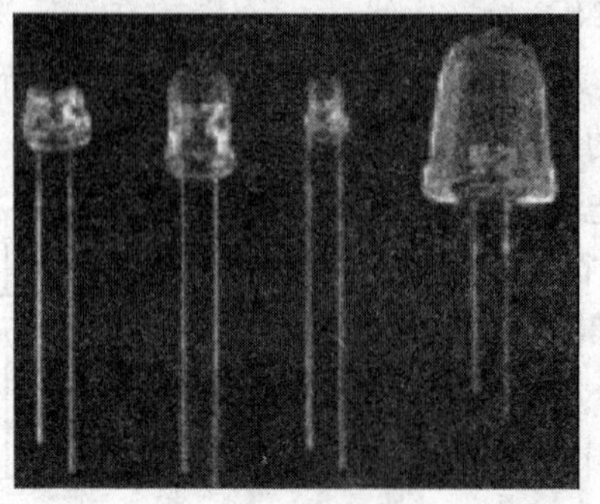

图 1－13 直插式发光二极管

**发光二极管在使用过程中一般要串联一个电阻，目的是为了限制通过发光二极管的电流，以免烧毁二极管，因此该电阻也称为限流电阻。**

假设发光二极管与单片机I/O引脚的连接如图1-14所示。图中电阻R1的作用是限流，发光二极管的阳极接+5 V电压，当P1.7引脚输出低电平时，发光二极管点亮，可以构成回路。

限流电阻的选择方法为：假设电源电压为VCC，发光二极管的导通压降为VDD，导通时流过二极管的电流为I，则限流电阻R为R=(VCC−VDD)/I。

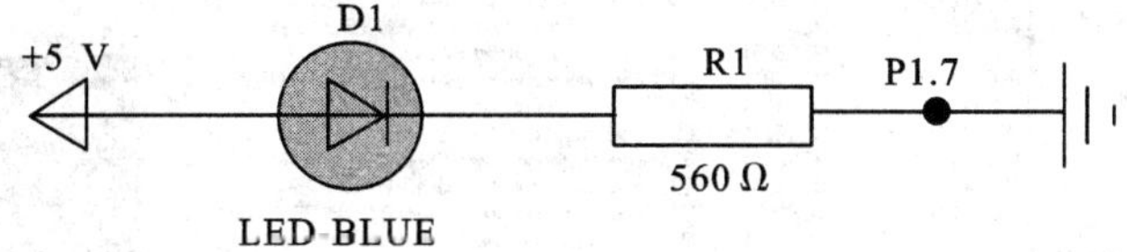


图1-14　发光二极管回路

例如，若二极管的导通压降为2.2 V，导通时流过的电流为5 mA，则限流电阻为560 Ω。

**3. 任务实施**

1) 单片机控制单个LED灯硬件原理图设计

本任务中硬件原理图的绘制在Proteus软件中完成，Proteus软件是英国Labcenter electronics公司推出的EDA工具软件。它不仅具有其他EDA工具软件的仿真功能，还能仿真单片机及外围器件。它是目前最好的仿真单片机及外围器件的工具。该软件打开时工作界面如图1-15所示。

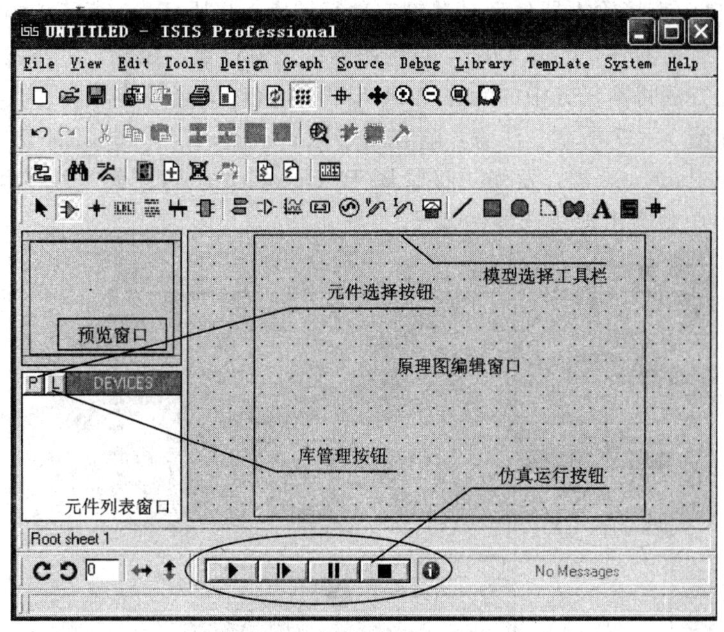


图1-15　Proteus ISIS的工作界面

下面以该任务为例简单介绍其绘制原理图的具体方法。

(1) 添加元件到编辑窗口。单击图1-15中元件选择器按钮P，出现器件选取(Pick Devices)窗口，如图1-16所示。

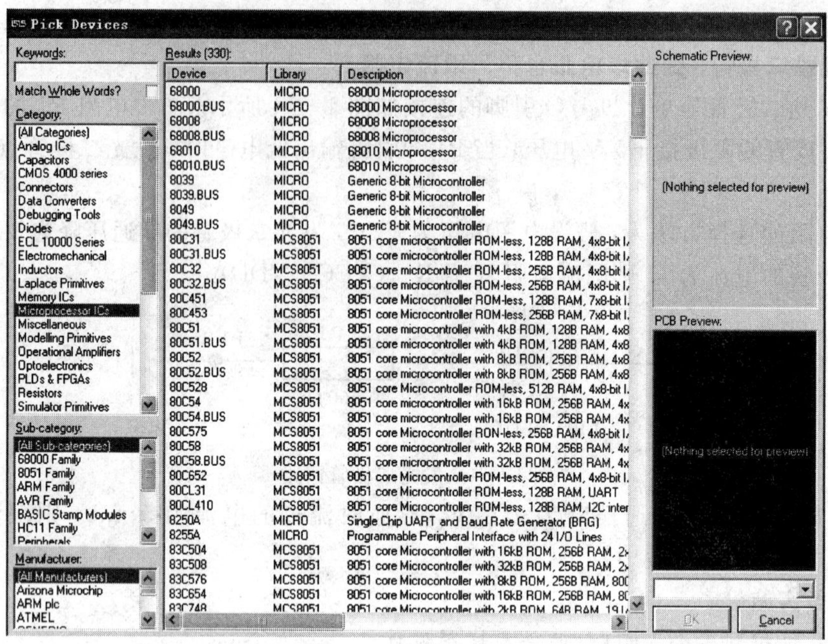


图 1-16　器件选取窗口

在器件选取窗口中选择器件的方法有两种，可以根据器件所属的类别选择，比如本任务中用到的单片机属于“Microprocessor ICs”类，鼠标点击选中之后，在“Result”区域中就会出现“Microprocessor ICs”类中所有的元器件。可拉动滚动条选择所需器件，也可以在“Keywords”窗口中直接输入器件型号关键字进行搜索，并从“Result”区域中出现的搜索结果中选取。选中所需器件，点击“OK”，再到图形编辑窗口点击鼠标，元件就会出现在编辑窗口中。按照此方法将本任务中的元件 AT89C52、电容、晶振、电阻、发光二极管加入到编辑窗口中，如图 1-17 所示。注意：电容属于“Capacitors”类，电阻属于“Resistors”类，晶振属于“Miscellaneous”类，发光二极管属于“Optoelectronics”类。器件添加完毕之后，“元件列表”窗口中就会出现所选器件型号。

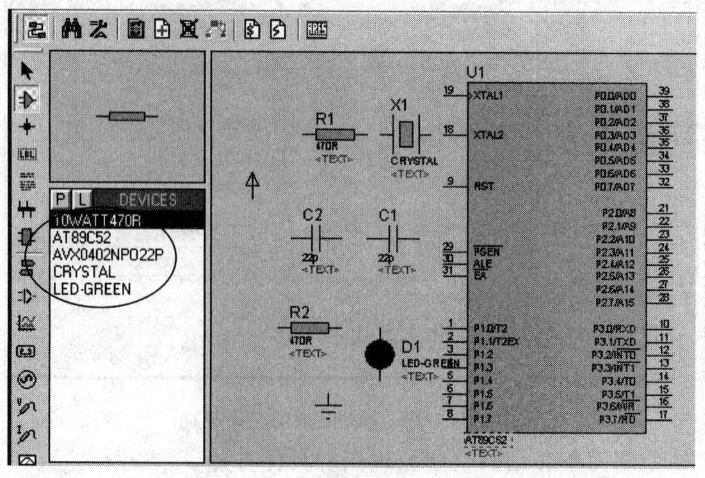


图 1-17　放置元件到图形编辑窗口

若对象位置需要移动，应将鼠标移到该对象上，单击鼠标右键选取该对象，该对象的颜色变至红色，表明该对象已被选中，此时按下鼠标左键，拖动鼠标，就可以将对象移至新位置，松开鼠标，完成移动操作。

图 1－17 中电阻和电容的值都可以通过“Edit Component”（编辑元件）窗口修改。例如用鼠标点击电阻元件，出现如图 1－18 所示的窗口，可以在“Resistance”后面修改电阻的阻值。

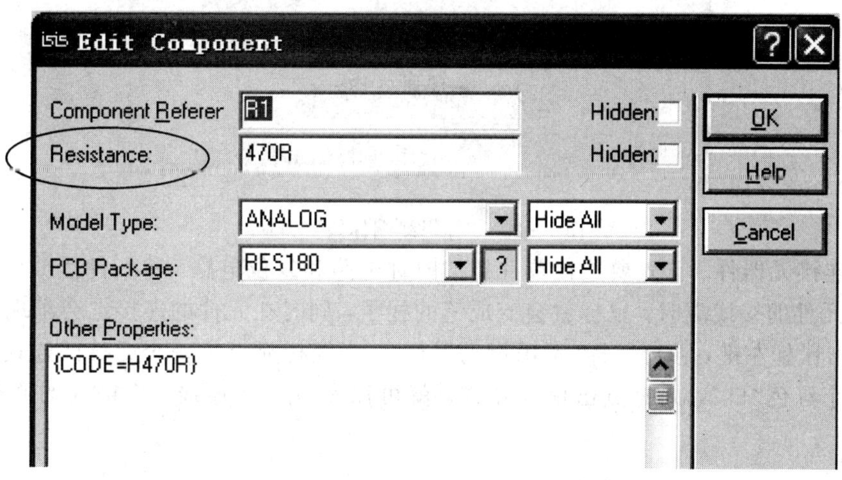


图 1－18　编辑元件窗口

如图 1－19 所示，电源和地的模型在“模型选择工具栏”的“Terminals mode”项里。鼠标点击图标，在元件列表窗口中就可以看到“Terminals mode”项里的所有模型，选择“Power”和“Ground”即可选到电源和地。

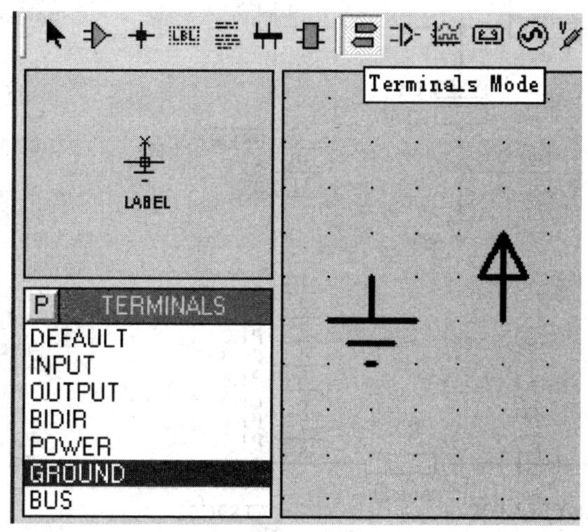


图 1－19　“Terminals mode”

电源选择好之后，需要给出电源的电压。左击电源模型，弹出如图 1－20 所示的“Edit Terminal Label”（编辑终端标签）窗口，在“string”框里输入电源电压，这里输入“＋5V”。

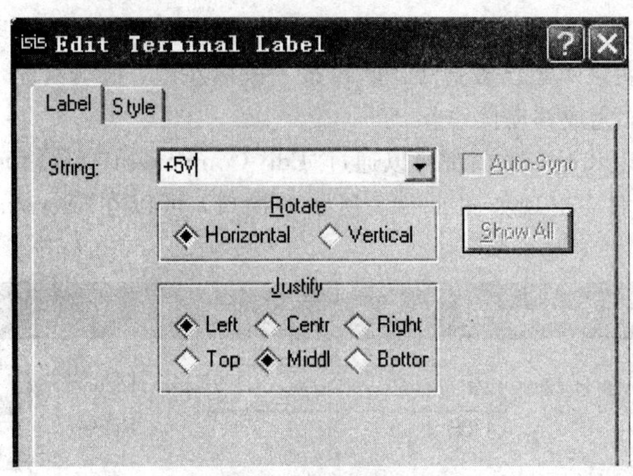


图 1-20　“编辑终端标签”窗口

(2) 连接元器件。首先要连接单片机的时钟电路和复位电路，将元件摆放好之后，当鼠标靠近元件的接线端时，鼠标就会变成笔的样子，同时在元件的连接点会出现一个红色“口”，单击鼠标左键，移动鼠标(不用拖动鼠标)，当鼠标靠近另一个元件的连接点时，也会出现一个红色“口”，此时点击鼠标左键，就可以完成一次连线。连接好的原理图如图 1-21 所示。

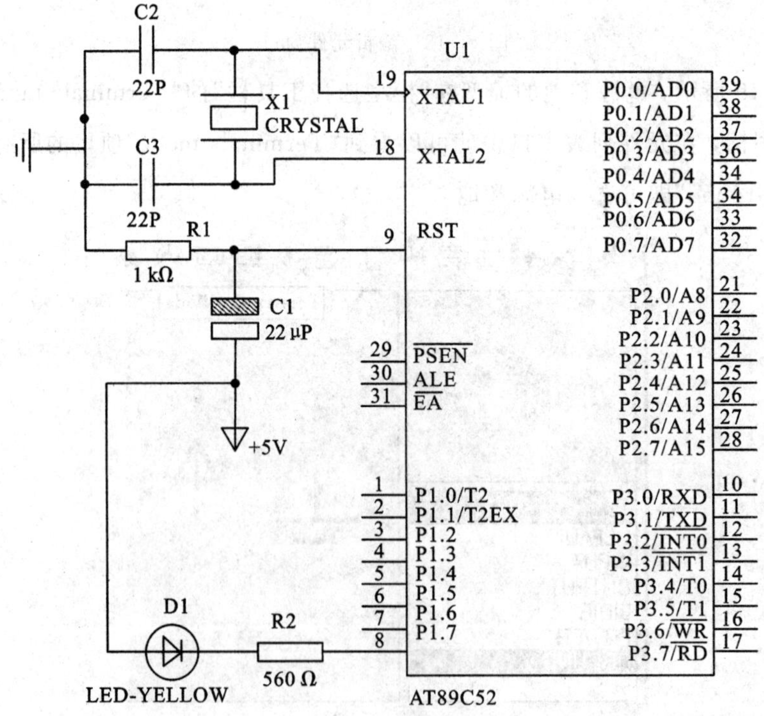


图 1-21　单片机控制单个 LED 灯原理图

我们注意到图 1-21 中的单片机元件没有“VCC”和“GND”引脚，这是因为在 Proteus 软件中，元件模型中的“电源”和“地”已经进行了连接，“VCC”接到了“+5V”电源，“GND”接到了“地”，所以隐藏了这两个引脚。

2）单片机控制单个 LED 灯软件程序设计

在软件程序设计中，我们只要编写程序，让与发光二极管相接的 P1.7 引脚为低电平，二极管就可以被点亮。

目前 51 单片机软件程序的开发环境主要有伟福和 Keil C51 软件。这里使用 Keil C51 软件编写程序。

Keil C51 单片机集成开发软件是目前最流行的 MCS－51 单片机开发软件，提供了包括 C 编译器、宏汇编、连接器、库管理及一个功能强大的仿真调试器在内的完整开发方案，并通过一个集成开发环境（μVisoin2）将这些部分组合在一起。Keil 单片机集成开发软件可以运行在 Win98、NT、Win2000、WinXP 等操作系统，它的工作界面如图 1－22 所示。Keil μVision2 的工作界面是一种标准的 Windows 界面，包括标题栏、主菜单、标准工具栏、代码窗口等。

图 1－22 Keil C51 软件工作界面

下面以编写点亮一个发光二极管的程序为例说明 Keil C51 的使用过程。

（1）建立一个新工程。单击“Project”菜单，在弹出的下拉菜单中选中“New Project”选项，如图 1－23 所示。

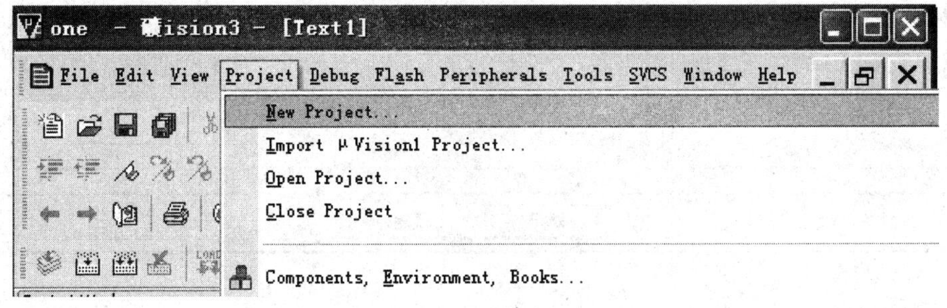


图 1－23 选择创建工程菜单

（2）保存工程名。点击“New Project”子菜单之后，会弹出如图 1-24 所示的窗口，选择需要保存工程的路径，并输入工程名。

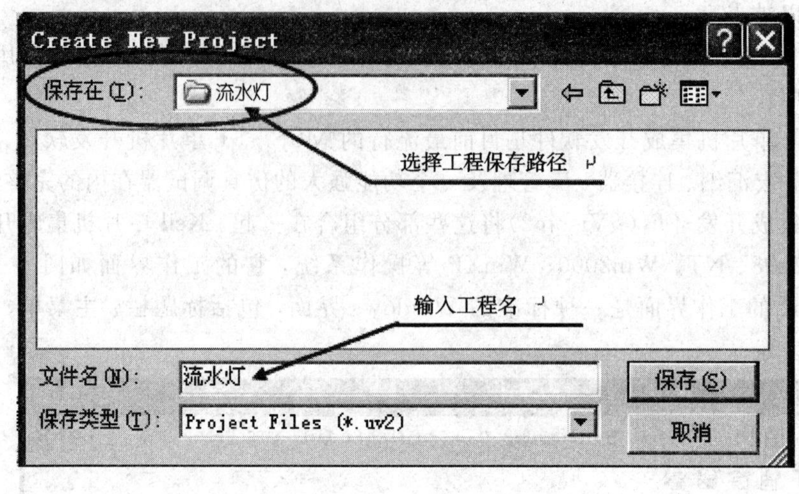


图 1-24　创建工程

（3）选择目标单片机型号。保存工程之后，会弹出如图 1-25 所示的窗口，要求选择单片机的型号。Keil C51 几乎支持所有的 51 内核的单片机，由于在 Proteus 中选用 AT89C52 绘制的原理图，因此这里也选择了 AT89C52。选中 AT89C52 之后，右侧 Description 窗口是对这个单片机的基本的说明，点击确定即可。

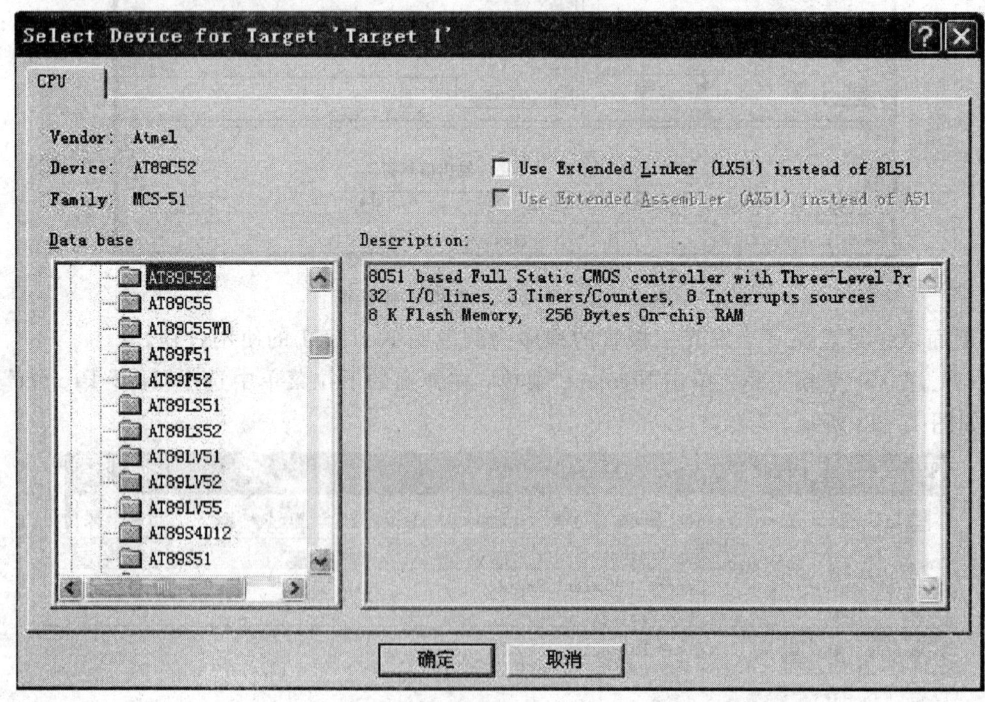


图 1-25　选择单片机的型号

(4) 完成以上步骤后，工程到此就已经创建起来了。其屏幕如图 1-26 所示。

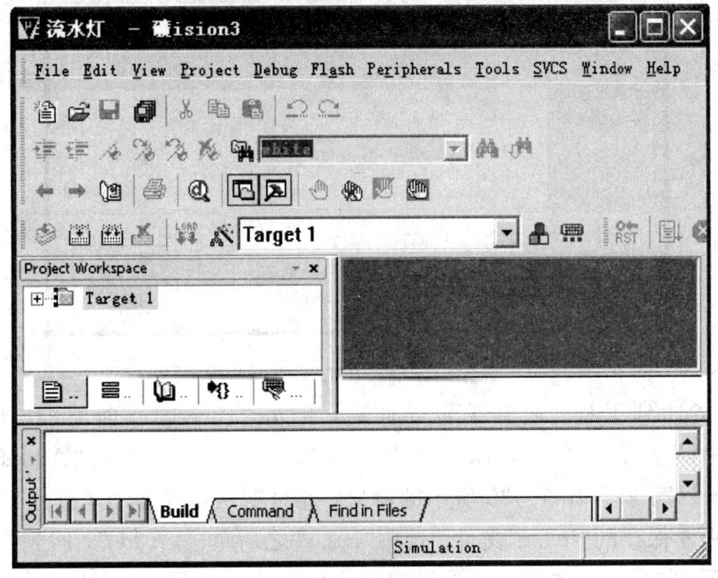


图 1-26　已创建好的工程

(5) 新建源程序文件。到此已经建立了一个工程来管理流水灯项目，但我们还没有编写程序，因此还需要建立相应的 C 文件或汇编文件。单击"File"菜单，在下拉菜单中单击"New"选项新建一个源程序文件。此时，工作窗口如图 1-27 所示。

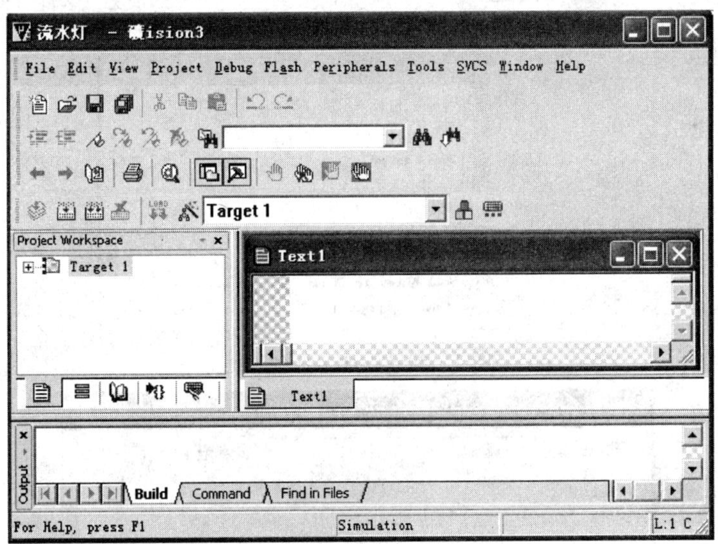


图 1-27　新建 C 文件后的界面

这时可以在编辑窗口中键入用户的应用程序了，但建议首先保存该空白的文件，单击菜单上的"File"，在下拉菜单中选中"Save As"选项单击，弹出如图 1-28 所示的窗口，在"文件名"栏右侧的编辑框中，键入欲使用的文件名，同时，必须键入正确的扩展名，然后单击"保存"按钮。如果用 C 语言编写程序，则扩展名为(.c)；如果用汇编语言编写程序，则扩展名必须为(.asm)。

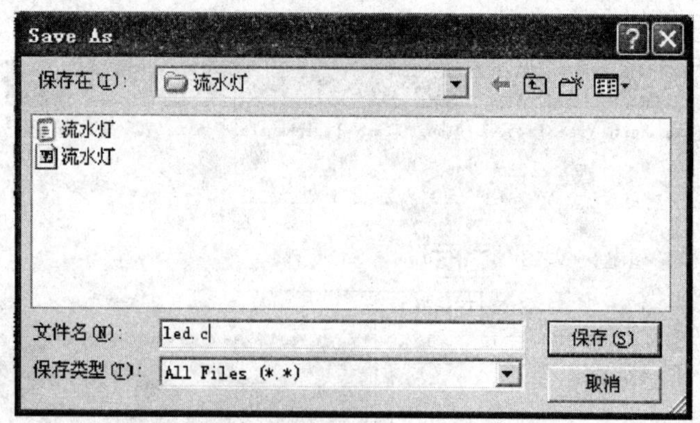


图 1-28　保存 C 文件

(6) 添加文件到工程。回到编辑界面后，单击“Target 1”前面的“+”号，然后在“Source Group 1”上单击右键，弹出如图 1-29 所示窗口，点击“Add Files to Group ‘Source Group 1’”，弹出图 1-30 所示的窗口，此时默认路径为刚才创建工程时保存的路径，窗口中有刚才保存的“led.c”文件。选中“led.c”之后单击“Add ”，回到工作界面，在工程窗口中可以看到“led.c”文件已经被添加到刚才新建的工程中，如图 1-31 所示。至此，一个新的工程建立完毕，现在可以在编辑窗口中编写程序了。

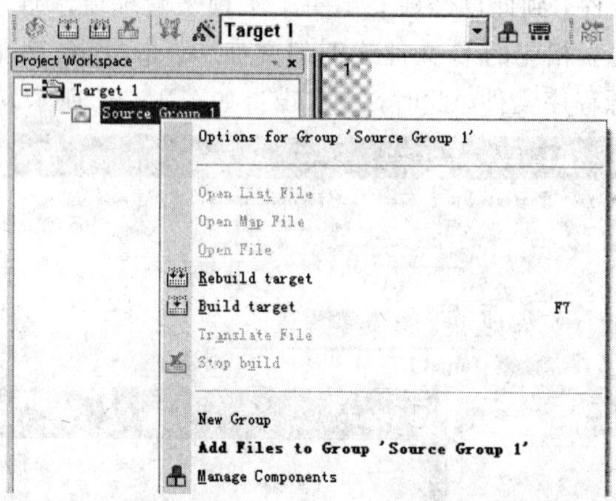


图 1-29　添加文件到工程

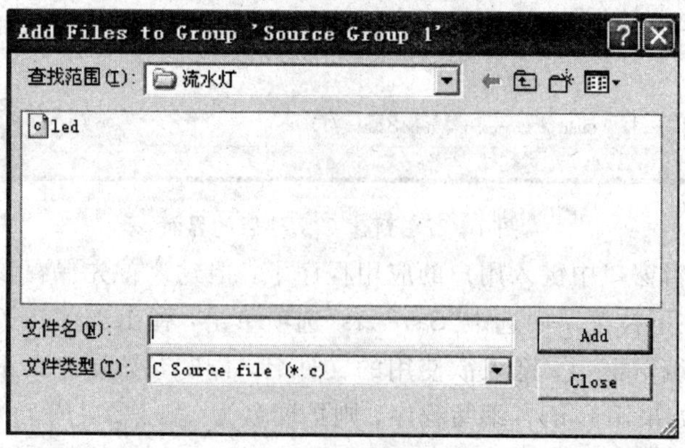


图 1-30　添加 C 文件的界面

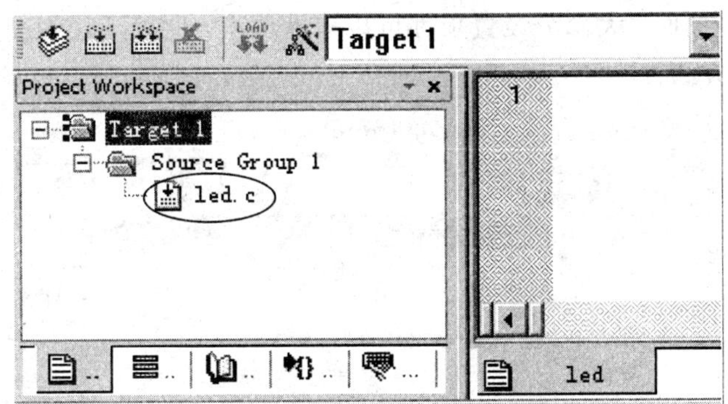


图 1－31　添加“led. c”文件后的工程窗口

在编辑区输入点亮一个发光二极管的程序，如图 1－32 所示。

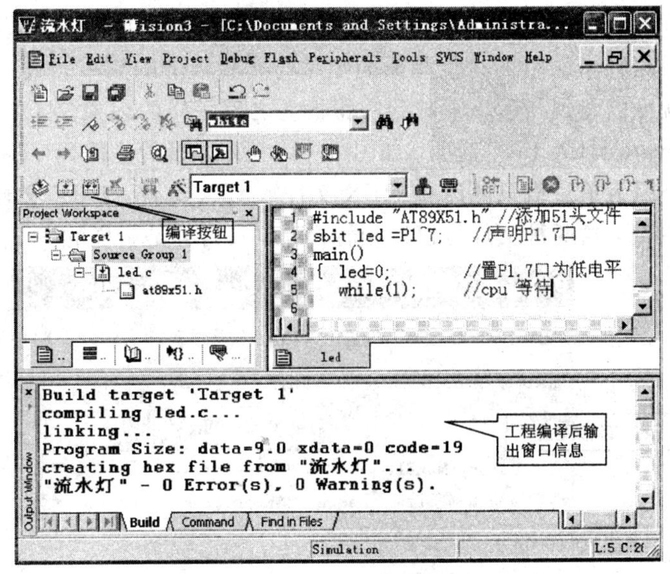


图 1－32　输入源代码

输入程序时，Keil C51 会自动识别关键字，并以不同的颜色提示用户加以注意，这样会使用户少犯错误，有利于提高编程效率。若新建的文件没有事先保存的话，Keil 就不会自动识别关键字，也不会有不同颜色出现。

程序输入完毕后，点击图 1－32 中的编译按钮，对编写的程序进行编译，这里有三个编译按钮。

——该按钮只对目前的文件进行编译，不进行链接；

——该按钮对目前文件进行编译并链接，产生目标代码；

——该按钮对当前工程中的所有文件重新编译并链接，产生目标代码。

如果不对工程修改一些设置，无论按哪个按钮都不能产生可以下载到单片机中的程序文件，所以我们还需要对刚才的工程做一些设置。

右击工程窗口中的“Target 1”，如图 1－33 所示，可以看到“Options for Target ‘Target1’”子菜单(或者点击快捷按钮)，选中之后会出现工程设置的对话框，这个对话框共有 10 个标签页面，大部分设置项都可以取默认值，此处不详细介绍，只介绍比较常用的两个页面设置方法。

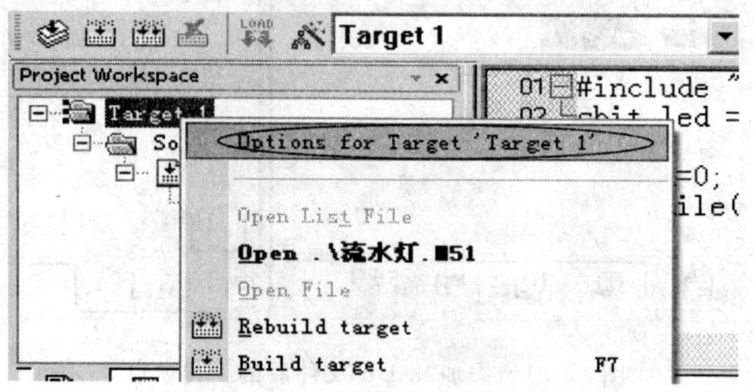


图 1-33　选择工程设置窗口

在“Target”标签页面中，更改晶振频率(本例仿真时使用 12 MHz 晶振)，如图 1-34 所示。这里更改晶振频率的目的是使晶振的频率与实验板上的频率一致，这样在进行软件调试或仿真时，就可以看到与程序下载到实验板上之后一样的现象。接下来在“Output”标签页面中勾选“Create HEX File”选项，如图 1-35 所示，目的是使程序编译后生成硬件可执行的目标代码，因为单片机只能运行 HEX 文件或 BIN 文件，HEX 文件是十六进制的，BIN 文件是二进制的，这两种文件可以互相转换，但其内容是一样的。

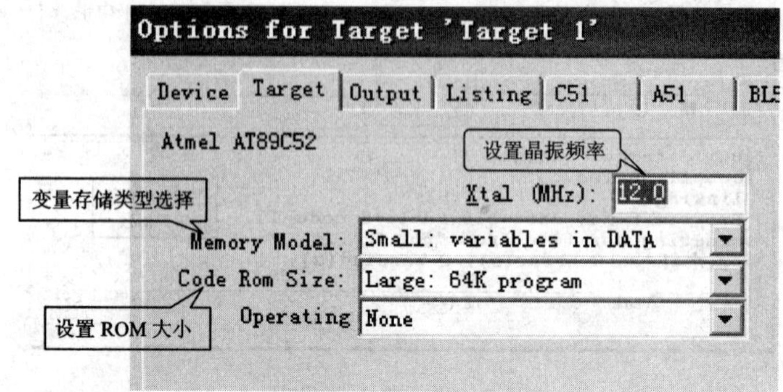


图 1-34　修改晶振频率

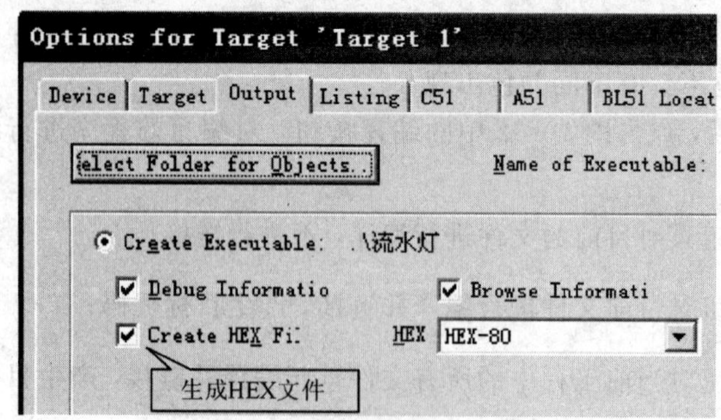


图 1-35　选择生成 HEX 文件

图 1-34 中，“Memory Model”是对变量存储类型进行选择。在 C51 中，在定义变量时可以通过添加存储器类型来决定该变量存放在哪个区域，变量存储器类型如表 1-5 所示。

定义格式为：

[数据类型][存储器类型][变量名]

例如，char data num；表示定义字符型的变量“num”，该变量位于 data 区。如果在定义变量时，省略了存储器类型，C51 编译器会根据当前编译模式自动认定默认的存储类型，编译模式有三种，小编译模式(Small)，紧凑编译模式(Compact)和大编译模式(Large)。在 Small 模式下，默认存储类型为 data；Compact 模式下，默认存储类型为 pdata；Large 模式下，默认存储类型为 xdata。

图 1-34 中，“Code Rom Size”是设置 ROM 空间大小的，也有三种选项：Small 表示只能用低于 2 KB 的程序存储空间；Compact 表示每个子函数大小不超过 2 KB，整个工程可以有 64 KB；Large 表示程序或子函数都可以用到 64 KB。

**表 1-5　C51 存储器类型与存储空间对照表**

| 存储器类型 | 存储位置 | 长度 | 数据范围 |
|---|---|---|---|
| data | 直接寻址内部数据存储器 | 8 位 | 0～255 |
| bdata | 可位寻址内部数据存储器 | 1 位 | 0/1 |
| idata | 间接寻址内部数据存储器 | 8 位 | 0～255 |
| pdata | 分页访问外部数据存储器 | 8 位 | 0～255 |
| xdata | 外部数据存储器(64KB) | 16 位 | 0～65 535 |
| code | 程序存储器 | 16 位 | 0～65 535 |

工程设置完成之后，点击按钮，可以看到图 1-32 所示窗口中的信息。其中第四行“Program Size：data＝9.0 xdata＝0 code＝19”表示这个程序使用的片内数据存储器(data)的大小为 9B，使用片外数据存储器(xdata)的大小为 0B，使用的片内程序存储器(code)的大小为 19B。第五行“creating hex file from”流水灯“…”表示已经生成了 HEX 文件，其名称为“流水灯.hex”，HEX 文件的名称与工程名保持一致。第六行表示程序中的错误和警告的个数，当程序中存在语法错误时，不能生成 HEX 文件。

到此，创建点亮一个发光二极管的工程项目及程序编写完成了，下面来观察效果。

3) 软硬件联合调试

在程序下载到实验板上之前，有两种方法观察程序效果，第一种是在 Keil 的调试状态下观察 I/O 口状态；第二种是将 HEX 文件添加到 Proteus 软件绘制了原理图的单片机上，仿真运行。

在 Keil 的“Debug”菜单下选择“Start/Stop Debug Session”子菜单，或者点击快捷图标，工作界面将如图 1-36 所示。此时可以发现一些快捷图标被激活了，程序处于准备运行的状态，程序编辑区的黄色箭头表示将要执行的语句。选择“Peripherals”菜单下的“I/O- ports ”，如图 1-37 所示，选中“Port 1”后，会弹出图 1-38 所示的 Port 1 调试窗口。这里可以观察 P1 口每一位的电平状态，下面一行是 P1 口引脚状态，上面一行是 P1 口的输出锁存器的状态，八个小格对应 P1 口的 8 位，“√”表示此位为高电平，没有“√”表示为低电平。图 1-38 中每一位都有“√”是因为程序还没有运行，此时相当于单片机刚上电时的状态(单片机上电，I/O 口默认高电平)。

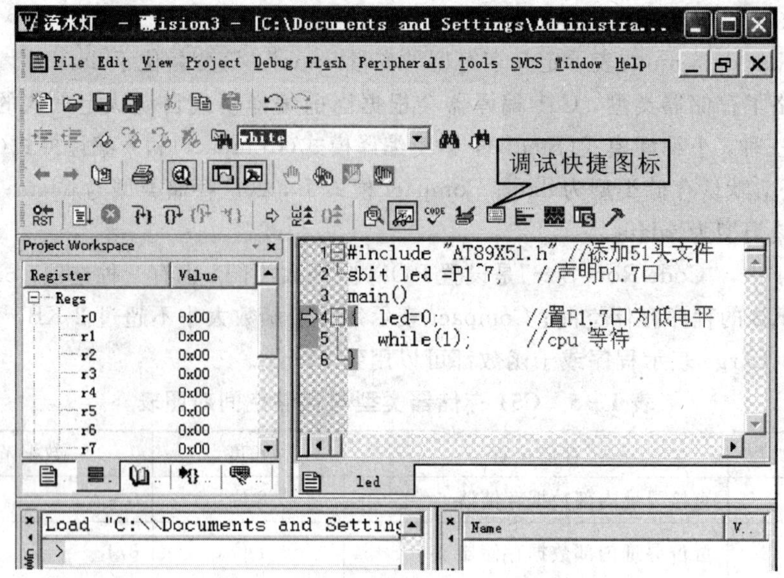


图 1-36　进入调试之后的工作界面

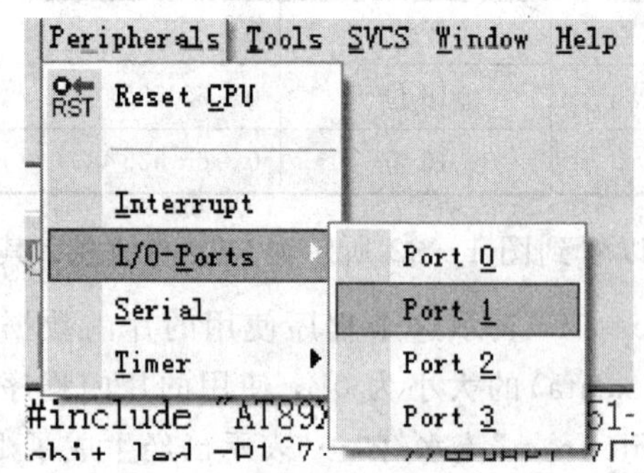

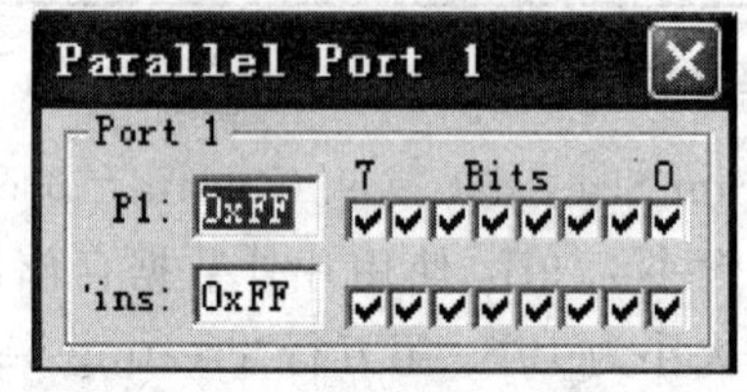


图 1-37　调试状态下的“Peripherals”菜单　　图 1-38　Port 1 调试窗口

在工作界面(图 1-36)中跟调试有关的快捷图标有：

表示“复位”，按下此按钮程序将回到第一行准备运行，并且单片机内部的特殊功能寄存器都重新复位。

表示“全速运行”，运行中不停止。

表示暂停，停止全速运行。

表示进入函数内部，单步运行，每点击一次此图标，黄色箭头下移一行；表示执行了一条语句，准备执行下一条。

也是单步运行，但是不会进入子函数内部。

表示从子函数内部跳出，该图标只有在程序进入子函数内部执行时才被激活。

表示程序运行到当前光标位置停止。

按下全速运行图标，会看到图 1-38 P1 口调试窗口中第七位的“√”消失，说明已经通过指令将 P1.7 引脚电平变为低电平。

Keil 软件内部带有一个仿真 CPU，用来模拟程序执行，可以在没有硬件和仿真器的情况下进行程序调试，方便程序员初步调试程序功能。但是软件模拟不能代替真实硬件环境，最大的区别就是时序会有区别。当程序进入调试状态后，“Peripherals”菜单下还可以对中断、定时/计数器、串行口的状态进行观察。

**注意：不要混淆程序编译和调试的区别，编译只是检查程序中是否存在语法错误，因为编译环境并不知道程序员要做什么，所以只能检查程序编写是否合乎语法规范；而在调试状态下，程序员可以通过观察 I/O 口的状态、变量值的变化等方式，检查程序功能。**

观察程序效果的第二种方法是在 Proteus 软件中仿真运行，单击 Proteus 原理图中的 AT89C52，会弹出如图 1-39 所示的窗口，单击“Program File”后面的文件夹图标，弹出图 1-40 所示的窗口，找到所要添加 HEX 文件的路径，选中 HEX 文件并打开它。

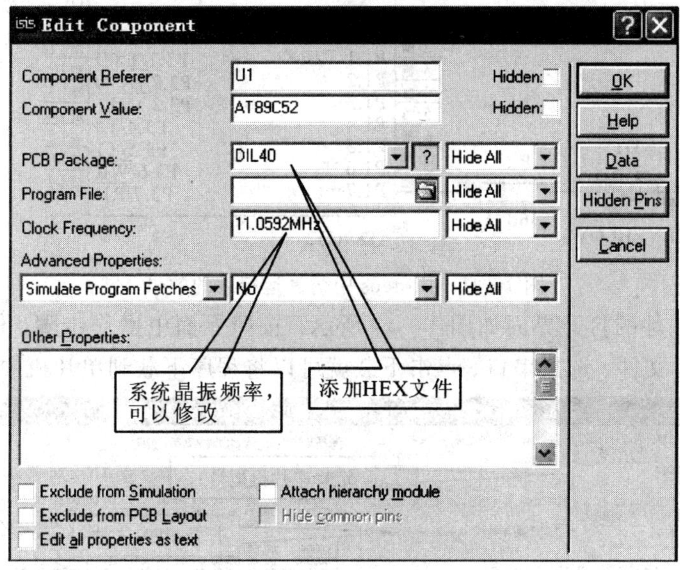


图 1-39　Proteus 中添加 HEX 文件窗口

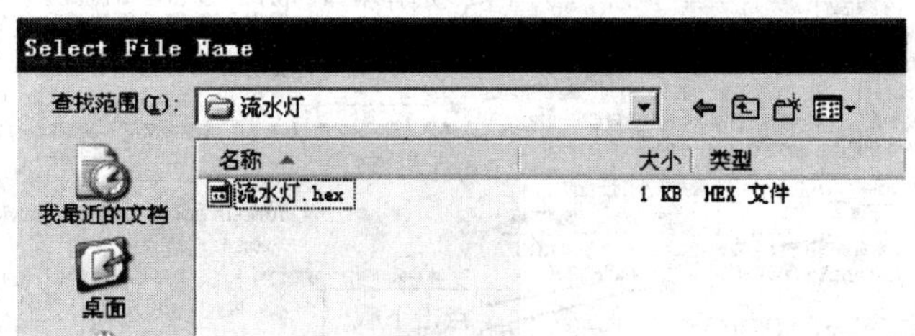


图 1-40　选择 HEX 文件窗口

点击仿真运行按钮 ▶ ，可以看到发光二极管已经被点亮，如图 1-41 所示。图 1-41中可以看到每个引脚都有红色、蓝色或灰色的小方块，红色表示引脚为高电平，蓝色表示引脚为低电平，灰色表示高阻。

最后，我们可以将调试通过的程序下载到实验板上观察效果，实验板上的单片机为 STC89C52，可直接使用 STC-ISP 下载软件将程序烧些到单片机上。

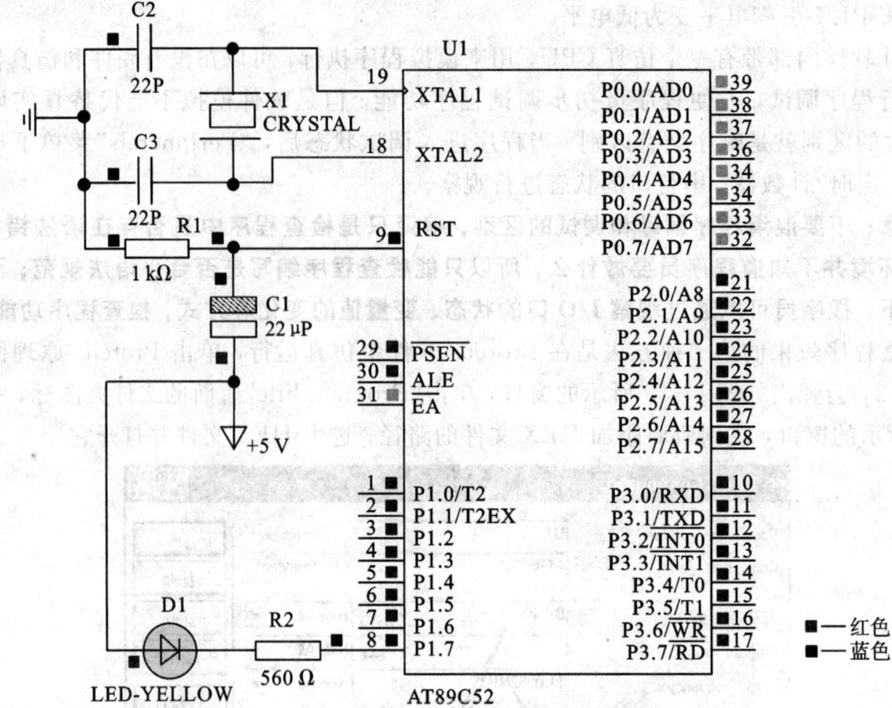


图 1－41　Proteus 中仿真运行后的效果

STC－ISP 软件的打开界面如图 1－42 所示。按照界面中操作步骤，依次选择单片机型号、打开 HEX 文件、选择串口、点击下载就可以将程序下载到单片机中。

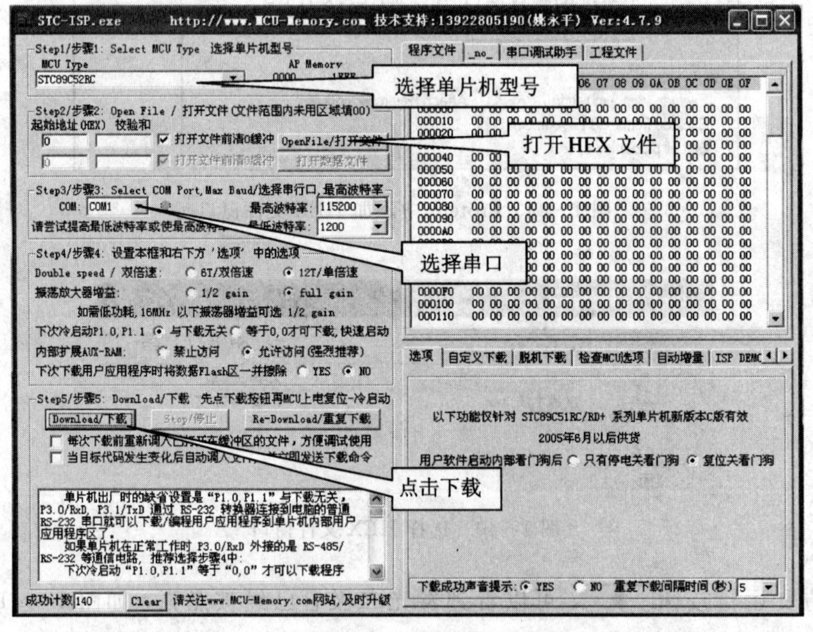


图 1－42　STC-ISP 下载界面

**注意：STC 单片机下载时必须进行冷启动，即在点击“下载”之前，先关掉实验板上的电源，再点击“下载”，之后给实验板上电。**

在图 1－32 中看到点亮一个发光二极管的程序如下：

```
# nclude "AT89X51. h"          //添加 51 头文件
sbit led =P1^7;                //声明 P1.7 引脚
main()
{   led=0;                     //置 P1.7 引脚为低电平
    while(1);                  //cpu 等待
}
```

上述程序分析如下：

(1)"# include "AT89X51. h""语句是头文件包含，包含这个头文件的目的是在后面编写程序时，可以直接对单片机内部的特殊功能寄存器操作，因为这个头文件中已经对 51 单片机内部的特殊功能寄存器进行了声明."AT89X51. h"头文件的内容如下。

```
/*--------------------------------------------------------------------------
AT89X51. H
Header file for the low voltage Flash Atmel AT89C51 and AT89LV51.
Copyright (c) 1988－2002 Keil Elektronik GmbH and Keil Software, Inc.
All rights reserved.
--------------------------------------------------------------------------*/
# ifndef __AT89X51_H__
# define __AT89X51_H__
/*------------------------------------------------
Byte Registers
------------------------------------------------*/
sfr P0       = 0x80;
sfr SP       = 0x81;
sfr DPL      = 0x82;
sfr DPH      = 0x83;
sfr PCON     = 0x87;
sfr TCON     = 0x88;
sfr TMOD     = 0x89;
sfr TL0      = 0x8A;
sfr TL1      = 0x8B;
sfr TH0      = 0x8C;
sfr TH1      = 0x8D;
sfr P1       = 0x90;
sfr SCON     = 0x98;
sfr SBUF     = 0x99;
sfr P2       = 0xA0;
sfr IE       = 0xA8;
sfr P3       = 0xB0;
sfr IP       = 0xB8;
sfr PSW      = 0xD0;
sfr ACC      = 0xE0;
```

```
sfr B        = 0xF0;
/*-----------------------------------------------
P0 Bit Registers
-----------------------------------------------*/
sbit P0_0 = 0x80;
sbit P0_1 = 0x81;
sbit P0_2 = 0x82;
sbit P0_3 = 0x83;
sbit P0_4 = 0x84;
sbit P0_5 = 0x85;
sbit P0_6 = 0x86;
sbit P0_7 = 0x87;
/*-----------------------------------------------
PCON Bit Values
-----------------------------------------------*/
# define IDL_       0x01
# define STOP_      0x02
# define PD_        0x02    /* Alternate definition */
# define GF0_       0x04
# define GF1_       0x08
# define SMOD_      0x80
/*-----------------------------------------------
TCON Bit Registers
-----------------------------------------------*/
sbit IT0    = 0x88;
sbit IE0    = 0x89;
sbit IT1    = 0x8A;
sbit IE1    = 0x8B;
sbit TR0    = 0x8C;
sbit TF0    = 0x8D;
sbit TR1    = 0x8E;
sbit TF1    = 0x8F;
/*-----------------------------------------------
TMOD Bit Values
-----------------------------------------------*/
# define T0_M0_ 0x01
# define T0_M1_ 0x02
# define T0_CT_ 0x04
# define T0_GATE_ 0x08
# define T1_M0_ 0x10
# define T1_M1_ 0x20
# define T1_CT_ 0x40
# define T1_GATE_ 0x80
```

```
#define T1_MASK_ 0xF0
#define T0_MASK_ 0x0F
/*------------------------------------------------
P1 Bit Registers
------------------------------------------------*/
sbit P1_0 = 0x90;
sbit P1_1 = 0x91;
sbit P1_2 = 0x92;
sbit P1_3 = 0x93;
sbit P1_4 = 0x94;
sbit P1_5 = 0x95;
sbit P1_6 = 0x96;
sbit P1_7 = 0x97;
/*------------------------------------------------
SCON Bit Registers
------------------------------------------------*/
sbit RI      = 0x98;
sbit TI      = 0x99;
sbit RB8     = 0x9A;
sbit TB8     = 0x9B;
sbit REN     = 0x9C;
sbit SM2     = 0x9D;
sbit SM1     = 0x9E;
sbit SM0     = 0x9F;
/*------------------------------------------------
P2 Bit Registers
------------------------------------------------*/
sbit P2_0 = 0xA0;
sbit P2_1 = 0xA1;
sbit P2_2 = 0xA2;
sbit P2_3 = 0xA3;
sbit P2_4 = 0xA4;
sbit P2_5 = 0xA5;
sbit P2_6 = 0xA6;
sbit P2_7 = 0xA7;
/*------------------------------------------------
IE Bit Registers
------------------------------------------------*/
sbit EX0 = 0xA8;      /* 1=Enable External interrupt 0 */
sbit ET0 = 0xA9;      /* 1=Enable Timer 0 interrupt */
sbit EX1 = 0xAA;      /* 1=Enable External interrupt 1 */
sbit ET1 = 0xAB;      /* 1=Enable Timer 1 interrupt */
sbit ES = 0xAC;       /* 1=Enable Serial port interrupt */
```

```
sbit ET2 = 0xAD;        /* 1=Enable Timer 2 interrupt */
sbit EA = 0xAF;         /* 0=Disable all interrupts */
/*-----------------------------------------------
P3 Bit Registers (Mnemonics & Ports)
-----------------------------------------------*/
sbit P3_0 = 0xB0;
sbit P3_1 = 0xB1;
sbit P3_2 = 0xB2;
sbit P3_3 = 0xB3;
sbit P3_4 = 0xB4;
sbit P3_5 = 0xB5;
sbit P3_6 = 0xB6;
sbit P3_7 = 0xB7;
sbit RXD = 0xB0;          /* Serial data input */
sbit TXD = 0xB1;          /* Serial data output */
sbit INT0 = 0xB2;         /* External interrupt 0 */
sbit INT1 = 0xB3;         /* External interrupt 1 */
sbit T0 = 0xB4;           /* Timer 0 external input */
sbit T1 = 0xB5;           /* Timer 1 external input */
sbit WR = 0xB6;           /* External data memory write strobe */
sbit RD = 0xB7;           /* External data memory read strobe */
/*-----------------------------------------------
IP Bit Registers
-----------------------------------------------*/
sbit PX0 = 0xB8;
sbit PT0 = 0xB9;
sbit PX1 = 0xBA;
sbit PT1 = 0xBB;
sbit PS = 0xBC;
sbit PT2 = 0xBD;
/*-----------------------------------------------
PSW Bit Registers
-----------------------------------------------*/
sbit P      = 0xD0;
sbit FL     = 0xD1;
sbit OV     = 0xD2;
sbit RS0    = 0xD3;
sbit RS1    = 0xD4;
sbit F0     = 0xD5;
sbit AC     = 0xD6;
sbit CY     = 0xD7;
/*-----------------------------------------------
Interrupt Vectors:
```

```
Interrupt Address = (Number * 8) + 3
------------------------------------------*/
#define IE0_VECTOR0    /* 0x03 External Interrupt 0 */
#define TF0_VECTOR1    /* 0x0B Timer 0 */
#define IE1_VECTOR2    /* 0x13 External Interrupt 1 */
#define TF1_VECTOR3    /* 0x1B Timer 1 */
#define SIO_VECTOR4    /* 0x23 Serial port */
#endif
```

头文件中“sfr P0 = 0x80;”语句的含义是赋予地址为 0x80 的特殊功能寄存器单元一个符号名称叫“P0”，这样在写程序时，就可以直接使用“P0”了。比如：在点亮一个发光二极管的程序中，写成“P0=0x7f”，就表示将 0x7f 这个数据放入了地址为 0x80 的地址单元中。sfr 并不是标准 C 语言的关键字，而是 Keil C51 为能直接访问 51 单片机内部的 SFR 而提供的一个新关键字。

“sbit P0_0 = 0x80;”表示对 P0.0 引脚重新给一个符号名称叫 P0_0，有时候我们只想对 I/O 口中的某一位进行操作时，比如要从 P0.0 位送出低电平，如果直接写“P0.0=0”，则 C 编译器是不能识别的，而且 P0.0 也不是一个合法的 C 语言变量名，所以需要起一个合法的名字，在头文件中通过“sbit”来对特殊功能寄存器中的位进行声明。“sbit”也是 Keil C51 的关键字。“sbit”的用法有三种：

第一种：sbit 位变量名=变量位地址值；例：sbit P1_0 = 0x90。

第二种：sbit 位变量名=SFR 名称^变量位地址值；例：sbit P1_0=P1^0。

第三种：sbit 位变量名 = SFR 地址值^变量位地址值；例：sbit P1_0=0x90^0。

在这个头文件中，使用第一种方法对位变量做了声明，编程者也可以根据自己的意愿在程序中使用“sbit”对 SFR 中的位重新声明，即重新起个名字，那么在程序中就可以用这个新名字了。

我们在程序的第二行，使用了“sbit led =P1^7;”相当于给 P1.7 位重新起名为“led”，这里的名称只要符合 C 语言标识符的规定就行。此处需要注意的是，P1 不可随意写，“P”是大写，若写成小写“p”，编译程序时将报错，因为在头文件中声明 P1 口时用的是大写“P”。

对单片机编写程序，离不开对内部特殊功能寄存器的操作，所以每次在写程序之前，首先将关于对特殊功能寄存器声明的头文件包含进来。Keil C51 中自带的头文件还有“reg52.h”、“reg51.h”等。可以在 Keil 安装路径下“INC”文件夹里打开查看。

(2) 在主函数中，“led=0;”语句的含义是置 P1.7 引脚为低电平，数字电路中，“1”表示高电平，“0”表示低电平，程序中之所以将 P1.7 引脚置低，是因为硬件电路中我们将发光二极管的阳极接+5 V 电源，而阴极与 P1.7 端相连，所以当 P1.7 端输出低电平时会使发光二极管导通，进而点亮发光二极管。

(3) “while(1)”语句是让 CPU 一直执行这个无限循环，其实目的是让程序计数器 PC 的值不再增加。由于单片机上电后，只要晶振工作，单片机就会持续运行，每来一个机器周期，程序计数器就会自动加 1，在本任务的程序中，只做了点亮发光二极管的工作，所以我们加“while(1)”相当于让 CPU 处于等待状态。

到这里，点亮一个发光二极管的任务就完成了，我们可以感觉到，仅仅几行的程序，简单的硬件原理图，却包含了单片机应用中很多基础知识。

如果想让刚才的发光二极管闪烁，则可以在点亮之后，添加一个有限循环的语句(作用是延时)，之后再关掉发光二极管，再延时，只要让程序不断地在点亮→延时→熄灭→延时之间执行就可以了。

程序如下：

```
#include "reg52.h"                  //添加 51 头文件
sbit led =P1^7;                     //声明 P1.7 引脚
main()
{ unsigned int i;
  while(1)
  { led=0;                          //置 P1.7 引脚为低电平
    for(i=0;i<20000;i++);           //有限循环——延时
    led=1;                          //置 P1.7 引脚为高电平
    for(i=0;i<20000;i++);           //有限循环——延时
  }
}
```

发光二极管闪烁的频率可以通过修改 for 循环的次数来改变。

**注意：在软件编程中，通常使用空循环来达到延时的效果。**

在上面程序中，for 循环的循环体语句为空，变量 i 从 0 增加到 20000 就退出循环，这样就可以起到延时的效果。采用循环延时的延时时间不能做到非常精确，如果需要精确延时就要用单片机内部定时/计数器来实现。

循环延时时间的长短可以在 Keil C51 的调试状态下分析。点击“Debug”菜单，选中“Insert/Remove BreakPoint”子菜单或点击图标，在上面程序中第一个 for 循环的位置添加一个断点(断点表示程序执行到这一行时会停止，需要点击“运行”图标才会继续执行下去)，在“led=1；”这一行也添加一个断点，当对某一行添加断点之后，在这行前面会出现一个红色的小方块，如图 1-43 所示。

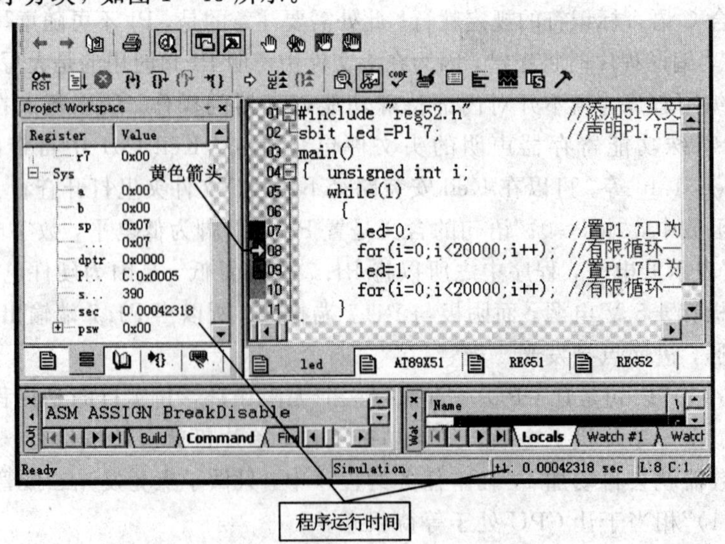


图 1-43　添加断点测试程序运行时间

图1－43中黄色箭头停在中间的方块上，是因为点击了“全速运行”之后，程序执行到断点处停了下来，这时我们可以看到寄存器窗口 sec 里的值和窗口下方 t1 的值为0.00042318 s，表示从程序开始到断点位置(断点处语句未执行)花掉了0.42318 ms，再次点击“全速运行”，黄色箭头下移一行，停在下一个断点处，如图1－44所示，sec的值变为0.10908963 s，这两个数据的差值就是for循环花掉的时间，约为108 ms。程序编辑区的绿色长条表示已经执行过的程序。

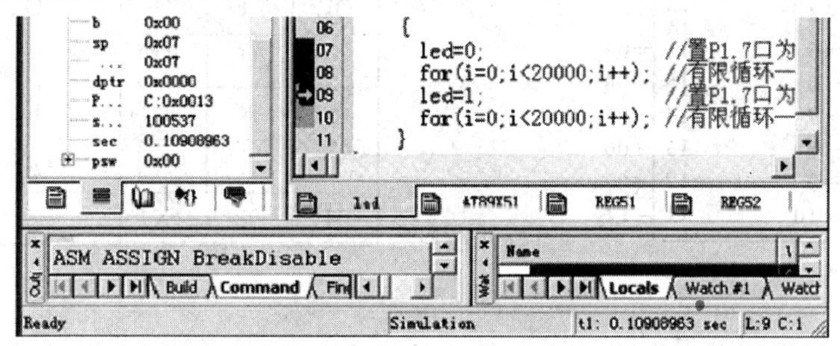


图1－44　测试循环执行时间

## 1.3.2　任务2——单片机控制多个LED灯

**1. 任务要求和分析**

1) 任务要求

利用单片机I/O口控制八只发光二极管，使其按照一定的规律点亮，形成流水灯的效果。

2) 任务分析

硬件电路设计方面，只需要增加发光二极管的个数就可以了，每只二极管占用一根I/O引线。软件程序设计方面，由于有八只发光二极管需要控制，考虑使用循环实现。

**2. 器件及设备选择**

由于用到的发光二极管较多，每个发光二极管都需要限流电阻，硬件电路会显得比较复杂，所以我们这里使用了排阻。排阻就是若干个参数完全相同的电阻，它们的一个引脚都连接到一起，作为公共引脚，其余引脚正常引出。所以如果一个排阻是由 $n$ 个电阻构成的，那么它就有 $n+1$ 只引脚，一般来说，最左边的那个是公共引脚。它在排阻上一般用一个色点标出来，排阻的实物封装如图1－45所示。排阻一般应用在数字电路上，比如作为某个并行口的上拉或者下拉电阻用。使用排阻比用若干只固定电阻更方便。

(a) 直插式封装

(b) 贴片式封装

图1－45　排阻封装

另外，可以给单片机I/O口接锁存器，增加单片机可以控制的外围电路。与本书配套的实验板上，由于单片机的外围电路较多，所以使用了锁存器。

所谓锁存器，就是当锁存信号有效时，输出端的状态会跟随输入端状态的变化而变化，当锁存信号无效时，输出端的状态会保持锁存信号消失前一时刻的状态，不再跟随输入端的状态而变化。图 1－46 为 74HC573 的引脚分布图，其功能表如表 1－6 所示。

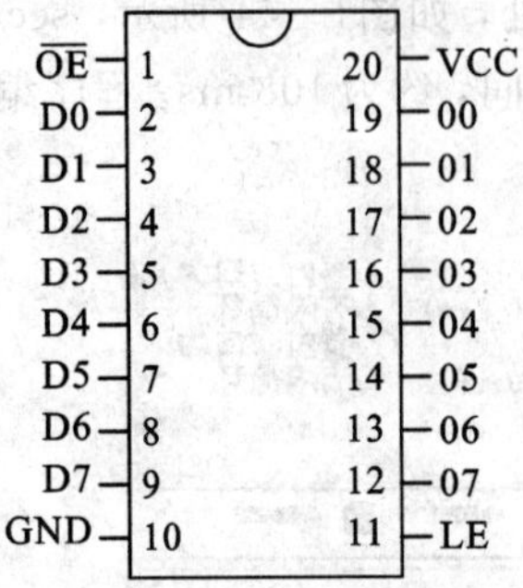

图 1－46　74HC573 引脚图

**表 1－6　74HC573 功能表**

| 输入 | | | 输出 |
|---|---|---|---|
| $\overline{OE}$ | LE | D | Q |
| L | H | H | H |
| L | H | L | L |
| L | L | X | QO |
| H | X | X | Z |

74HC573 $\overline{OE}$为输出使能端，D0～D7 为数据输入端，Q0～Q7 为数据输出端，LE 为锁存允许端或叫锁存控制端。当$\overline{OE}$为高电平时，无论 LE 端为何种电平状态，其输出都为 Z（高阻态）。为了方便控制，在硬件上将$\overline{OE}$始终接地。当$\overline{OE}$为低电平时，若 LE 为 H（高电平），则 Q 端数据状态紧随 D 端数据状态变化；而当 LE 为 L（低电平）时，无论 D 为何种电平，Q 都保持上一次的数据状态，此时就起到了锁存的作用。因此我们将锁存器的 LE 端与单片机的某一引脚相连，再将锁存器的数据输入端与单片机的某组 I/O 口相连，便可通过控制锁存器的 LE 端达到数据锁存的目的。

**3. 任务实施**

1）单片机控制多个 LED 灯硬件原理图设计

在任务 1 的基础上，我们在 P1 口其余位再添加发光二极管，与教材配套的实验板上的原理图如图 1－47 所示。

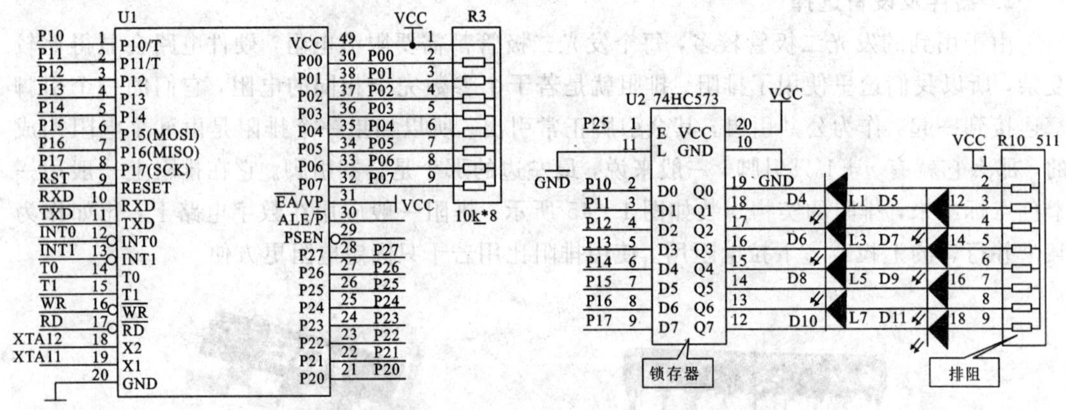


图 1－47　单片机控制多个发光二极管硬件原理图

这里 74HC573 是锁存器，加锁存器起到的是隔离的作用。我们实验板上 P1 口不仅需要控制发光二级管，而且还与 ADC0804 的数据输出端相接，当我们做 A/D 转换时，P1 口从 ADC0804 的输出端读取数据，P1 口引脚电平发生变化，那么发光二极管的阴极电平也就会跟着变，加了锁存器之后将发光二极管与 P1 口隔开，在做 A/D 转换时，只要让锁存器不工作，就不会影响到发光二极管。

2）单片机控制多个 LED 灯软件程序设计

在这个任务中，我们通过程序控制，让八个 LED 灯依次逐个点亮，感觉像流水一样，所以叫做流水灯。在写程序之前，首先要有构思，先让第一个 LED 灯点亮一段时间之后，再熄灭；接着让第二个 LED 灯点亮一段时间之后再熄灭，依次类推，就可以实现流水灯的效果。完成之后的程序如下：

```
# include "REG52.h"
# define uchar unsigned char //宏定义
sbit LE=P2^5;
/******************延时函数***************
函数名 delay1s()
功能：晶振频率 12 MHz 时，延时约 1 s
*****************************************/
void delay1s(void)
{   uchar h,i,j,k;
    for(h=5;h>0;h--)
      for(i=4;i>0;i--)
        for(j=116;j>0;j--)
          for(k=214;k>0;k--);
}
/*****************************************
函数名：main()
功能：主函数，循环点亮 LED 灯
*****************************************/
void main()
{ uchar k;
  uchar recy;
    LE=1;                              //打开锁存器锁存允许
    while(1)
    { recy=0x01;
      for(k=1;k<=8;k++)                //8 只 LED 灯从 P1.0 到 P1.7 逐个点亮
      { P1=~recy;
        delay1s();
        recy=recy<<1;
      }
      recy=0xfe;
      for(k=1;k<=8;k++)                //8 只 LED 灯从 P1.0 到 P1.7 逐次全部点亮
      { P1=recy;
        delay1s();
        recy<<=1;
      }
      P1=0xff;
      delay1s();
      recy=0x80;
```

```
      for(k=1;k<=8;k++)          //8只LED灯从P1.7到P1.0逐个点亮
    { P1=~recy;
      delay1s();
      recy>>=1;
    }
    P1=0xff;
    delay1s();
    recy=0x7f;
     for(k=1;k<=8;k++)           //8只LED灯从P1.7到P1.0逐次全部点亮
     { P1=recy;
       delay1s();
       recy=recy>>1;
     }
       P1=0xff;
       delay1s();
     }
  }
```

程序分析：

(1) 由于这里我们要控制八个 LED 灯，如果像任务 1 中一样，对 P1 口每一位声明之后，逐位去控制 LED 灯，那程序会显得非常复杂。当需要对某个 I/O 口的八位一起操作时，一般采用整体操作的方式，即总线的方式。在 while(1)循环中，首先对变量 recy 赋值为 0x01，由于要点亮八个 LED 灯，所以使用了一个 for 循环，循环执行八次，就可以依次点亮八个 LED 灯。“P1=～ recy;”语句是将变量 recy 按位取反之后从 P1 口送出去，符号“～”是位运算符，表示按位取反，recy 的起始值为 0x01(0000 0001B)，按位取反后变为 0xfe(1111 1110B)，这样相当于置 P1.0 位为低电平，其余位为高电平，这就点亮了第一个 LED 灯。延时是让刚刚点亮的灯亮一段时间。

(2) “recy = recy <<1;”语句表示将变量 recy 的值左移一位，“<<”是左移运算符，当需要对某个变量进行移位运算时，“<<”运算符左侧是需要移位的变量，右侧写上数字表示移几位。程序将 recy 左移一位之后，变为 0x02(0000 0010B)；在 for 循环的第二次再将这个移位之后的值按位取反从 P1 口送出，这样也就点亮了第二个 LED 灯，同时刚才点亮的第一个 LED 灯熄灭。如此，for 循环八次，就可以逐个点亮 LED 灯了。退出 for 循环之后，由于程序处于 while(1)的大循环中，再次为 recy 赋起始值，开始下一轮点亮 LED 灯。位运算符如表 1-7 所示。

**表 1-7 位运算符**

| 符号 | 功能 | 示例 |
|---|---|---|
| & | 按位与 | 3&4=0；表示将 0011 与 0100 按位“与” |
| \| | 按位或 | 3\|4=7；表示将 0011 与 0100 按位“或” |
| ～ | 按位取反 | ～3=12；表示将 0011 按位“取反” |
| ^ | 按位异或 | 3^4=7；表示将 0011 与 0100 按位“异或” |
| << | 按位左移 | int x; x=3<<1；表示将 0011 左移一位之后赋给 x |
| >> | 按位右移 | int x; x=3>>1；表示将 0011 右移一位之后赋给 x |

3）软硬件联合调试

本任务调试中，主要是软件程序的调试，可以分步调试，即先调试第一种点亮方式，通过之后，再调试第二种点亮方式。这个过程，可以在Keil的调试功能下查看I/O口的状态，也可以直接将HEX文件加到Proteus软件下观察硬件电路的状态。

# 1.4 项目拓展

## 1.4.1 改变流水灯花式和点亮频率

在任务2中设计的流水灯为八个LED按一个方向循环点亮，我们可以通过编程控制LED灯，使它以我们想要的各种方式点亮，而且LED灯点亮频率可以通过改变延时时间来实现。下面的程序为单片机控制八个发光二极管并使其以1 s的时间间隔以各种形式循环点亮的例程：

```
#include<reg52.h>                         //52单片机头文件
#define uint unsigned int                 //宏定义
#define uchar unsigned char               //宏定义
void delay1s(void);                       //声明延时函数
sbit LE=P2^5;
uint a;                                   //定义循环用变量
//定义循环用数据表格
uchar code table[]={
0xff, //全灭
//从第0位到第7位依次逐个点亮
0xfe, 0xfd, 0xfb,0xf7, 0xef, 0xdf, 0xbf, 0x7f,
//从第0位到第7位依次全部点亮
0xfe, 0xfc, 0xf8, 0xf0, 0xe0, 0xc0, 0x80, 0x00,
//从第7位到第0位依次全部熄灭
0x80, 0xc0, 0xe0, 0xf0, 0xf8, 0xfc, 0xfe, 0xff,
//分别从第7位和第0位向中间靠拢逐个点亮，然后从中间向两边分散逐个点亮
0x7e, 0xbd, 0xdb, 0xe7, 0xe7, 0xdb, 0xbd, 0x7e,
//分别从第7位和第0位向中间靠拢全部点亮，然后从中间向两边分散熄灭
0x7e, 0x3c, 0x18, 0x00, 0x00, 0x18, 0x3c, 0x7e,
0x00                                      //全亮
};
/*************************************
函数名 delay1s()
功能：晶振频率12 MHz时，延时约1 s
*************************************/
void delay1s(void)
{  uchar h,i,j,k;
   for(h=5;h>0;h--)
```

```
        for(i=4;i>0;i--)
          for(j=116;j>0;j--)
            for(k=214;k>0;k--);
    }
    /*************************************
    函数名：main()
    功能：主函数，循环点亮 LED 灯
    ***************************************/
    void main()                          //主函数
    { LE=1;                              //打开锁存器锁存允许
      while(1)                           //while 循环
      { for(a=0;a<42;a++)
          {P1=table[a];                  //以 a 做索引号，从数组中取值送给 P1 口
            delay1s();                   //1 s 延时子程序
          }
      }
    }
```

程序分析：

这个程序中，根据 LED 灯点亮的方式，将需要送向 P1 口的数据预先存放到数组中，程序运行中，只要按照顺序将这些数组元素送向 P1 口，就可以实现不同花式的流水灯。数组定义时写“code”的含义是告诉单片机，定义的数组要放在 ROM(程序存储区)里面，写入后就不能再更改。程序可以简单的分为 code(程序)区和 data (数据)区，code 区在运行的时候是不可以更改的，data 区放全局变量和临时变量，是要不断改变的，CPU 从 code 区读取指令，对 data 区的数据进行运算处理。由于单片机上的 RAM 区很小，而 ROM 相对来说比较大，当需要定义的数据太多时，会存在 RAM 区放不下的情况。所以在编写程序时，对于那些在程序运行中一直不变的数据，可在数据类型名和变量名之间加上“code”，这样数据就会被存放到 ROM 区，节省了 RAM 区的空间。

**在单片机编程中，要根据变量的取值范围，合理的定义变量的数据类型，节省 RAM 区。**

### 1.4.2 利用系统库函数实现流水灯

任务 2 中，使用移位运算来实现流水灯，在 C51 中，有自带的库函数可以直接实现移位运算。在 Keil C51 的“help”菜单下点击“μvision Help”子菜单，在弹出的帮助窗口中输入“_cror_”，从搜索结果中双击“_cror_”，可以看到以下内容：

```
# include <intrins. h>
unsigned char _cror_ ( unsigned char c,      /* character to rotate left */
                       unsigned char b);     /* bit positions to rotate */
```

Description：The _cror_ routine rotates the bit pattern for the character c right b bits. This routine is implemented as an intrinsic function.

Return Value：The _cror_ routine returns the rotated value of c.

从“Description”中，我们获知这个函数的功能是将一个字符型的数据“c”循环右移“b”

位，其返回值是被移位之后“c”的值，这个函数包含在“intrins. h”中。

同理，还有_crol_( unsigned char c，unsigned char b)是将一个字符型的数据“c”循环左移“b”位；_irol_( unsigned int i，unsigned char b) 是将一个字整型的数据“i”循环左移“b”位。其他移位函数读者可以自行查找。循环右移的示意图如图 1-48 所示。

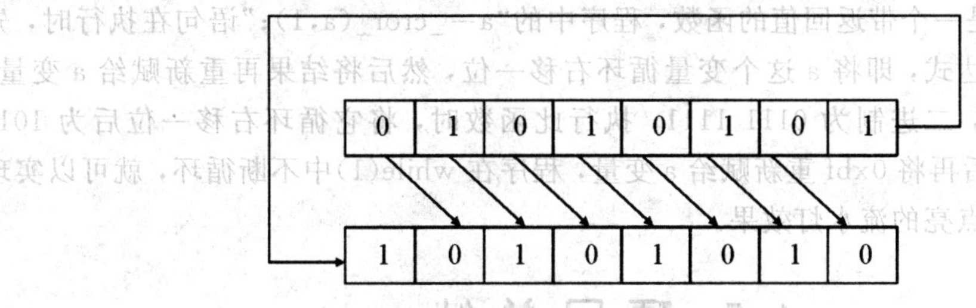


图 1-48 循环右移示意图

下面利用 C51 自带的库函数_crol_()，在单片机实验板上实现流水灯程序，完整的程序代码如下：

```
#include<reg52.h>                //52单片机头文件
#include<intrins.h>              //包含_crol_函数所在的头文件
#define uint unsigned int        //宏定义
#define uchar unsigned char      //宏定义
void delay(void);                //声明子函数
sbit LE=P2^5;
/*****************************************************
函数名 delay1s()
功能：晶振频率 12 MHz 时，延时约 1 s
*****************************************************/
void delay1s(void)
{ uchar h,i,j,k;
    for(h=5;h>0;h--)
      for(i=4;i>0;i--)
        for(j=116;j>0;j--)
          for(k=214;k>0;k--);
}
/*****************************************************
函数名：main()
功能：主函数，循环点亮 LED 灯
*****************************************************/
void main()                      //主函数
{uchar a;                        //定义一个变量，用来给 P1 口赋值
a=0x7f;                          //赋初值 0111 1111
LE=1;                            //打开锁存器锁存允许
while(1)
  { P1=a;                        //先点亮第一个发光二极管
    delay1s ();                  //延时一段时间(约 1 s)
```

```
        a=_cror_(a,1);          //将 a 循环右移 1 位后再赋给 a
    }
}
```

程序分析：

因为_cror_()是一个带返回值的函数，程序中的"a=_cror_(a,1);"语句在执行时，先执行等号右边的表达式，即将 a 这个变量循环右移一位，然后将结果再重新赋给 a 变量，如 a 的初值为 0x7f，二进制为 0111 1111，执行此函数时，将它循环右移一位后为 1011 1111，即 0xbf，然后再将 0xbf 重新赋给 a 变量，程序在 while(1)中不断循环，就可以实现从高位到低位逐个点亮的流水灯效果。

## 1.5 项目总结

本章介绍了 51 单片机的内部结构及引脚功能，通过"流水灯"项目详细介绍了 51 单片机的仿真环境 Proteus 软件，软件开发环境 Keil C51。在单片机系统开发中，要注意以下几点：

(1) 硬件电路设计上，首先要保证单片机能正常工作，也就是必须保证电源正常、时钟电路正常、复位电路正常。

(2) 单片机 I/O 口的应用上，对于 P0 口要注意其没有内部上拉电阻，所以在硬件设计中，要给 P0 口外接上拉电阻，以保证 P0 口可以输出高电平。P1 口是唯一一个只有输入/输出功能的 I/O 口。P0 口和 P2 口当有外部扩展存储器时，作为数据/地址的复用口。P3 口每一位都具有第二功能。

(3) 在软件程序设计上，由于单片机内部 RAM 较小，所以应该根据数据范围选择合适的数据类型。

(4) 对于单片机的编程，离不开对 SFR 的操作，所以在程序中一定要有包含对 SFR 声明的头文件。

## 习　题

1. 8051 单片机内部包含哪些逻辑功能部件？各有什么主要功能？

2. 何谓 MCS-51 单片机的振荡周期、时钟周期、机器周期？机器周期与振荡周期之间有什么关系？

3. MCS-51 的 P0～P3 各口的特点是什么(特别是 P0 口)？用作通用 I/O 口输入数据时，应注意什么？

4. 51 单片机的时钟方式有几种？分别是什么含义？

5. 51 单片机对复位信号有什么要求？

6. 单片机要正常工作，在硬件方面必须保证的三个电路是什么？

7. 在编写单片机程序时，添加"AT89X51.h"头文件的目的是什么？

# 项目 2　可调式电子闹钟系统设计

## 2.1　项 目 要 求

本项目要求设计一个可调式电子钟，此电子钟具有随意设置起始时间和闹铃时间的功能，系统开始时通过按下“启动/停止”键启动时钟运行，默认起始时间为 0 时 0 分 0 秒，可以通过按下“时”、“分”、“秒”键分别设置时钟起始时间，当按下“闹铃”键时，可以设置闹铃时间，闹铃时间到时，蜂鸣器响起，进行闹铃提醒。每次修改时间之后，按“确认”键完成修改。

项目重难点：

(1) 51 单片机定时/计数器工作原理及控制方式；

(2) 51 单片机的中断系统；

(3) 51 单片机与 LED 数码管的接口原理；

(4) 数码管动态显示原理及程序控制；

(5) 51 单片机与键盘的接口原理；

(6) 按键的识别方法。

技能培养：

(1) 掌握 51 单片机定时/计数器工作原理及编程控制方法；

(2) 掌握编写中断服务程序的方法；

(3) 掌握 51 单片机与 LED 数码管接口电路的设计方法，并能熟练编写显示程序；

(4) 掌握键盘与单片机的接口电路设计方法；

(5) 能够熟练编写矩阵键盘扫描程序。

## 2.2　理 论 知 识

### 2.2.1　51 单片机的中断系统

#### 1. 中断的概念

CPU 在处理某一事件 A 时，发生了另一事件 B 请求 CPU 迅速去处理(中断发生)；CPU 暂停当前的工作，转去处理事件 B(中断响应和中断服务)；待 CPU 将事件 B 处理完毕后，再回到原来事件 A 被中断的地方继续处理事件 A(中断返回)，这一过程称为中断。

CPU 处理中断事件的过程如图 2－1 所示。

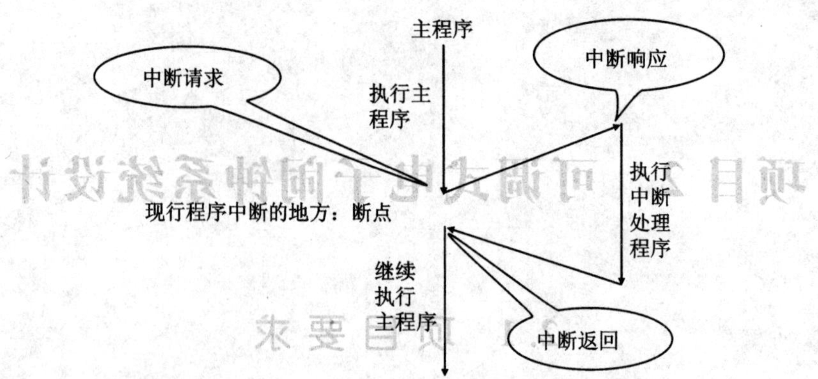


图 2-1 CPU 处理中断事件过程

**2. 中断源**

引起 CPU 中断的根源称为中断源。51 单片机中每个中断源对应一个中断标志位，当某个中断源有申请时，相应的中断标志位置 1。

MCS-51 有 3 类中断：外部中断、定时中断、串行中断。

由外部信号引起的中断称为外部中断。51 单片机有两个外部中断，分别从 P3.2 引脚和 P3.3 引脚引入，称为外部中断 0（INT0）和外部中断 1（INT1）。

外部信号向 CPU 请求中断的方式有两种：电平方式、脉冲方式。

电平方式：低电平有效。单片机硬件电路在 P3.2 或 P3.3 引脚采样到有效的低电平时，即为有效中断请求。

脉冲方式：下降沿触发有效。硬件电路在相邻的两个机器周期对 P3.2 和 P3.3 采样，如前一次为高电平，后一次为低电平，即为有效中断请求。

除了外部中断之外，51 单片机还有两类内部中断(定时中断、串行中断)。51 单片机内部有两个定时/计数器(T0、T1)，当定时时间到或计数值满时，就以计数溢出信号作为中断请求，去置位溢出标志位，向 CPU 请求中断，即为定时中断。当单片机与其他外设进行串行通信时，每当串行接收或发送完一组串行数据时，就产生一个中断请求，即为串行中断。

**3. 51 单片机中断系统结构**

51 单片机中，中断源有 6 个，分别为 INT0、INT1、T0、T1、RX、TX。每个中断源都有一个唯一的入口地址，相应的中断服务程序从中断入口地址开始存放。其中，RX、TX 属于串行口中断，它们共用一个入口地址，所以入口地址为 5 个，51 单片机的入口地址如表 2-1 所示。图 2-2 所示为 51 单片机中断系统结构，主要通过 TCON、SCON、IE、IP 寄存器实现对中断的控制。

**表 2-1 各中断源入口地址及中断号**

| 中 断 源 | 中断标志 | 入口地址 | 中断号 | 自然优先级 |
|---|---|---|---|---|
| 外中断 0(INT0) | IE0 | 0003H | 0 | 高 |
| 定时/计数器 0(T0) | TF0 | 000BH | 1 | ↓ |
| 外中断 1(INT1) | IE1 | 0013H | 2 | ↓ |
| 定时/计数器 1(T1) | TF1 | 001BH | 3 | ↓ |
| 串行口中断 | RI、TI | 0023H | 4 | 低 |

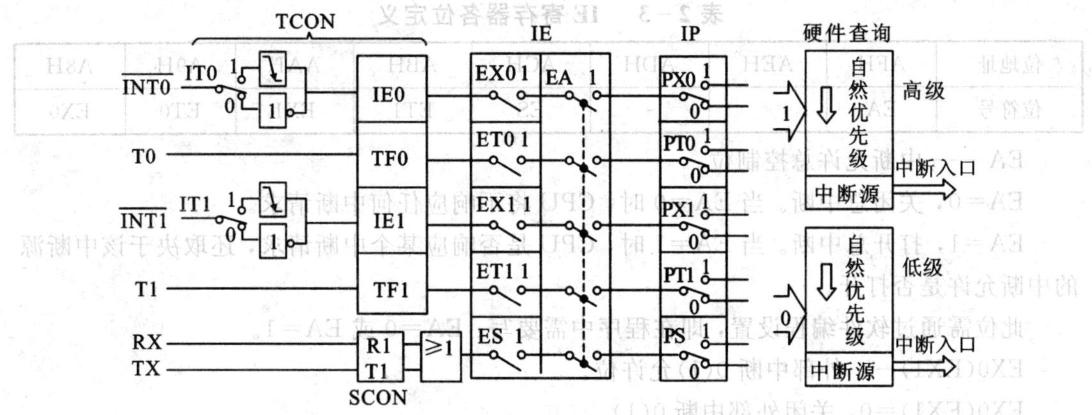


图 2-2 51 单片机中断系统结构

**4. 中断控制**

TCON 寄存器和 SCON 寄存器主要是对中断系统中中断源的控制。TCON 寄存器为定时/计数器控制寄存器，字节地址为 88H，可以进行位寻址。每一位的定义如表 2-2 所示。

**表 2-2 TCON 寄存器各位定义**

| 位地址 | 8FH | 8EH | 8DH | 8CH | 8BH | 8AH | 89H | 88H |
|---|---|---|---|---|---|---|---|---|
| 位符号 | TF1 | TR1 | TF0 | TR0 | IE1 | IT1 | IE0 | IT0 |

TF0(TF1)——计数溢出标志位。

当计数器产生计数溢出时，此位由硬件自动置 1。当转向中断服务时，再由硬件自动清 0。计数溢出的标志位的使用有两种情况：采用中断方式时，作中断请求标志位来使用，此时 TF0(TF1)硬件置位，硬件清 0；采用查询方式时，作查询状态位来使用，此时 TF0(TF1)硬件置位，软件清 0。

TR0(TR1)——定时器运行控制位。

当 TR0(TR1)＝0 时，停止定时器/计数器工作；

当 TR0(TR1)＝1 时，启动定时器/计数器工作。

IE0(IE1)——外中断请求标志位。

当 CPU 采样到 P3.2(P3.3)出现有效中断请求时，此位由硬件自动置 1。在中断响应完成后转向中断服务时，再由硬件自动清 0。

IT0(IT1)——外中断请求信号方式控制位。

当 IT0(IT1)＝1 时为脉冲方式(后沿负跳有效)；

当 IT0(IT1)＝0 时为电平方式(低电平有效)，此位由软件置 1 或清 0。

SCON 寄存器为串行口控制寄存器，字节地址为 98H，同样可以进行位寻址，其中有两位是串行口的中断请求标志位。SCON 寄存器具体内容将在项目 3 中介绍。

并不是只要中断源向 CPU 请求中断，CPU 都会响应该中断，而是通过中断允许寄存器来决定 CPU 是否会响应该中断请求。51 单片机中的中断允许寄存器(IE)的字节地址为 A8H，可进行位寻址，每一位的定义如表 2-3 所示。

**表 2-3　IE 寄存器各位定义**

| 位地址 | AFH | AEH | ADH | ACH | ABH | AAH | A9H | A8H |
|---|---|---|---|---|---|---|---|---|
| 位符号 | EA | - | - | ES | ET1 | EX1 | ET0 | EX0 |

EA ——中断允许总控制位。

EA=0，关闭总中断。当 EA=0 时，CPU 将不响应任何中断请求。

EA=1，打开总中断。当 EA=1 时，CPU 是否响应某个中断请求，还取决于该中断源的中断允许是否打开。

此位需通过软件编程设置，即在程序中需要写：EA=0 或 EA=1。

EX0(EX1)——外部中断 0(1)允许位。

EX0(EX1)=0，关闭外部中断 0(1)。

EX0(EX1)=1，打开外部中断 0(1)。

ET0(ET1) ——定时/计数器 T0(T1)中断允许位。

ET0(ET1)=0，关闭定时器 T0(T1)中断请求。

ET0(ET1)=1，打开定时器 T0(T1)中断请求。

ES——串行口中断允许位。

ES=0，关闭串行口中断。

ES=1，打开串行口中断。

IE 寄存器中，每一个中断允许控制位都可由软件编程控制。比如，若需要 CPU 响应来自定时器 T0 的中断请求，则需要打开 T0 中断允许以及总中断允许，方法是在程序中添加指令：EA=1；ET0=1。可见当要求 CPU 响应某个请求时，不但要打开分中断允许，还要打开总中断允许。当总中断允许关闭时，不管分中断允许状态如何，CPU 都不响应中断请求。

当几个中断源同时向 CPU 请求中断时，就存在 CPU 优先响应哪一个中断源请求的问题(优先级问题)，一般根据中断源的轻重缓急排队，优先处理最紧急事件的中断请求。于是便规定每一个中断源都有一个中断优先级别，并且 CPU 总是响应级别最高的中断请求。但是当 CPU 正在处理一个中断源请求的时候，另一个中断源又提出了新中断请求，CPU 是否响应新的中断请求，在于新中断请求的优先级是否高于目前正在处理的中断请求。如果新中断请求的优先级高于正在处理的中断请求，则 CPU 暂时中止对目前中断处理程序的执行，转而去处理新中断请求，待处理完以后，再继续执行原来的低级中断处理程序，这样的过程称为中断嵌套，中断嵌套示意图如图 2-3 所示。如果新中断请求的优先级低于正在处理的中断请求，则 CPU 将继续执行正在处理的中断程序。

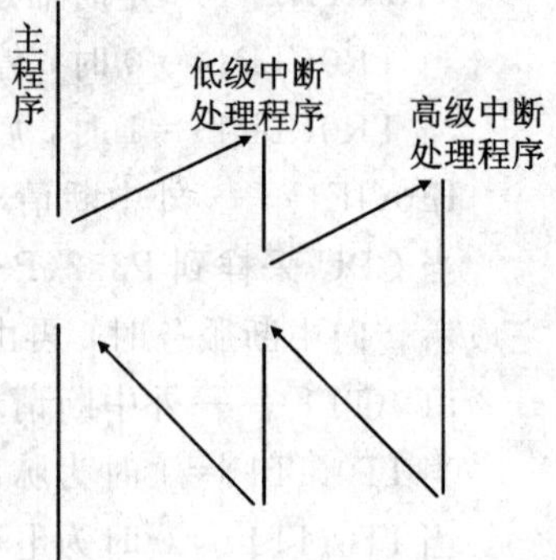

图 2-3　中断嵌套示意图

51 系列单片机具有两个中断优先级。对于所有的中断源，均可由软件设置为高优先级中断或低优先级中断，并可实现两级中断嵌套。一个正在执行的低优先级中断服务程序，能被高优先级中断源所中断。同级或低优先级中断源不能中断正在执行的中断服务程序。

**所以 CPU 对中断的处理遵循以下三条原则：**

**(1) 同时收到几个中断源的请求时，响应优先级别最高的；**

**(2) 中断服务过程不能被同级、低优先级的中断源所中断；**

**(3) 低优先级的中断服务，能被高优先级的中断源所中断。**

每个中断源的中断优先级都可以由软件指令来设定，对中断优先级的控制通过优先级寄存器(IP)来实现。IP 寄存器的字节地址为 B8H，可进行位寻址，每一位的定义如表2－4所示。

**表 2－4　IP 寄存器各位定义**

| 位地址 | BFH | BEH | BDH | BCH | BBH | BAH | B9H | B8H |
|---|---|---|---|---|---|---|---|---|
| 位符号 | - | - | PT2 | PS | PT1 | PX1 | PT0 | PX0 |

PX0——外部中断 0 优先级设定位；

PT0——定时/计数器 T0 优先级设定位；

PX1——外部中断 1 优先级设定位；

PT1——定时/计数器 T1 优先级设定位；

PS——串行口优先级设定位；

PT2——定时/计数器 T2 优先级设定位。

单片机系统初始化之后，IP 寄存器各位的默认值是 0。当需要将某个中断设为高优先级时，只需通过软件指令将相应的优先级设定位置"1"即可。比如，需要将串行口的优先级设定为最高优先级，则只要在初始化部分添加指令"PS＝1；"。如果不对 IP 寄存器的默认值进行修改，则所有中断都处于低优先级，此时，当有多个中断源同时向 CPU 请求中断时，系统将按 CPU 的硬件查询次序确定响应哪个中断请求。CPU 的硬件查询次序也称为中断系统的自然优先级，从高到低的顺序如表 2-1 最后一列所示。CPU 在每个机器周期的最后一个状态查询 TCON 和 SCON 寄存器中的中断请求标志位，确定是否有中断请求，CPU 先查询高优先级的中断请求标志位，对于同级中断按照自然优先级查询。由于 CPU 预先并不知道哪个中断源会提出中断请求，所以每个机器周期 CPU 都会查询中断请求标志位。

如果一个系统中用到了串行口中断、定时器 T0 中断、定时器 T1 中断，若要求串行口中断优先级最低，定时器 T1 中断最高，只需把 IP 寄存器中的 PT1 置"1"，PS 和 PT0 依然保持 0，就可实现。系统工作时，按优先级次序首先查询定时器 T1 的中断请求标志位，接下来按照自然优先级依次查询定时器 T0 和串行口中断请求标志位。

**5. 中断处理过程**

中断的处理过程主要有四步：

(1) 中断请求，当中断源需要中断服务时，置位自己的中断请求标志位。

(2) 中断响应，CPU 在每个机器周期的最后一个状态(S6 状态)按优先级或硬件查询次序查询各中断请求标志位，当查询到有效的中断请求时，若总中断允许打开(EA＝1)，对应中断源的中断允许打开，CPU 就会响应这个中断请求。在进行中断服务之前，CPU 要先执行完正在执行的那条指令，并将这条指令的地址保存到程序计数器(PC)中。

(3) 中断服务，CPU 响应中断后，去完成中断源请求的事情，即转去执行中断服务程序。

(4) 中断返回，在执行完中断服务程序之后，CPU 返回到刚才被中断的位置(程序计数器中保存的位置)继续执行程序。

以 INT0 为例：若置 TCON 寄存器中 IT0=0，表示外部中断的触发方式为电平触发，当 P3.2 引脚出现低电平时，硬件电路立即置位 IE0=1，向 CPU 提出中断请求。当 CPU 查询到 IE0=1 时，程序运行会立即跳转到地址 0x03H 的存储单元，从那里开始继续执行，因为处理 INT0 中断的代码放在地址为 0x03 开始的 ROM 区域。当 CPU 进入中断程序后，硬件电路又会自动清除中断请求标志(IE=0)。中断服务程序执行完之后，CPU 又会回到刚才的位置继续执行。C 语言中采用中断号使 CPU 转向相应的中断服务程序存放位置。各中断源的中断号如表 2-1 中所示。

**C 语言中断服务函数的格式如下：**

```
void 函数名()interrupt 中断号 using 工作组
{
    中断服务程序的内容
}
```

中断服务函数不带回返回值，所以前面写 void，并且不带参数。函数名称只要符合 C 语言标识符的规定就行。interrupt 是 C 语言扩展的关键字，只要在一个函数定义后面加上这个选项，那么这个函数就变成了中断服务函数。中断号是 0～4 的数字，对应不同的中断源，CPU 止是根据中断号转向相应的中断服务程序存放区域，所以在写中断服务程序时，中断号务必正确。“using 工作组”是指中断函数使用 4 组工作寄存器组中的哪一组，编译器在编译程序时会自动分配，因此此项可省略。

**6. 中断标志的清除**

单片机系统中的中断源只有外部中断、定时/计数器中断、串行口中断，当 CPU 响应中断之后，要及时清除中断标志，否则 CPU 会不断的响应中断。

中断标志的清除有四种情况：

(1) INT0、INT1 中断标志(IE0、IE1)。外中断标志的清除不仅与中断标志位有关还与中断请求信号有关。中断标志位在中断响应后自动清零。对于脉冲方式的中断请求，由于脉冲信号过后就自动消失，也就是说中断请求信号也自动消失。对于电平方式的中断请求，若中断请求的低电平信号保持时间过长，又会重新置位 IE0 或 IE1，导致 CPU 重复响应中断，所以在硬件电路设计上需考虑这个低电平的持续时间，确保 CPU 响应中断后，清除低电平。

(2) 定时/计数器中断标志(TF0、TF1)。CPU 响应中断后，硬件自动清除了相应的中断请求标志 TF0、TF1。

(3) 串行口中断标志(TI、RI)。CPU 响应中断后，必须在中断服务程序中，通过软件指令清除。

## 2.2.2 51 单片机的定时/计数器

在生活中常常碰到一些计数或定时的任务，比如要统计参加会议的人数，要求洗衣机在一定时间洗完衣服等。在控制系统中，计数和定时也是两个非常重要的任务。51 系列单片机在硬件上集成了两个可编程的定时/计数器，分别称为 T0 或 T1。对于 52 系列的单片机则有 3 个定时/计数器，增加了 T2。

单片机系统中的定时器和计数器是同一个逻辑电路，只是通过控制寄存器让这个逻辑电路工作在定时模式或计数模式下。

**1. 定时/计数器的结构和工作原理**

51 单片机的两个定时/计时器都是 16 位的，由高 8 位和低 8 位两个寄存器组成，而且都为加 1 计数器，其内部结构如图 2-4 所示。从图 2-4 中可以看出定时/计数器主要由 TCON、TMOD、TH0、TL0、TH1、TL1 寄存器组成。TMOD 寄存器主要决定定时/计数器的功能和工作模式。TCON 寄存中的 TR0、TR1 控制定时/计数器的启动和停止。TH0、TL0、TH1、TL1 分别存放 T1 和 T0 的计数初始值。

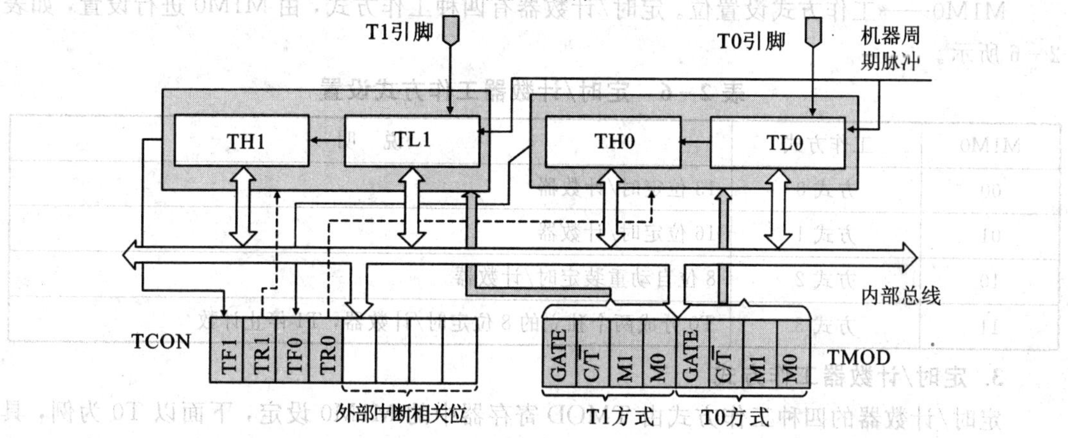


图 2-4 定时/计数器结构

不论定时/计数器是作为定时器还是计数器使用，其本质都是计数。当作为计数器使用时，是对外部事件进行计数，51 单片机的 P3.4(T0)和 P3.5(T1)引脚分别是两个计数器的外部脉冲输入端。CPU 在每个机器周期的 S5P2 期间采样 T0、T1 引脚电平。当某周期采样到一高电平输入，而下一周期又采样到一低电平时，则计数器加 1，更新的计数值在下一个机器周期的 S3P1 期间装入计数器。由于检测一个从 1 到 0 的下降沿需要 2 个机器周期，因此要求被采样的电平至少要维持一个机器周期。当晶振频率为 12 MHz 时，计数脉冲最高频率不超过 1/2 MHz，即计数脉冲的周期要大于 2 μs。当作为定时器使用时，是对内部机器周期的计数，计数值 $N$ 乘以机器周期 $T_{cy}$ 就是定时时间 $t$ 。

可见，51 单片机系统中定时/计数器的脉冲来源有两个，一个是由系统的时钟振荡器输出脉冲经 12 分频后送来；一个是 T0 或 T1 引脚输入的外部脉冲源。每来一个脉冲计数器加 1，当加到计数器为全 1 时，再输入一个脉冲就使计数器回零，且计数器的溢出使 TCON 寄存器中 TF0 或 TF1 置 1，向 CPU 发出中断请求(定时/计数器中断允许时)。如果定时/计数器工作于定时模式，则表示定时时间已到；如果工作于计数模式，则表示计数值已满。溢出时计数器的值减去计数初值才是计数器实际的计数值。

**2. 定时/计数器的控制**

51 单片机中定时/计数器的工作主要由 TCON 和 TMOD 寄存器控制。TCON 寄存器已经在表 2-2 中介绍。TMOD 寄存器用于设定定时/计数器的工作方式，其字节地址为 89H，不能进行位寻址，高四位用于 T1，低四位用于 T0，每一位的定义如表 2-5 所示。

**表 2-5　TMOD 寄存器各位定义**

| 位序号 | D7 | D6 | D5 | D4 | D3 | D2 | D1 | D0 |
|---|---|---|---|---|---|---|---|---|
| 位符号 | GATE | $C/\overline{T}$ | M1 | M0 | GATE | $C/\overline{T}$ | M1 | M0 |

GATE——门控位。GATE=0 时，只要用软件使 TCON 中的 TR0 或 TR1 为 1，就可以启动定时/计数器工作；GATA=1 时，不仅要用软件使 TR0 或 TR1 为 1，同时还要使外部中断引脚(INT0 或 INT1)也为高电平时，才能启动定时/计数器工作。即此时定时器的启动条件，加上了引脚为高电平这一条件。

$C/\overline{T}$——定时/计数模式选择位。$C/\overline{T}=0$ 为定时模式，$C/\overline{T}=1$ 为计数模式。

M1M0——工作方式设置位。定时/计数器有四种工作方式，由 M1M0 进行设置，如表 2-6 所示。

**表 2-6　定时/计数器工作方式设置**

| M1M0 | 工作方式 | 说　明 |
|---|---|---|
| 00 | 方式 0 | 13 位定时/计数器 |
| 01 | 方式 1 | 16 位定时/计数器 |
| 10 | 方式 2 | 8 位自动重装定时/计数器 |
| 11 | 方式 3 | T0 分成两个独立的 8 位定时/计数器，T1 停止计数 |

**3. 定时/计数器工作方式**

定时/计数器的四种工作方式由 TMOD 寄存器中的 M1M0 设定，下面以 T0 为例，具体介绍每种工作方式。

1）工作方式 0、1

工作方式 0 为 13 位定时/计数器，由 TL0 的低 5 位(高 3 位未用)和 TH0 的 8 位组成。TL0 的低 5 位溢出时向 TH0 进位，TH0 溢出时，置位 TCON 中的溢出标志位 TF0，向 CPU 发出中断请求。此方式最大记录脉冲个数为 $2^{13}$(8192)，工作方式 0 的逻辑图如图 2-5 所示。

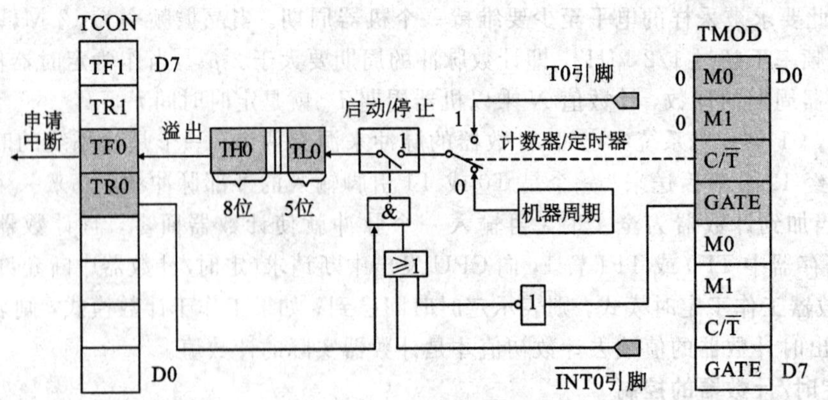


图 2-5　工作方式 0 逻辑图

从图 2-5 可见，当 $C/\overline{T}=0$ 时，开关合向下方，定时/计数器作为定时器通过对内部机器周期进行计数实现定时；当 $C/\overline{T}=1$ 时，开关合向上方，定时/计数器作为计数器对来自

T0 引脚的外部脉冲计数。当 GATE＝0 时，经反相后使或门输出为 1，此时仅由 TR0 控制与门的开启，与门输出为 1 时，控制开关接通，启动定时/计数器；当 GATE＝1 时，经反相后变为 0，或门的输出由外中断引脚信号控制，此时控制与门的开启由外中断引脚信号和 TR0 共同控制。当 TR0＝1，且外中断引脚信号为高电平时启动定时/计数器，当 TR0＝0 或外中断引脚信号为低电平时停止工作，这种方式常用来测量外中断引脚上正脉冲的宽度。比如：设置 $C/\overline{T}$＝0，TR0＝1，当$\overline{INT0}$＝1 时，启动定时/计数器，开始对机器周期计数，当$\overline{INT0}$＝0 时，停止计数，若此期间计数值为 $N$，则$\overline{INT0}$引脚高电平的宽度为“$N$×机器周期”。

工作方式 1 为 16 位定时/计数器，由 TL0 作为低 8 位、TH0 作为高 8 位，组成了 16 位加 1 计数器 。当 TL0 溢出时向 TH0 进位，TH0 溢出时置位 TCON 中的 TF0 标志，向 CPU 发出中断请求。此方式最大记录脉冲个数为 $2^{16}$(65 536)，逻辑图与工作方式 0 相似。

2) 工作方式 2

工作方式 2 为 8 位自动重装定时/计数器。当 M1M0＝10 时，定时/计数器工作在此方式，此时低 8 位 TL0 计数，高 8 位 TH0 存放计数初始值，当 TL0 溢出时，不仅由硬件电路置位 TF0，向 CPU 申请中断，同时硬件电路会自动将存放在 TH0 中的计数初值置入 TL0 中，TL0 从此初值开始重新计数，此方式最大记录脉冲个数为 $2^{8}$(256)，其逻辑图如图 2-6 所示。工作方式 2 之所以叫做“自动重装定时/计数器”，是因为计满溢出之后，初始值的装入是由硬件电路自动完成的，无需软件指令。而工作方式 0 和工作方式 1 就不同，在定时/计数器工作在工作方式 0 和工作方式 1 时，计满溢出之后，若不用软件指令重新装入计数初值，则再来一个脉冲就从 0 开始重新计数，所以当需要循环定时时，就必须在溢出之后，再次通过软件指令装入计数初值，软件指令的执行需要花费时间，所以工作方式 0 和工作方式 1 的定时或计数会存在一定误差。工作方式 2 采用硬件方法重新装入计数初值，省去了软件指令重装初值的时间，因此定时时间更加精确。

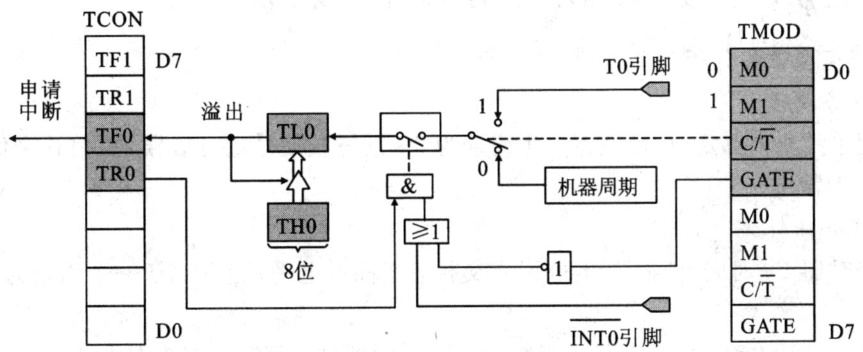


图 2-6　工作方式 2 逻辑图

3) 工作方式 3

只有 T0 有工作方式 3，此时 T0 分成两个独立的 8 位计数器 TL0 和 TH0 ，T1 无此工作方式。工作方式 3 逻辑图如图 2-7 所示。TL0 使用 T0 原来的控制位，既可以用作定时器也可以用作计数器，TL0 的工作方式与工作方式 0、1 相似，但是最大计数脉冲为 256 个。TH0 占用 T1 的启动控制位(TR1)和溢出标志位(TF1)，只能用作简单的定时器。若将 T1 设置为工作方式 3，则 T1 不工作。当 T0 工作在工作方式 3 时，T1 可以工作在工作方式0、1、2，作为串行口的波特率发生器。

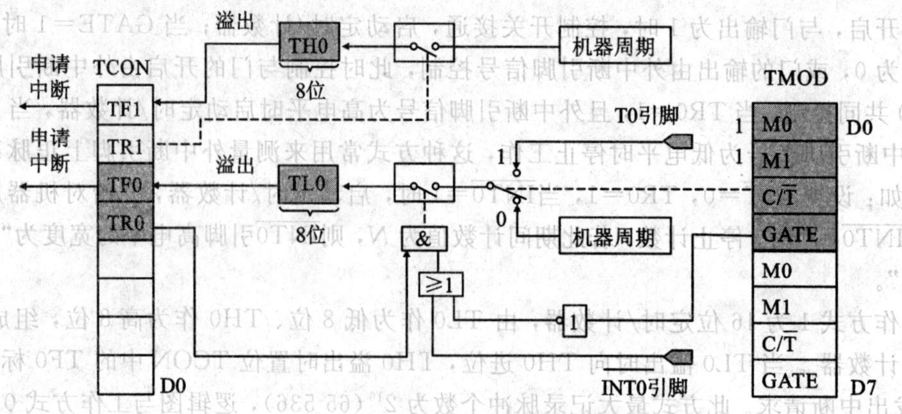


图2-7 工作方式3逻辑图

# 2.3 项目分析及实施

本项目是设计可调式电子闹钟，闹钟计时可以通过51单片机内部的定时/计数器完成，闹钟时间的显示需要通过数码管完成，闹钟的起始时间、闹铃的设置需要通过按键控制。经过分析发现，可调式电子闹钟主要由三部分构成，包括计时部分、显示部分和按键控制部分。由此，将本项目分解为三个任务：

任务1——设计周期为2 s的方波信号发生器；

任务2——设计带时间显示的电子秒表；

任务3——可调式电子闹钟的系统设计。

## 2.3.1 任务1——设计周期为2 s的方波信号发生器

### 1. 任务要求和分析

1）任务要求

利用单片机内部定时/计数器产生周期为2 s的方波信号定时信号。并将这个信号从某个I/O引脚输出。

2）任务分析

当定时器1 s时间到时，让I/O引脚交替输出高低电平，这相当于一个周期为2 s的方波信号。

在硬件设计方面，完成本任务不需要太多外围器件，只需要直接在方波信号的输出引脚测试高、低电平的持续时间就可以了。

在软件程序方面，需要通过对TMOD寄存器的设置，选择好利用哪个定时/计数器及其工作方式，并对定时计数器初始化。

### 2. 器件及设备选择

对于方波信号而言，关键的问题是定时，这里直接使用单片机内部的定时器即可，只需要让定时器工作在某种方式下，当1 s时间到时，从某个I/O引脚交替输出高低电平。但是如何准确判断定时是否达到1 s呢？在目前掌握的知识基础上，最简单的方法就是在

I/O 引脚接示波器去观察，本任务中选用 P2.0 口进行观察。

**3. 任务实施**

1) 周期为 2 s 的方波信号发生器硬件原理图设计

系统的硬件原理图就是在单片机最小系统的基础上加观察设备(示波器)，如图 2－8 所示。在 Proteus 软件中，为了方便用户调试，已经开发了一些虚拟仪器，如图 2－9 所示，点击图标，会看到有示波器、逻辑分析仪、计数器等虚拟仪器。选中示波器之后，选择一个通道跟 P2.0 口相接，如图 2－8 中所示。当程序运行起来之后，会自动弹出示波器窗口，如图 2－10 所示。

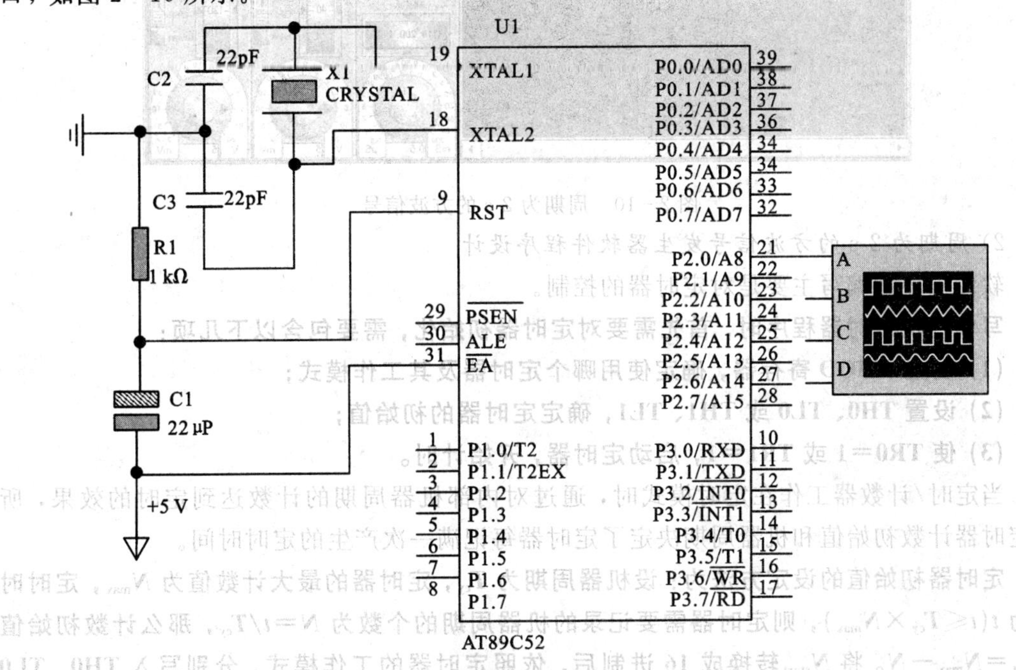


图 2－8　方波信号发生器硬件原理图

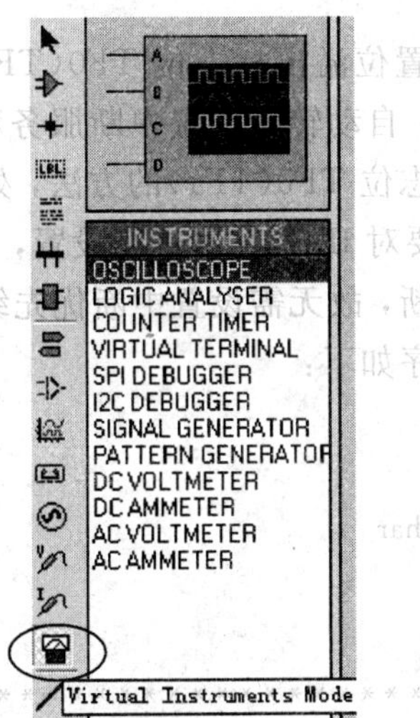


图 2－9　Proteus 中的虚拟仪器

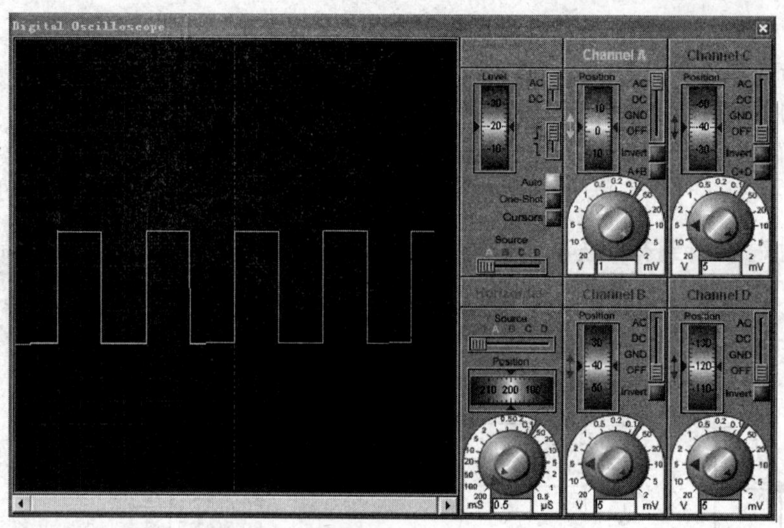


图 2-10 周期为 2 s 的方波信号

2) 周期为 2 s 的方波信号发生器软件程序设计

软件程序的编写主要是对定时器的控制。

**写单片机定时器程序时，首先需要对定时器初始化，需要包含以下几项：**

**(1) 设置 TMOD 寄存器，确定使用哪个定时器及其工作模式；**

**(2) 设置 TH0、TL0 或 TH1、TL1，确定定时器的初始值；**

**(3) 使 TR0=1 或 TR1=1，启动定时器，开始计时。**

当定时/计数器工作在定时模式时，通过对内部机器周期的计数达到定时的效果，所以定时器计数初始值和机器周期决定了定时器每记满一次产生的定时时间。

**定时器初始值的设定方法为：设机器周期为 $T_{cy}$，定时器的最大计数值为 $N_{max}$，定时时间为 $t(t \leqslant T_{cy} \times N_{max})$，则定时器需要记录的机器周期的个数为 $N=t/T_{cy}$，那么计数初始值 $N_{start}=N_{max}-N$。将 $N_{start}$ 转换成 16 进制后，依照定时器的工作模式，分别写入 TH0、TL0 或 TH1、TL1。**

当定时器计数满之后，会置位溢出标志位 TF0(TF1)，在定时器中断打开的情况下，CPU 查询到 TF0(TF1)=1 时，自动转入相应中断服务程序。若未打开定时器中断，可以通过软件程序不断查询溢出标志位 TF0(TF1)的方法，处理计数满之后的情况。

如果使用中断方式，还需要对 IE 寄存器进行设置，打开定时器中断和系统总中断。本任务中只使用了一个定时器中断，故无需设置中断优先级。

使用中断方式的定时器程序如下：

```
# include "reg52.h"
# define uint unsigned int
# define uchar unsigned char
sbit wave=P2^0;
uint num;
/**********************************************************
* 函数名称：main()
* 功能：主函数，完成定时器初始化，并等待中断
```

```
*********************************************************/
void main()
{ TMOD=0x01;   //设定时器 0 工作在方式 1;
    TH0=(65536-50000)/256; //装入初始值;
     TL0=(65536-50000)%256 ;
     EA=1;         //开总中断;
     ET0=1;        //开定时器 0 的中断;
     TR0=1;        //启动定时器 0;
     wave=0;
     while(1);
  }
/*********************************************************
* 函数名称: T0_time()
* 功能: 定时器 0 中断服务程序
*********************************************************/
  void T0_time() interrupt 1
  { TH0=(65536-50000)/256; //重装初始值;
   TL0=(65536-50000)%256 ;
   num++;
   if(num==20)
     { wave=~wave;
       num=0;
     }
  }
```

程序分析:

(1) 程序通过 TMOD＝0x01 设定让 T0 工作在工作方式 1。主函数中有"TH0＝(65536－50000)/256; TL0＝(65536－50000)%256;"这两条语句为计数初始值的设定，计数器如果不设定初始值，则将从 0 开始计数到最大值溢出，再开始下一个循环。本任务中要实现 1 s 定时，如果从 0 开始计数，在系统晶振频率为 12 MHz 时，机器周期为 1 μs，计数器在工作方式 1 时，最大计数值为 65 536，也就是说从 0 到 65 536 的最长定时时间为 65 536 μs。此时可以考虑让计数器多中断几次，达到 1 s 的时间，可是 1 s 不是 65 536 μs 的整数倍(65 536×15.2≈1 s)，如果让定时器从 0 到 65 536 计数中断 15 次，则定时时间约为 983 ms，在第 16 次从 0 计数到 17 000 时，1 s 时间到产生中断，但是定时器只有在计数满时才会由硬件产生中断，这样考虑显然很复杂。如果让定时器从某个确定的值开始计数，当计数到最大时，记录脉冲的个数 $N$ 可以整除1 s，这样就简单的多了。本程序正是这样考虑的。让定时器从 15 536 开始计数，当计到65 536时，计数脉冲个数 $N$=50 000，则定时器产生一次中断的时间为 50 ms，这样只要定时器每次从 15 536 计数到 65 536，中断 20 次，就完成了 1 s 的定时。本程序中采用了取商和取余的方法，直接给 TH0 和 TL0 装入初始值，不需程序员自己计算。由于工作方式 1 时，定时器每计满 256 个脉冲，低 8 位就会向高 8 位进 1，则计数初始值 $N_{start}$ 除以 256 得到的商即是 TH0 的初值，余数则是 TL0 的初值，但是这种方法会降低程序的运行速度。

定时器工作在工作方式 0 时，则 TH0＝$N_{start}$/32；TL0＝$N_{start}$％32；因为工作方式 0 是低 5 位和高 8 位计数，当低 5 位计满时就会向高 8 位进位。

定时器工作在工作方式 2、3 时，只要直接将计数初始值 $N_{start}$ 装入 TH0 和 TL0 就可以了。因为工作方式 2 为 8 位定时/计数器，$N_{start}$ 不可超过 256。

(2) 在中断服务程序中，再次出现"TH0＝(65536－50000)/256；TL0＝(65536－50000)％256 "；语句，其功能是再次装入初始值。

**定时器计满溢出之后，如果不重新装入初始值，就会从 0 开始重新计数，要保证定时器每次从相同的初始值计数，就必须在溢出之后重新装入初始值。**

对于工作方式 2 不需重新装入初始值，因为工作方式 2 是由硬件自动重装初始值的。

(3) 程序中定义的变量"num"是用来记录进入中断的次数，定时器每 50 ms 进入一次中断服务程序，num 就加 1，在中断服务程序中判断"num＝＝20"，实质是判断时间是否到了 1s。若时间到则给 P2.0 口取反，同时"num"归零，开始下一个 1 s 的定时。

采用查询方式的 1 s 定时程序如下：

```
#include "reg52.h"
#define uint unsigned int
#define uchar unsigned char
sbit wave=P2^0;
uint num;
void main()
{
  TMOD=0x01;   //设定时器 0 工作在方式 1;
  TH0=(65536-50000)/256;   //装入初始值;
  TL0=(65536-50000)%256 ;
  ET0=0;     //关定时器 0 的中断;
  TR0=1;     //启动定时器 0;
  wave=0;
  while(1)
  {
   while(! TF0);
   TF0=0;
   TH0=(65536-50000)/256; //重装初始值;
   TL0=(65536-50000)%256 ;
   num++;
   if(num==5)
   { wave=~wave;
    num=0;
    }
  }
}
```

程序分析：

(1) 本程序通过不断查询 TF0 状态的方法实现定时，这种方式下，需要关闭定时器中断。语句“while(!TF0);”就是不断查询 TF0 位的状态。当定时器未溢出时，TF0＝0，那么(!TF)＝1，“while(!TF0)”相当于“while(1)”，程序就会不断的执行“while(!TF0)”语句，当记数满之后，硬件置位 TF0＝1，则(!TF)＝0，此时“while(!TF0)”语句的条件为假，退出循环。这就是采用查询方式对定时器的控制。注意：此时 TF0 需软件清零。

(2) 不论是中断方式还是查询方式，当定时器溢出之后(方式 2 除外)，都必须重新装入初始值。

3) 软硬件联合调试

程序编译通过之后，生成 hex 文件，加入到图 2-9 所示的 Proteus 文件中，仿真运行效果如图 2-10 所示。若观察到方波信号周期不是两秒，则重点检查定时器初始值是否设置正确。注意机器周期与定时器初始值之间的关系。

## 2.3.2 任务 2——设计带时间显示的电子秒表

### 1. 任务要求和分析

1) 任务要求

利用单片机内部定时/计数器产生 1 s 定时信号，并通过显示器件显示计时时间，当计时到 59 s 时，从 0 开始重新计时。

2) 任务分析

在硬件电路设计方面主要是如何将计时时间显示出来。在软件程序设计方面主要是如何将计时结果送到显示器件上显示？

### 2. 器件及设备选择

目前单片机系统中使用的主要显示器件有 LED 数码管、LCD 液晶显示屏和 LED 显示屏。

(1) LED 数码管适合显示数字信息，不能显示较复杂的字符，而且需要显示的数字较多时，需要采用动态扫描，分时轮流显示。

(2) LCD 液晶屏，显示字符的种类较多，并且根据控制器的不同，有些液晶屏可以直接显示汉字，而且其与单片机的接口电路简单。

(3) LED 显示屏具有亮度高、故障低、能耗少、使用寿命长、显示内容多样、显示方式丰富等优点。

本任务选用共阳极数码管作为显示器件。为了防止流过数码管的电路过大，烧毁数码管，还需要采用电阻进行限流。

常用的 LED 数码管有七段数码管和八段数码管。其中八段数码管的结构如图 2-11 所示。图 2-11(a)为数码管的封装，图 2-11(b)为内部结构图。可以看出，数码管就是将发光二极管按照显示数字的方式排列(分别标记为 a、b、c、d、e、f、g、dp)，并将一个相同极性端连接到一起，称为公共端，另一端独立控制。如果将所有发光二极管的阴极连接到一起作为公共端，则称为共阴极数码管，否则为共阳极数码管。对于共阴极数码管，使用时将公共阴极接地，阳极端输入高电平的发光二极管就会点亮，而输入低电平的段则不会点亮。比如想要显示数字“5”，给公共阴极接地，a、c、d、f、g 段给高电平，其余段给低电平就可以了。如果利用共阳极数码管显示数字“5”，则正好相反，公共阳极接+5，a、c、d、f、g段给低电平，其余段给高电平就可以了。对于7段数码管只要去掉图2-11中的dp段就可以了。

根据显示的字符，把a~dp段数据线上的数据称为“字形码”或“字段码”。显然，不同的字符有不同的字形码，而且还与LED显示器是共阴极或是共阳极接法密切相关。如果将数码管的a段接单片机I/O口的低位，依次类推，dp段接单片机I/O口的高位，则LED显示器的字段码如表2-7所示。从表中可见，共阳极和共阴极的字段码互为反码。

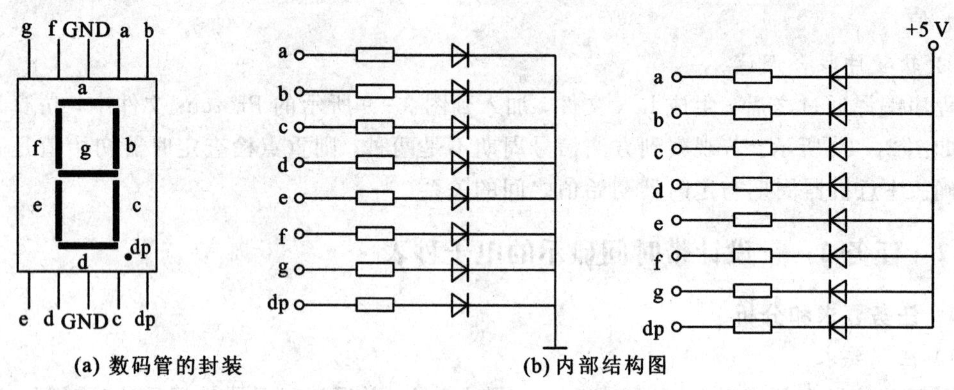


图2-11 八段LED数码管

**表2-7 数码管的字形码表**

| 显示字符 | 字形码 | | 显示字符 | 字形码 | |
|---|---|---|---|---|---|
| | 共阴极 | 共阳极 | | 共阴极 | 共阳极 |
| 0 | 3FH | C0H | A | 77H | 88H |
| 1 | 06H | F9H | b | 7CH | 83H |
| 2 | 5BH | A4H | C | 39H | C6H |
| 3 | 4FH | B0H | D | 5EH | A1H |
| 4 | 66H | 99H | E | 79H | 86H |
| 5 | 6DH | 92H | F | 71H | 8EH |
| 6 | 7DH | 82H | — | 40H | BFH |
| 7 | 07H | F8H | p | 73H | 8CH |
| 8 | 7FH | 80H | p. | F3H | 0CH |
| 9 | 6FH | 90H | 灭 | 00H | FFH |

注意，表2-7中的字形码并不是一成不变，当不满足a段对I/O口低位这种顺序连接时，字形码也将发生变化，需要根据实际接线重新编制字形码。

**单片机对于LED数码管的控制主要有两种方式：静态显示和动态显示。**

静态显示时各LED数码管的共阴或共阳极连接在一起接地或接+5 V，每位的段选线(a~dp)分别与一个8位并行I/O口相连。静态显示的特点是各LED数码管能稳定地同时显示各自字形。静态显示典型连接电路如图2-12所示。缺点是使用元器件较多，接线复杂，而且当数码管较多时，占用I/O口较多。

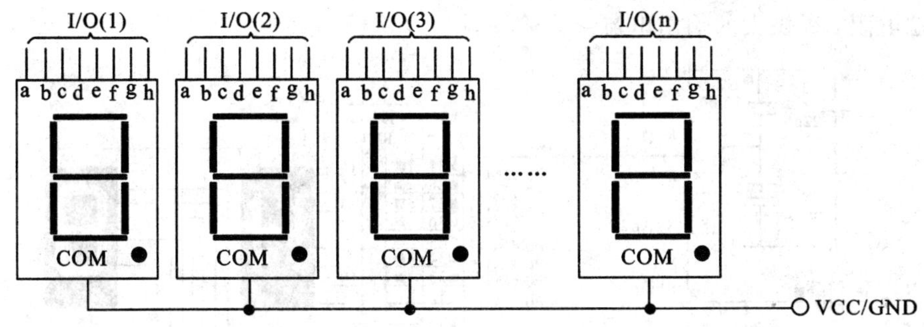


图 2-12　静态显示典型连接电路图

动态显示是各 LED 数码管的段选线(a～dp)连接在一起，由一个 8 位 I/O 口控制，公共端(称为位选线)分别用一根 I/O 线单独控制。动态显示时，段选线上送来的字形码由位选线控制是哪一位数码管显示，各 LED 轮流地一遍一遍显示各自字符，因为数码管有余辉时间，加上人眼的视觉暂留时间，所以人看到的似乎是所有 LED 在同时显示不同字符。为稳定地显示，每位 LED 显示的时间为 1～5 ms。8 位 LED 动态显示电路如图 2-13 所示。例如：如果要让图 2-13 中的八个数码管分别显示"12345678"，先将"1"的字形码从段选端送入，紧接着给 D7 端高电平(设数码管为共阳极)，给 D6～D0 端低电平，则"1"就显示在左边第一个数码管上，经过 5 ms 左右的延时之后，再将"2"的字形码从段选端送入，紧接着给 D6 端高电平其余端低电平(送位码)，"2" 也就会显示在左边第二个数码管上，再经过 5 ms 左右的延时之后，按照同样的方法，先送字形码，再选中数码管，如此不断的循环，我们就会发现"12345678"稳定的显示在各数码管上。

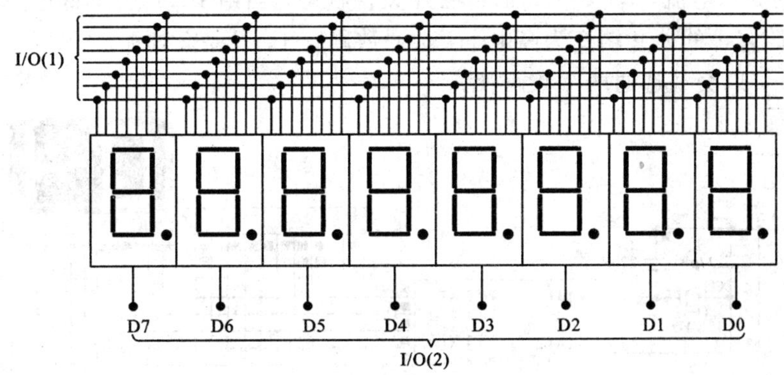


图 2-13　8 位 LED 动态显示电路图

**注意，对于共阳极数码管，当公共端给低电平时，无论什么字形码都不会点亮数码管。共阴极则相反。**

### 3. 任务实施

1) 带时间显示的电子秒表硬件原理图设计

采用共阳极数码管，静态显示接口方式的秒表硬件原理图如图 2-14 所示。

数码管和发光二极管一样，如果阳极接+5 V 电源，电流是流入单片机引脚内部的，没有限流电阻的话，电流过大容易烧坏数码管和单片机 I/O 口。限流电阻大小的选择和发光二极管限流电阻选择是同样的原理。如果采用共阴极的数码管，则数码管公共端接地，单片机 I/O 口需要高电平才能点亮数码管，但是由于单片机 I/O 口的拉电流非常小，所以要加上拉电阻，提供大的输出电流。

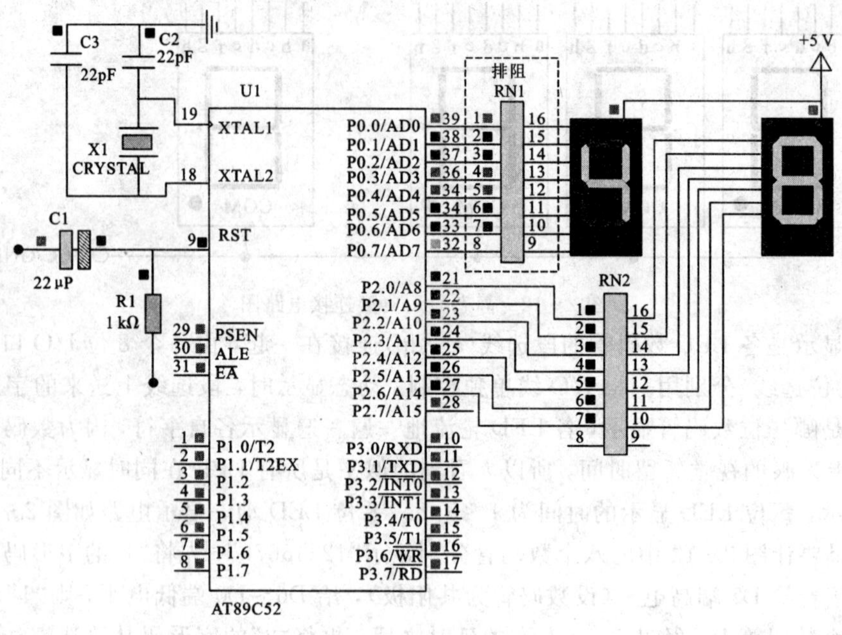


图 2-14 数码管静态显示的秒表硬件原理图

采用共阳级数码管，动态显示接口方式的秒表硬件原理图如图 2-15 所示。由于 51 单片机 I/O 口的拉电流非常小，不能直接驱动数码管，所以这里使用三极管 Q1 和 Q2 为数码管提供大的驱动电流，Q1 和 Q2 工作在开关管状态，当给 P2.0 引脚低电平时，三极管 Q1 导通，数码管 1 的公共端变为高电平，选通数码管 1。只要交替地使 P2.0 和 P2.1 引脚为低电平，就可以交替选通两个数码管。

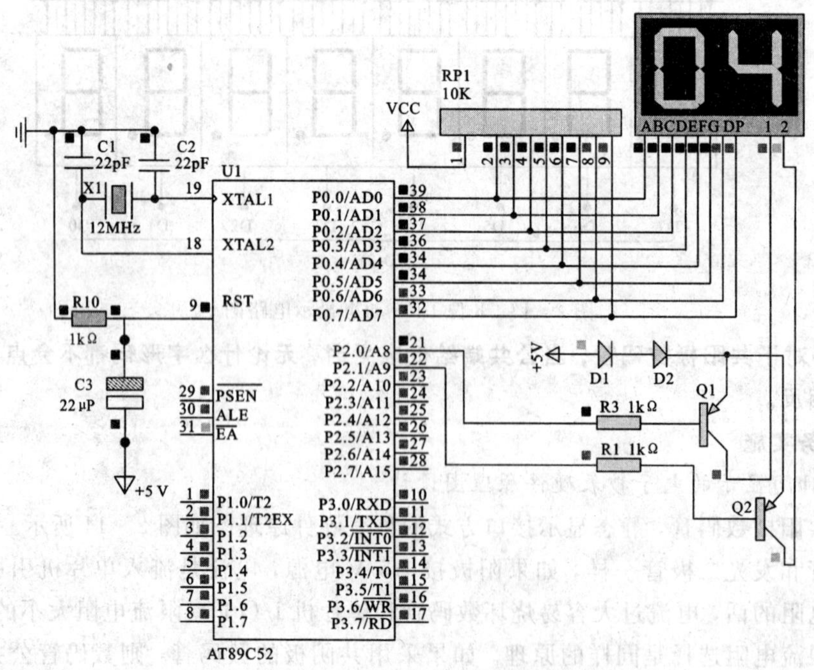


图 2-15 数码管动态显示的秒表硬件原理图

2）带时间显示的电子秒表软件程序设计

在这个任务的程序设计上，与任务 1 的区别就是多了显示部分的程序，程序如下：

静态显示方式时，秒表的程序如下：

```
#include "reg52.h"
#define  uchar  unsigned char
#define  uint  unsigned int
uchar code table[]={ 0x40,0xf9,0x24,0xb0,0x99, 0x92,0x82,0xf8,0x80,0x90};
//字形码              0     1     2     3     4     5     6     7     8     9
uint num;  //记录进入中断的次数
uchar second;  //记录秒表的时间
  main()
  { TMOD=0x20;                          //设定时器 1 工作在方式 2;
    TH1=56;                             //装初始值
    TL1=56;
    EA=1;                               //开总中断允许
    ET1=1;                              //开 T1 中断允许
    TR1=1;                              //启动 T1
    while(1)
    {   if(num==5000)
      {   num=0;
        second++;
        if(second ==60) second =0;
        P0=table[second /10];           //显示秒表时间
        P2=table[second %10];  }
    }
  }
  void time_1() interrupt 3
  {   num++; }
```

程序分析：

（1）程序中定义的数组 table[]用来存放数码管显示 0～9 数字对应的字形码。

**在数码管显示程序中，通常将数码管需要显示的字形码放在数组中，并加上“code”存放在程序存储区。如果显示的是数字，则保持 0～9 的字形码在数组中的位置与其索引号一致，以方便引用。比如要显示数字“6”，则将“6”作为数组索引号，就可取到“6”的字形码。**

（2）本程序中使用定时器 1 的工作方式 2 来完成定时。由于工作方式 2 是 8 位自动重装的工作方式，最大计数值只有 256，所以设计数初始值为 56，也就是定时器每中断一次的时间为 200 μs(晶振 12 MHz)，那么中断 5000 次就可以达到 1 s。注意定时器工作方式 2 的特点——自动重装初始值，所以在中断服务程序中，不需要像任务 1 中一样再装一次初始值。这里在中断服务程序中用“num++”，来记录进入中断服务程序的次数。

（3）主函数中在 while 循环里不断的判断 num 是否等于 5000，若 num==5000，则对 num 清零，同时记录秒时间的变量 second 加 1，当 second 等于 59 时，对 second 清零，重新记录下一个一分钟。

(4) P0＝table[second /10]；P2＝table[second %10]；”这两句指令是将秒十位和秒个位送到数码管上显示，在数码管静态显示中，只需要向与数码管连接的 I/O 口送需要显示的字形码，数码管就可以显示相应数字了。

当采用动态显示方式时，秒表的程序如下：

```
# include "AT89X51. h"
# define uchar unsigned char
uchar code table[]={0xc0,0xf9,0xa4,0xb0,0x99,0x92,0x82,0xf8,0x80,0x90};
//字形码              0    1    2    3    4    5    6    7    8    9
uchar num, second;
/**********************************************************
* 函数名称：delayms ()
* 功能：延时函数
* 入口参数：x——晶振频率 12 MHz 时，约延时 Xms
**********************************************************/
void delayms(int x)
{ uchar i,j;
      for(i=x;i>0;i--)
         for(j=120;j>0;j--);
}
/**********************************************************
* 名称：main()
* 功能：定时器初始化，数码管动态显示
**********************************************************/
main()
{   TMOD=0x01;                    //设置 T0 工作在方式 1
    TH0=(65536-50000)/256;        //装初始值
    TL0=(65536-50000)%256;
    EA=1;                         //开总中断允许
    ET0=1;                        //开 T0 中断允许
    TR0=1;                        //启动 T0
    while(1)
   {  P2=0xfe;                    //送位码
      P0=table[second/10];        //送秒“十”位的字形码
      delayms(5);                 //延时
      P0=0xff;                    //消影
      P2=0xfd;                    //送位码
      P0=table[second%10];        //送秒“个”位的字形码
      delayms(5);
      P0=0xff;
      if(num==20)                 //判断是否到 1 秒
      {  second++;
         num=0;
      }
      if(second==60) second=0;    //判断秒时间是否到 60
```

```
    }
  }
/*****************************************************
*名称：Timer_T0 ()
*功能：定时器 0 中断服务程序
*入口参数：无
*****************************************************/
void Timer_T0() interrupt 1
{  TH0=(65536-50000)/256;
   TL0=(65536-50000)%256;
   num++;
}
```

程序分析：

(1) 在数码管的动态显示程序中，关键是要不断给数码管送字形码和位码，所以显示部分的程序放在 while(1)循环中。

(2) "delayms(5)；"延时是为了让数码管稳定显示，如果没有延时，由于动态显示的特点(分时轮流显示)，快速改变段选端和位选端的数据，会使得数码管显示亮度不够甚至出现乱码。但是延时时间不可过长，否则会出现闪烁。所以动态显示的延时很重要，延时太短，数码管点亮时间过短，亮度不够；延时太长，回扫间隔过大(超过 11 ms)，肉眼就会感觉到闪烁。这个可以根据数码管的多少及硬件电路自行调整。

(3) "P0=0xff；"在这里的作用为"消影"，如果去掉这一句，当延时时间到时，P2 口送出秒"个"位的位码，那么秒"十"位的字形码就会显示到"个"位数码上，虽然紧接着送出了"个"位字形码，但这有可能引起数码管显示乱码。加上"P0=0xff；"后，在送位码之前，P0 口段码端的数据全是高电平，哪个数码管都不会亮，接着送秒"个"位的位码和字形码，这样可以避免乱码的现象。

3) 软硬件联合调试

在调试中，若发现数码管显示乱码的现象，如果采用静态显示接口电路，则需在硬件上检查数码管是否是共阳级的，并保证接口正确，在软件上需检查字形码是否正确。如果采用动态显示接口电路，则需注意延时时间和消影。

## 2.3.3　任务 3——可调式电子闹钟的系统设计

**1. 任务要求和分析**

1) 任务要求

在任务 2 中，实现了"秒"的计时和显示，但是没有"分"和"时"的显示，同时任务 2 中的系统不能实现停止/启动等功能。在这个任务中，要求可以显示"分"和"时"，以"**—**—**"的方式显示，并且使电子钟具备能够随意设置起始时间、停止计时、定时闹铃提醒的功能。

2) 任务分析

电子钟需要显示的内容增多了，那么显示器件也要改变，根据显示要求需要八只数码管。如此多的数码管如果使用静态显示接口电路，显然 I/O 接口不够用，所以采用动态显示的方式，八只数码管只需要两个 I/O 口就够了。

要实现电子钟的时间设置、闹铃设置等功能，就需要人机接口器件，通过这个器件，用户可以控制电子钟的运行。

**2. 器件及设备选择**

关于电子钟时间的显示采用 8 位一体共阳级数码管，对电子钟的控制则通过按键来完成。

在单片机系统中，键盘是十分重要的人机对话的组成部分，是人向机器发出指令、输入信息的必需设备。一个按键实际上就是一个开关元件，如图 2－16 所示为单片机系统中常用的按键。根据单片机与按键的接口方式，键盘可以分为独立式键盘、矩阵式键盘、编码式键盘等。

图 2－16 开关式按键

所谓独立式键盘，就是每一个按键的电路是独立的，占用一条数据线，一个键是否按下不会影响其他按键的状态。这种键盘占用硬件资源多，适合少量按键的情况。如图 2－17 所示，图中 S1～S4 是四个独立的按键，系统工作时，通过检测与按键相接的 I/O 口的电平状态判断是否有键按下。对于图 2－17，当无键按下时，P1.0～P1.3 引脚由于上拉电阻的作用，处于高电平，如果有键按下，I/O 口的电平就会被拉向低电平。

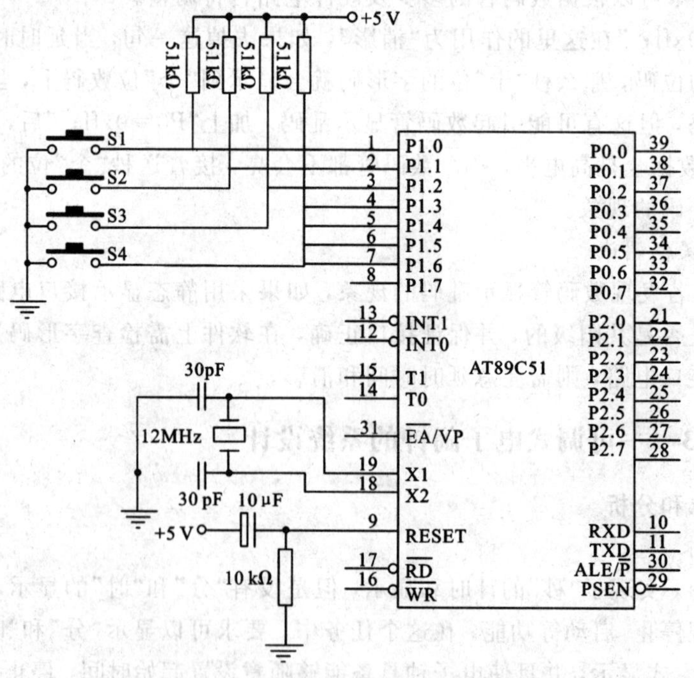


图 2－17 独立按键接口原理图

当系统中按键较多时，采用独立式键盘显然不可取，因为占用太多的 I/O 口，这时可将键盘排成行列式，如图 2－18 所示，键盘的行线一端经电阻接＋5 V 电源，另一端接单片机的输入口。各列线的一端接单片机的输出口，另一端悬空。行线与列线在交叉处不相通，而是通过一个按键来连通。这种结构如果有 $m$ 条行线，$n$ 条列线，则可以构成具有 $m \times n$ 个按键的键盘。可见当需要的按键较多时，采用矩阵式键盘可以大大地节省 I/O 口。

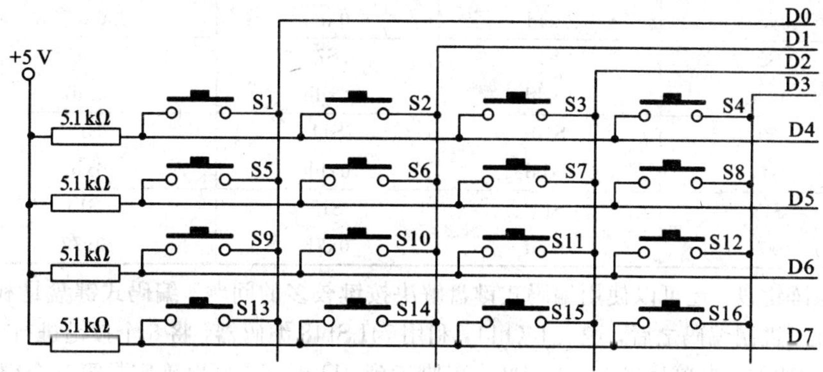


图 2-18　矩阵键盘结构

在矩阵键盘中最关键的是如何知道是哪个键被按下，也就是按键的识别问题。在矩阵键盘中，对按键的识别主要有两种方法：行扫描法和线翻转法。

**线翻转法扫描的原理是：**

**(1) 将所有行线置为低电平，列线置为高电平，读取列线状态，并记录下来(若有键按下，则有一根列线为低电平)；**

**(2) 将所有行线置为高电平，列线置为低电平，读取行线状态，并记录(若有键按下，则有一根行线为低电平)；行和列都为低电平的那个交叉点上的键就是闭合的键。将两次记录结果按位“或”运算，就是该键的键码。**

比如图 2-18 中，假设键盘与 P1 口相接，首先往 P1 口送 0x0f(行低列高)，再去读取 P1 口电平，若读回的值为 0x0d，说明第二列有键按下，但是不能确定是在哪一行；接着往 P1 口送 0xf0(行高列低)，再去读取 P1 口电平，若读回的值为 0x70，说明是第四行有键按下，两次读回的值相“或”，其值为 0x7d，此时可以确定刚刚被按下的键是“S14”键，也就是说“S14”键的键码(键值) 是 0x7d。由此可以确定图 2-18 中每个键的键码如表 2-8 所示。

**行扫描法的原理是：**

**(1) 先判断键盘中有无键按下。将全部行线置成低电平，列线置高电平，然后检测列线，只要有一条列线为低电平，则表示有键按下，而且闭合的键位于低电平列线与行线的交叉处。**

**(2) 判断闭合键所在的位置。在确认有键按下后，依次将行线置为低电平，即只有一根行线为低电平，其余为高电平。再确定某根行线为低电平后，依次检测各列线的电平状态，当检测到某根列线也为低电平后，则该列线与置为低电平的行线交叉处的按键就是闭合的按键。**

比如图 2-18 中，假设键盘与 P1 口相接，首先往 P1 口送 0x0f(行低列高)，再去读取 P1 口电平，若读回的值为 0x0d，则说明有键按下，但不能确定在哪一行。接着 P0 口输出 0x7f(置第 4 行为低电平，其余行高电平)，依次检测各列线状态(读取 P0 口的状态)，若没有检测到低电平的列线，则说明闭合的键不在第四行。P0 口再次输出 0xbf(置第 3 行为低电平，其余行高电平)，依次检测各列线状态，若依然没有检测到低电平的列线，则说明闭合的键不在第三行。依次类推，再向 P0 口分别输出 0xdf(置第 2 行为低电平，其余行高电平)和 0xef(置第 1 行为低电平，其余行高电平)，依次检测各列状态，若当 P0 口输出 0xbf 后，读回 P0 口的值为 0xbd(1011 1101)，则说明闭合的键在第三行第二列(S10 键)。

**表 2-8　矩阵键盘的键码**

| S1 | S2 | S3 | S4 |
|---|---|---|---|
| 0xee | 0xed | 0xeb | 0xe7 |
| S5 | S6 | S7 | S8 |
| 0xde | 0xdd | 0xdb | 0xd7 |
| S9 | S10 | S11 | S12 |
| 0xbe | 0xbd | 0xbb | 0xb7 |
| S13 | S14 | S15 | S16 |
| 0x7e | 0x7d | 0x7b | 0x77 |

除了矩阵键盘，还可以使用编码式键盘解决按键较多的问题。编码式键盘是利用编码器将按键进行二进制编码之后，送入I/O口，利用74LS148编码器，将8个按键进行编码，如图2-19所示。比如，当单片机P2.2～P2.0引脚读到011时，就可以确定是第三个键按下。

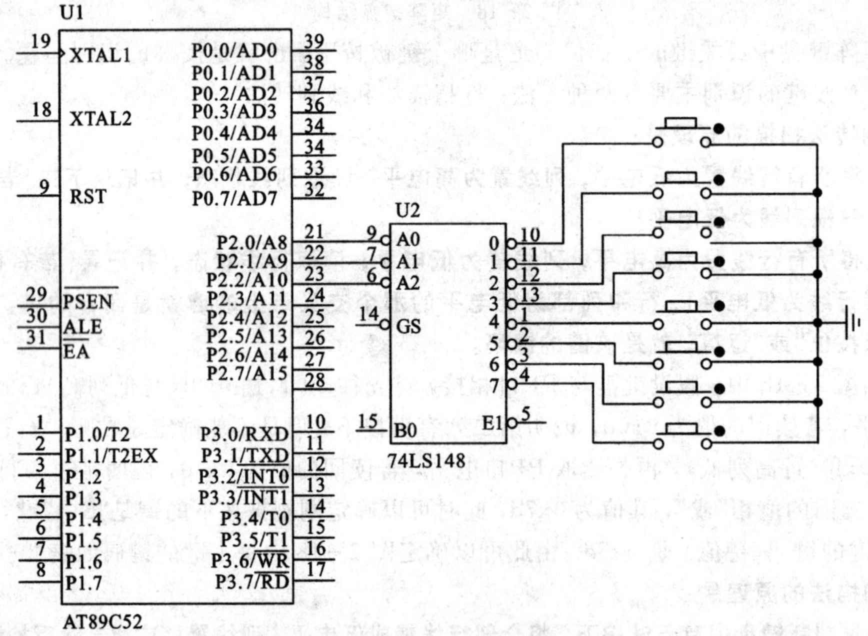


图 2-19　编码式键盘结构

由于键盘是由操作人员去控制的，很难预测什么时候会有按键，所以如何及时准确地获取按键信息极为重要。因为按键有随机性，所以在程序控制上就要不断读取跟键盘相接的I/O口状态，可是这样做就会占用CPU大量的时间，使得CPU无暇做其他的事情。基于以上原因，单片机对键盘的控制方式主要有定时扫描和中断扫描。

定时扫描就是每隔一段时间读取一次与键盘相接的单片机I/O口状态，可以利用单片机内部的定时器来控制键扫描的间隔，当定时时间到时，在中断服务程序中进行扫描，若有键按下，进行键识别之后，再对按键进行处理。

定时扫描键盘不管是否有键按下，只要时间到就会去扫描键盘，很多时候没有按键，那就是空扫，为了提高CPU的效率，可以利用中断方式扫描键盘。在这种方式下，键盘的接口电路也会有所改变，如图2-20所示。键盘的四条行线经过与门连接到外中断上，系统工作时，让所有的列线都处于低电平，行线处于高电平，当有键按下时，就会有一根行线被拉为低电平，经过与门之后就会触发一次外中断，在中断服务程序中再进行键识别，判断具体是哪个按键。这种方式避免了对键盘的空扫描，提高了 CPU 的效率。

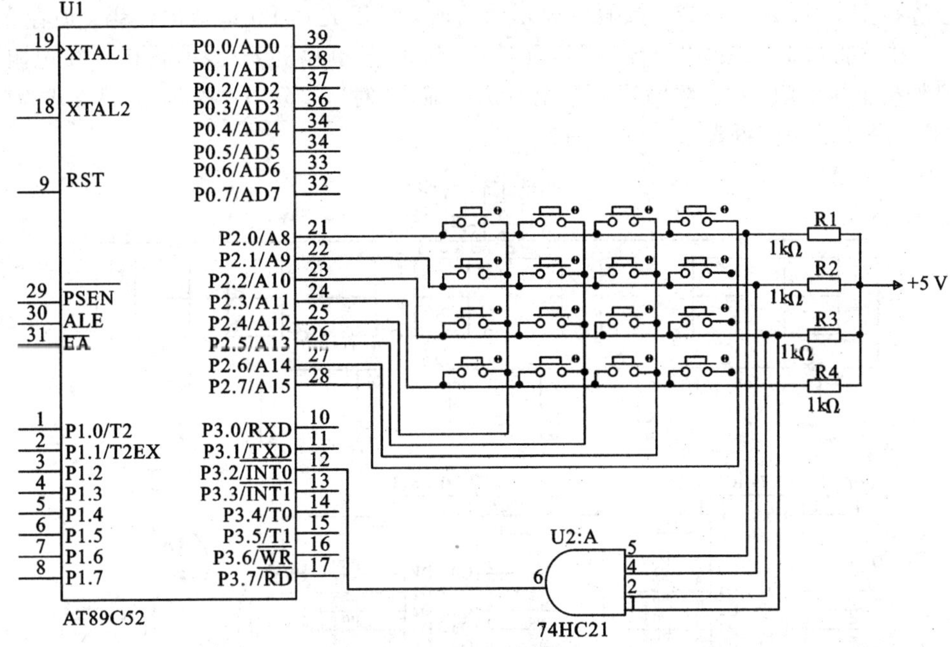


图 2-20　中断扫描键盘方式接口电路

根据任务要求，设计的电子钟可以进行闹铃提醒，那么当闹铃时间到时，如何提醒用户呢？单片机系统中，大部分都是使用蜂鸣器来做提示或报警。蜂鸣器种类很多，一般按结构性能分为电磁式蜂鸣器和电子式蜂鸣器两大类。按是否自带震荡源分为有源式蜂鸣器和无源式蜂鸣器，这里的“源”不是指电源，而是指震荡源。也就是说，有源蜂鸣器内部带震荡源，所以只要一通电就会叫。无源式蜂鸣器内部不带震荡源，所以如果用直流信号无法令其鸣叫，必须用 2 KHz～5 KHz 的方波去驱动它，图 2-21 是有源蜂鸣器的形状。由于蜂鸣器的工作电流一般比较大，以致于单片机的 I/O 口是无法直接驱动的，所以要利用放大电路来驱动，一般使用三极管来放大电流就可以了。蜂鸣器的驱动电路如图 2-22 所示。

图 2-21　有源蜂鸣器形状

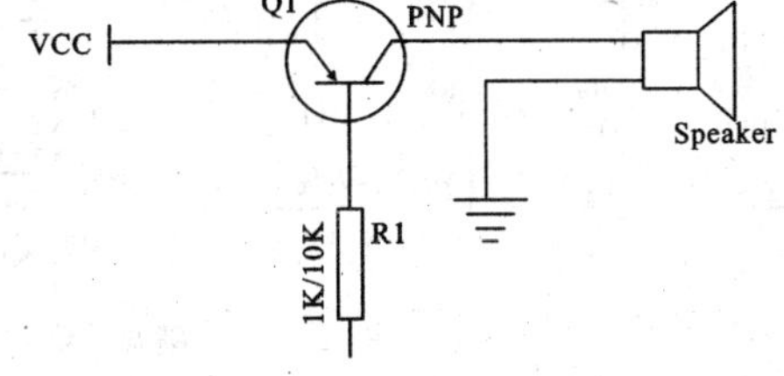


图 2-22　蜂鸣器驱动电路

**3. 任务实施**

1）可调式电子闹钟硬件原理图设计

在这个任务中，键盘的功能主要是设置闹钟的启动、停止、起始时间、闹铃设置等，需要的按键较多，所以采用了矩阵键盘。而且闹钟显示的时间信息有“时”、“分”、“秒”，所需数码管较多，故显示部分采用数码管动态显示。本书所用实验板上数码管及键盘部分的接口原理图如图 2-23 所示。由于实验板上外围器件较多，所以这里采用锁存器来控制数码管，U3 元件 74HC573 的输出接到所有数码管的段选端 a～dp，锁存器的输入连接单片机的 P0 口，U4 元件 74HC573 的输出端连接到每个数码管的公共端，即位选线 w1～w8，输入端也连接到单片机的 P0 口。数码管显示数字时，可以先从 P0 口送出位码，锁存在 U4 元件上，接着再从 P0 口送出段码到 U3 元件锁存。由于单片机 P0 没有内部上拉电阻，所以需要外接上拉电阻。8 位数码管从左至右依次显示“时”、“分”、“秒”，显示格式为“10 - 34 - 28”。4×4 的矩阵键盘连接到 P3 口。

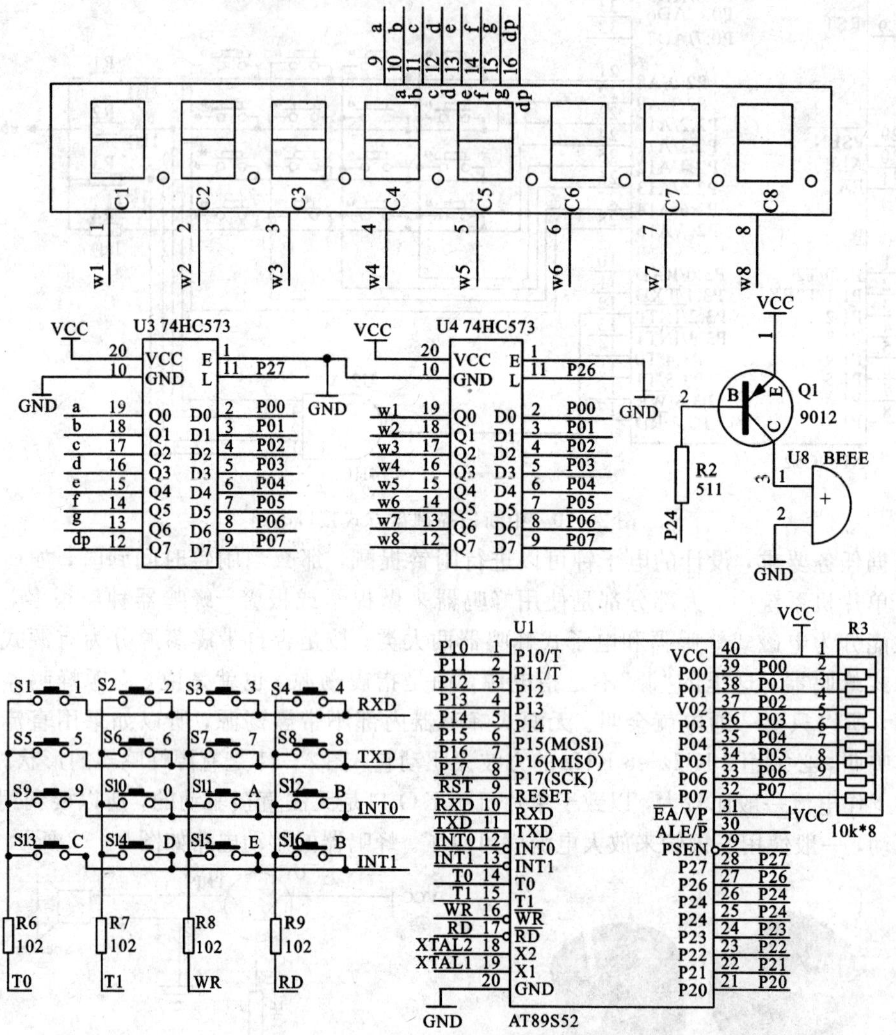

图 2-23　键盘、数码管与单片机连接图

系统工作时，默认起始时间是 0 时 0 分 0 秒，如果不通过键盘设置，时钟将一直计时下去，可以通过按下“S11”键设置“时”起始时间，按下“S12”键设置“分”起始时间，按下“S13”键设置“秒”起始时间，按下“S14”键设置“闹铃”时间，当时间到时，连接在 P2.4 引脚上的蜂鸣器会响起。“S15”为时钟的“启动/停止”键，“S16”为“确认”键，“S1～S10”为数字键。

2）可调式电子闹钟软件程序设计

在进行程序设计之前，首先要明确对时钟的操作步骤，然后进行程序编写。这个任务中，对时钟的操作步骤为：开机默认显示“00 - 00 - 00”，当按下“S15”键后时钟开始工作，默认闹铃时间为“06－00－00”，若需要修改当前时间，需按下相应的“时”、“分”、“秒”按键，然后按数字键修改，修改的时间会在数码管上显示，修改完成后需要按“确认”键以保存修改数据。当需要修改闹铃时间时，先按下“闹铃”键，再分别按“时”、“分”键修改闹铃时间，修改后的闹铃时间也会在当前数码管上显示，但是当按下“确认”键之后，数码管上的闹铃时间会消失并显示当前时间，当闹铃时间到时，连接在 P2.4 引脚上的蜂鸣器会响起，进行提醒一分钟。

这个任务的程序设计中，主要有三大部分：

(1) 计时部分程序；

(2) 数码管的动态显示程序；

(3) 键盘扫描及键处理程序。

计时部分，依然采用内部定时器完成计时功能。具流程图如图 2－24 所示。

键扫描部分的流程图如图 2－25 所示，可以看到通过键扫描来判断是否有键按下，键扫描的实质就是读取跟键盘相接的 I/O 口的电平状态，如果读到低电平，就说明有键按下。键盘其实就是机械弹性开关，平时是和触点断开的，只有当按下时才和触点闭合。由于触点的弹性作用，一次按键从开始到稳定闭合要经过多次弹跳，会连续产生多个脉冲，按键断开时，也有同样的问题，这种现象称为键盘抖动，抖动波形如图 2－26 所示。

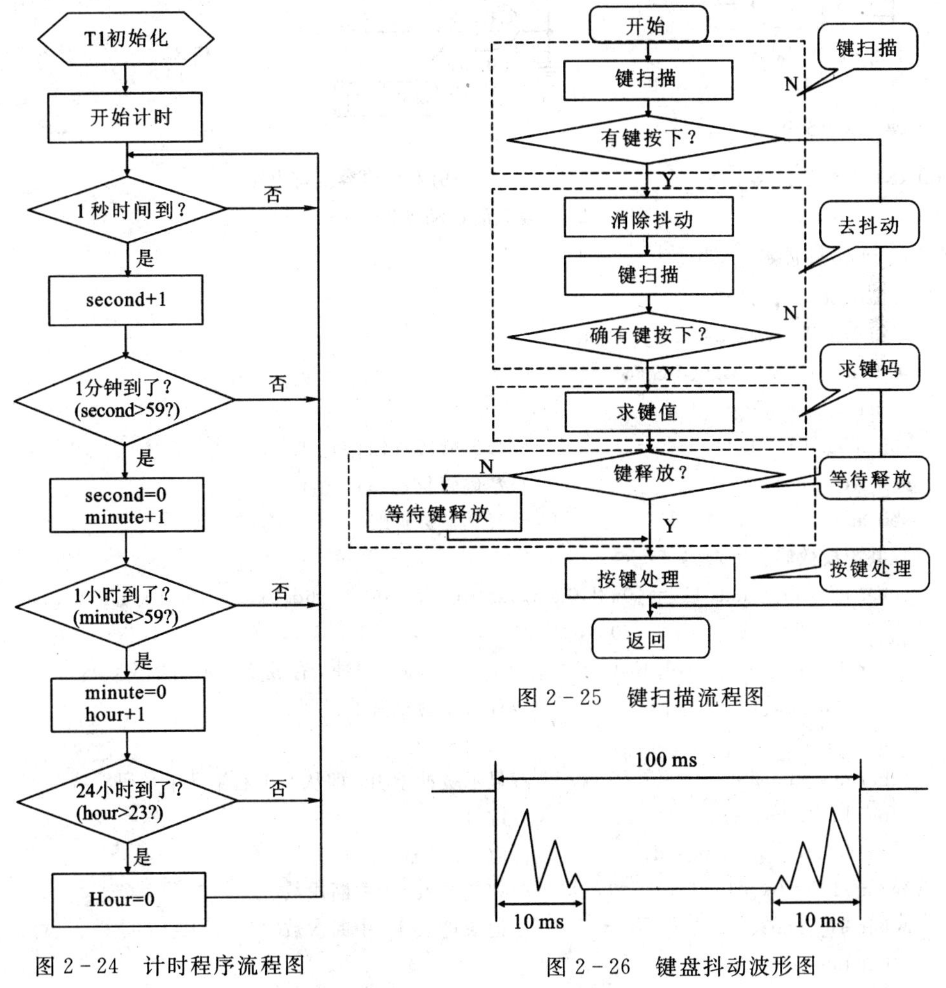


图 2－24　计时程序流程图

图 2－25　键扫描流程图

图 2－26　键盘抖动波形图

键盘抖动时间的长短跟键盘的机械特性有关，一般为 5 ms～10 ms，按键稳定闭合时间的长短由操作人员决定。由于键盘有抖动特性，会出现一次按键被 CPU 读取多次的现象，因此为了确保一次按键只被 CPU 读取一次，必须消除键盘抖动的影响。

**键盘消抖动通常有硬件消抖动和软件消抖动两种方法。**

常用的硬件消抖动的电路如图 2-27 所示。图 2-27(a)利用 RS 锁存器消抖，这种电路只适用于单刀双掷开关；图 2-27(b)利用电容消抖动，适合轻触式按键。

**单片机应用系统中，常用软件方法来消除抖动，即检测到键闭合时，执行一个 5 ms～10 ms 的延时之后(避开按键的抖动时间)，再次检测按键状态，若仍然是闭合状态的电平，则认为确实有键按下。**

可见，软件消抖动的实质是采用延时的方法，再次读取按键状态。

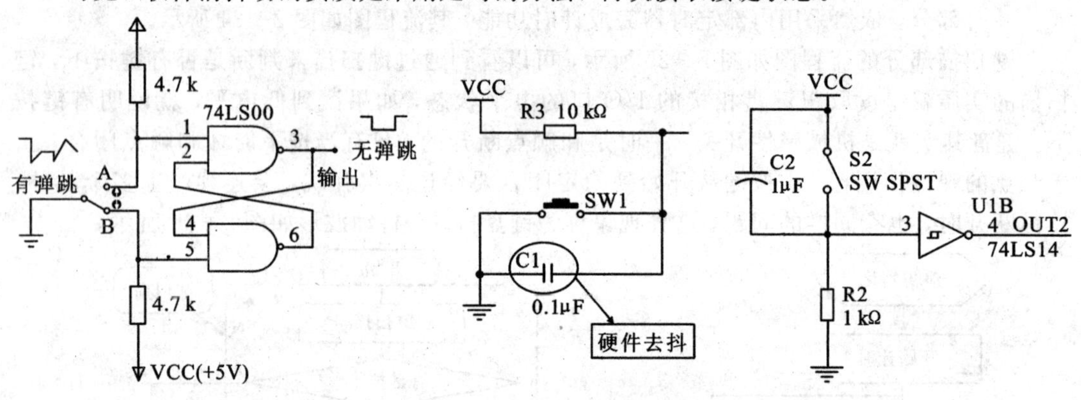


(a) RS锁存器消抖动电路　　(b) 利用电容消抖电路

图 2-27　键盘消抖动硬件电路

软件消抖动具体程序如下：

```
# include "reg51. h"
# include "intrins. h"
# define uchar unsigned char
# define uint unsigned int
sbit duan_LE=P2^7;                 //数码管段选锁存允许
sbit wei_LE=P2^6;                  //数码管位选锁存允许
sbit alarm=P2^4;                   //蜂鸣器数据线
//共阳极数码管字形码
uchar code dis_table[11]={0x3f,0x06,0x5b,0x4f,0x66, 0x6d,0x7d,0x07,0x7f,0x6f,0x00};
                            //0  ,1  ,2  ,3  ,4  ,5  ,6  ,7  ,8  ,9,  灭
uchar dis_buf[]={0,0,0x40,0,0,0x40,0,0}; //显示缓冲，存放要显示的数字，0x40 为"-"
uchar time_buffer[6];              //存放重新设置的时间
uchar pos_scan;                    //位码选择
uchar dsy_num;                     //显示缓冲索引，即从左至右第几个数码管
uchar key_num=16;                  //键号
uchar hour,minute,second;          //时，分，秒，
uchar s100=0;                      //记录进入 T1 中断次数
uchar T0_num;                      //记录进入 T0 中断次数
uchar time_i=0;
```

```
uchar time_ii=0;
uchar hour_alarm=6;                  //闹铃"时"
uchar minute_alarm=0;                //闹铃"分"
uchar key_state;                     //键值
uchar time_flag=3;                   //时、分、秒设置键是否按下的标志,
//0:"时"键按下;1:"分"键按下;2:"秒"键按下;3:无键按下
bit alarm_flag=0;                    //闹铃键按下标志
void key_scan();                     //声明键扫描函数
/*******************************************************
* 函数名称:delayms ()
* 功能:延时函数
* 入口参数:x——晶振频率 22.1184 MHz 时,约延时 Xms
*******************************************************/
    void delayms(uchar x)
    { uchar i;
      while(x--)
      for(i=0;i<240;i++);
  }
/*******************************************************
* 函数名称:time()
* 功能:时间处理函数
*******************************************************/
    void time()
    { if(++second>59)
        { second=0;
          minute++;
          if(minute>59)
            { minute=0;
            hour++;
            if(hour>23)
              hour=0;
            dis_buf[0]=dis_table[hour/10];
          dis_buf[1]=dis_table[hour%10];
          }
      dis_buf[3]=dis_table[minute/10];
      dis_buf[4]=dis_table[minute%10];
    }
    dis_buf[6]=dis_table[second/10];
    dis_buf[7]=dis_table[second%10];
  }
/*******************************************************
* 函数名称:T1_timer ()
* 功能:T1 中断服务程序,控制时钟运行
*******************************************************/
```

```
    void T1_timer()    interrupt    3
    {
      TH1=(65536-50000)/256;
      TL1=(65536-50000)%256;
      if(++s100==20)
      {s100=0;
      time();
      }
    }
/*****************************************************
*函数名称：T0_timer ()
*功能：T0 中断服务程序，每 5ms 调用一次键扫描
*****************************************************/
    void T0_timer()    interrupt   1
    {    T0_num++;
         if(T0_num==20)
         {  key_scan();
            T0_num=0;
         }
    }
/*****************************************************
*函数名称：display ()
*功能：数码管显示函数
*****************************************************/
    void display()
    { wei_LE=1;
      P0=pos_scan;                              //锁存位码
      wei_LE=0;
      duan_LE=1;                                //段码锁存打开
      P0= dis_buf[dsy_num];                     //送段码
      duan_LE=0;
      pos_scan=_crol_(pos_scan,1);              //位码移位
      dsy_num=(dsy_num+1)%8;                    //显示缓冲区索引循环移位
      delayms(3);
      P0=0xff;                                  // 消影
    return;
      }
/*****************************************************
*函数名称：key_manage ()
*功能：按键处理函数
*****************************************************/
    void key_manage()
    { switch(key_num)
      {
```

```
        case 0:case 1:case 2: case 3: case 4:
        case 5:case 6:case 7: case 8: case 9:
      if(time_flag>=0&&time_flag<=2)     //只有按下"时"、"分"、"秒"任一功能键后才接
                                         //收数字按键信息
        {  time_buffer[time_ii]=key_num;
        dis_buf[time_i]=dis_table[key_num];
        time_i++; // dis_buf 数组索引号加 1
        time_ii++; // time_buffer 数组索引号加 1
        }
switch(time_flag) //根据功能键修改 dis_buf 数组和 time_buffer 数组的索引号
{  case 0: if(time_ii! =0&&time_ii! =1) {time_i=0; time_ii=0;}  break;
   case 1: if(time_ii! =2&&time_ii! =3) {time_i=3; time_ii=2;}  break;
   case 2: if(time_ii! =4&&time_ii! =5) {time_i=6; time_ii=4;}  break;
   default:break;
}
       break;
      case 10:                           // "时"
                  time_flag=0;
                  dis_buf[0]=0x08;
                  dis_buf[1]=0x08;
                  time_i=0;
                  time_ii=0;
                  break;
      case 11:                           // "分"
                  time_flag=1;
                  dis_buf[3]=0x08;
                  dis_buf[4]=0x08;
                  time_i=3;
                  time_ii=2;
                  break;
      case 12:                           // "秒"
                    TR1=0;
                    time_flag=2;
                    dis_buf[6]=0x08;
                    dis_buf[7]=0x08;
                    time_i=6;
                    time_ii=4;
                    break;
      case 13:                           // "闹铃"
                    alarm_flag=1;        //表示闹铃键按下
                    break;
      case 14:                           // "启动/暂停"
                    TR1=~TR1;
                     break;
```

```
case 15:                              // "确认"
        if(alarm_flag==0)        //不是设置闹铃，而是设置时钟起始时间
         { switch(time_flag)
              {
                  case 0: hour=time_buffer[0] * 10+ time_buffer[1];
                          if(hour>23) hour=0;
                          break;
                  case 1: minute=time_buffer[2] * 10+ time_buffer[3];
                          if(minute>59) minute=0;
                          break;
                  case 2: second=time_buffer[4] * 10+ time_buffer[5];
                          if(second>59) second=0;
                          break;
                  default: break;
              }
         }
        else                            //按了闹铃键之后，记录闹钟时间
        {
            alarm_flag=0;                                        //清闹铃标志
            hour_alarm=time_buffer[0] * 10+time_buffer[1];      //记录闹铃时间
            minute_alarm=time_buffer[2] * 10+time_buffer[3];
            if(hour_alarm>23) //如果设置的闹钟时间超过 23，回到默认值 6
                  hour_alarm=6;点
            if(minute_alarm>59)
                  minute_alarm=0;
        }
        dis_buf[3]=dis_table[minute/10];    //数码管显示回复到目前时间
        dis_buf[4]=dis_table[minute%10];
        dis_buf[0]=dis_table[hour/10];
        dis_buf[1]=dis_table[hour%10];
        time_i=0;             //时间暂存缓冲区索引号清零
        time_ii=0;
        time_flag=3;          //清除按键标志
        TR1=1;
        break;
    default :break;
}
  key_num=16;
  return;
}
/**************************************************************
* 函数名称: key_scan ()
* 功能: 键扫描函数
**************************************************************/
```

```
void key_scan()
 { P3=0x0f;                //行线置低，列线置高
  key_state=P3;
  if(key_state! =0x0f)
  { delayms(5);            //消抖动
    key_state=P3;
   if(key_state! =0x0f)
   {P3=0xf0;
     key_state=key_state^P3;
   }
switch(key_state)
{ case 0xee: key_num=1; break;
  case 0xde: key_num=2; break;
  case 0xbe: key_num=3; break;
  case 0x7e: key_num=4; break;
  case 0xed: key_num=5; break;
  case 0xdd: key_num=6; break;
  case 0xbd: key_num=7; break;
  case 0x7d: key_num=8; break;
  case 0xeb: key_num=9; break;
  case 0xdb: key_num=0; break;
  case 0xbb: key_num=10; break;
  case 0x7b: key_num=11; break;
  case 0xe7: key_num=12; break;
  case 0xd7: key_num=13; break;
  case 0xb7: key_num=14; break;
  case 0x77: key_num=15; break;
  default:   key_num=16; break;
}
  while(P3!=0xf0)
      display();        //等待按键释放时调用显示，防止数码管闪烁
}
if(key_num!=16) key_manage();
  }
/*****************************************************
* 函数名称：alarm_manage ()
* 功能：闹铃函数
*****************************************************/
void alarm_manage()
{ if(minute_alarm==minute&&hour_alarm==hour)
        alarm=0;
  else
        alarm=1;
}
```

```
/*************************************************
* 函数名称：main ()
* 功能：主函数，定时器初始化，显示缓冲区初始化等
*************************************************/
  void main()
  { TMOD=0x12;                      //设置 T1 工作在模式 1，T0 工作在模式 2
    TH1=(65536-50000)/256;          //装 T1 初始值
    TL1=(65536-50000)%256;
    TH0=6;                          //装 T0 初始值
    TL0=6;
    EA=1;                           //开总中断
    ET1=1;                          //开 T1 中断
    ET0=1;                          //开 T0 中断
    dis_buf[0]=dis_table[hour/10];  //装显示缓冲区初值
    dis_buf[1]=dis_table[hour%10];
    dis_buf[3]=dis_table[minute/10];
    dis_buf[4]=dis_table[minute%10];
    dis_buf[6]=dis_table[second/10];
    dis_buf[7]=dis_table[second%10];
  pos_scan=0xfe;                    // 设置位码选择初值，即选中左边第一个数码管
    dsy_num=0;
  duan_LE=0;                        //锁存器的锁存使能关闭
    wei_LE=0;
  TR0=1;                            //启动 T0
    TR1=0;                          //关闭 T1
    while(1)
    { display();
     alarm_manage();
    }
  }
```

程序分析：

(1) 在主程序中，“TMOD=0x12；”是设置 T1 工作在方式 1，T0 工作在方式 2，接下来对 T1 和 T0 设置初始值，T1 每 50 ms 中断一次，T0 每 250 μs 中断一次。在这个程序中，T1 是来完成时钟计时的，在 T1 中断服务程序中判断进入中断的次数是否达到 20 次，若是，则说明 1 s 时间到，调用 time()函数。T0 定时器是用来完成定时键扫描的，每 5 ms 调用一次键扫描。定义的全局数组 dis_buf[]将要显示的字形码放在一个表格中，然后每次从这个表格里面取数，送到 P0 口即可。

语句“dis_buf[0]=dis_table[hour/10]；”是对显示缓冲区的初始化，比如起始时间是 0 时 0 分 0 秒，那么将“0”对应的字形码从 dis_table[]数组中取出，放入 dis_buf[]数组中相应的位置。“pos_scan”用于数码管的位选择，初始值为 0xfe，即首先选择左边第一个数码管。变量“dsy_num”是显示缓冲区数组 dis_buf[]的索引号。在 while(1)大循环中，不断调用显示函数和闹铃函数。

(2) 在显示函数 display()中，主要是轮流地从 P0 口送出位码和字形码，程序中：

```
wei_LE=1;
P0=pos_scan;          //锁存位码
wei_LE=0;
```

这三句的功能是，先打开控制位码的锁存器的锁存使能，然后从 P0 口送出位码，接着关闭锁存使能，这样位码就会锁存在锁存器的 Q 端，之后 P0 口送出的数据就不会影响到刚刚送出的位码信息。接下来用同样的方法打开段选锁存使能，送出段码并锁存。"pos_scan=_crol_(pos_scan,1);"语句是将位码循环左移一位，以便选择下一个数码管。"dsy_num=(dsy_num+1)%8;"是将显示缓冲区索引循环移位，八个数码管要显示的字形码从左到右依次是放在 dis_buf[]数组中的，缓冲区有八个元素，通过这个语句可以让 dsy_num 的值在 0～7 之间循环。

"P0=0xff;"在这里的作用称为"消影"，因为我们系统的段选和位选是共用 P0 口的。在下一次送位码之前，段码数据是留在 P0 口的，当位码锁存使能一打开，段码数据就会立刻送到位选端，这个时间虽然很短暂，但是由于硬件电路速度较快以及由于动态显示需要不断扫描的原因，也会造成乱码的出现。所以在下一次送位码之前，先通过送 0xff，关闭所有位选。这样，只要在主函数中不断的调用显示函数，就可以实现数码管的动态显示。

(3) 在 key_scan()键扫描函数中，主要是获取按键的键码(键值)，第一句"P3=0x0f;"的作用是将行线置为低电平，列线置为高电平；"key_state=P3;"语句是读取 P3 口的状态，存放在变量 key_state 中，若 key_state 不等于 0x0f，说明有键按下，经过"delayms(5);"延时消抖动之后，再读一次 P3 口的状态，若依然不等于 0x0f，说明确实有键按下。接着给 P3 口送 0xf0，让列线为低电平，行线为高电平，"key_state=key_state^P3;"是将 P3 口的状态读回来再与刚才存放在 key_state 中的值相"异或"(相"或"也可以)之后再赋给 key_state，此时 key_state 的值就是相应按键的键码。swich 结构中，根据 key_state 的值给变量 key_num 赋值，本系统中给每个键编了一个键号，分别是 0～15。"while(P3!=0xf0);"语句是等待按键释放，如果键一直被按下，那么 P3 口的状态就不是等于 0xf0，程序就会一直在这里循环等待，这样做的目的是避免在没有键释放的情况下，进入键处理。在单片机的按键检测中，要等待键释放之后再进入相应按键的处理任务。若不加等待按键释放，由于硬件执行代码的速度很快，而且键盘是不断检测的，那么一次按键会被检测很多次，造成错误。

"if(key_num!=16) key_manage();"是为了避免没有按键时调用键处理程序，当没有按键时让 key_num 等于 16，若有按键时，key_num 就等于 0～15 之间的一个值，此时就会调用键处理程序。

(4) key_manage()函数是键处理函数，根据 key_num 的值进入不同的 case 分支，当按下 0～9 的数字键时，会将键号存入预先定义的 time_buffer[]数组中，这个数组是用来暂时存放修改的时间数据的，"dis_buf[time_i]=dis_table[key_num];"是将键号对应的字形码送到显示缓冲区显示，变量"time_flag"记录"时"、"分"、"秒"键被按下的标志，当需要改变时钟时间或者闹铃时间时，需要先按下相应的"时"、"分"、"秒"键，再按 0～9 数字键，最后按"确认"键才能使新设置的时间或闹铃生效。在"确认"分支中，根据"alarm_flag"的状态决定新设置的时间是闹铃时间还是时钟起始时间，因为如果之前按下过"闹铃"键，则“alarm_flag”就会等于1，否则为0。若“alarm_flag”等于0，就会根据time_flag的值，从time_buffer[]数组中取出数据修改当前的时间信息，time_buffer[]数组中前两个元素存放“时”，第二和第三个元素存放“分”，最后两个元素存放“秒”。若“alarm_flag”等于1，则会从time_buffer[]数组中取出前两个元素经过计算后之后赋给“hour_alarm”，取出第二和第三个元素经过计算后赋给“minute_alarm”，记录新的闹铃时间。

(5) alarm_manage()闹铃管理函数中，将闹铃时间和当前时间进行比较，若相等则蜂鸣器响起，进行闹铃提醒。对于蜂鸣器的控制，只要给P2.4口低电平，三极管就会导通，此时蜂鸣器中有电流流过，就会发声。

3) 软硬件联合调试

本任务程序较大，建议在程序编写时，分模块调试。检查键扫描的程序中，读回的键值是否正确；定时器的中断号是否正确；蜂鸣器的极性是否接正确；驱动电路是否正常。

仅仅在keil的调试状态下，检查本程序的功能，难度较大。可以通过单片机仿真器帮助调试。在较大程序的调试中，利用仿真器帮助调试，可以大大节省程序的开发时间。利用仿真器进行调试可以单步运行，指定断点、停止等，极为方便。

也可以利用软件仿真调试，由于本任务具有人机交互接口(键盘)，所以不能像前面一样，直接在Proteus软件下仿真运行，而需要Keil和Proteus软件的联合调试。

在进行Keil和Proteus两个软件的联合调试之前，需进行如下设置：

(1) 把proteus安装目录下的VDM51.dll (\Proteus 7 Professional\MODELS)文件复制到Keil安装目录的\C51\BIN目录中。

(2) 编辑C51里的tools.ini文件，加入：TDRV1=BIN\VDM51.DLL("PROTEUS VSM MONITOR 51 DRIVER")；注：“TDRV1”后面的“1”不要与tools.ini文件原有的数字重复。

(3) 在keil里设置：Project -->Options for project窗口选择“Debug”标签页，如图2-28所示，选中“Proteus VSM Monitor-51 Driver”，再进入seting，如果同一台机同时运行Keil和Proteus，则IP名为127.0.0.1，如不是同一台机则填另一台机的IP地址。端口号一定为8000。注意：可以在一台机器上运行Keil，另一台上运行Proteus进行远程仿真。

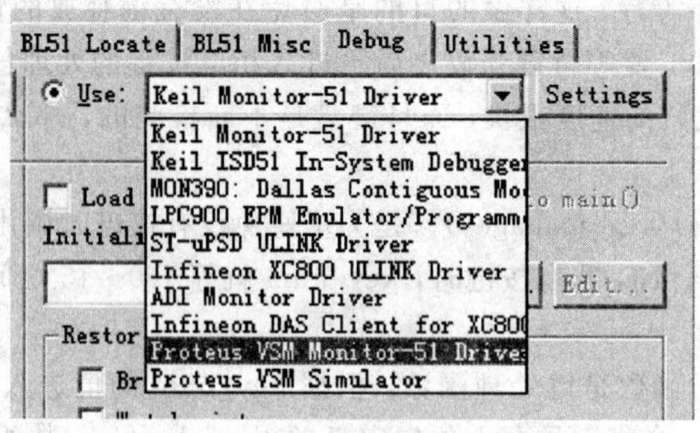


图2-28 设置“Debug”标签页

(4) Proteus软件里打开需要调试的文件，在“Debug”菜单下，勾选“use remote debug monitor”。

(5) 打开Keil，按F5开始联合调试。

# 2.4　项目拓展

## 2.4.1　电子音乐盒设计

**1. 乐理知识介绍**

在进行音乐盒设计之前，首先要明白乐曲演奏的原理，我们平时唱的哆、唻、咪、法、嗦、啦、唏，每个音符具有固定的频率值，这个称为音调，频率越大音调越高，每个音符的持续时间就是音长。当演奏乐曲时，只要按照每个音符的频率和时长送出激励信号到扬声器，扬声器就可以发出乐曲的声音。

音符中的 7 个音名称为 C、D、E、F、G、A、B，对应于简谱中的 1、2、3、4、5、6、7。由音乐的 12 平均率可知：每两个八度音之间的频率相差一倍，即中音 1 的频率是低音 1 频率的两倍。而且在两个八度音之间又分为 12 个半音，相邻两个半音之间的频率比为 $\sqrt[12]{2}$。音名 E 与 F 之间为半音，B 与 C 之间为半音(即低音 B 到中音 C)，其余都是全音。在国际上，规定 a1 这个音的频率为 440 Hz，称为第一国际高度。其余音的频率可以根据十二平均率依次算得，如表 2－9 所示。

**表 2－9　音名与频率关系表**

| 音名(低音) | 频率/Hz | 音名(中音) | 频率/Hz | 音名(高音) | 频率/Hz |
|---|---|---|---|---|---|
| $\underset{\cdot}{1}$ | 262 | 1 | 523 | $\dot{1}$ | 1047 |
| $\underset{\cdot}{2}$ | 294 | 2 | 587 | $\dot{2}$ | 1175 |
| $\underset{\cdot}{3}$ | 330 | 3 | 659 | $\dot{3}$ | 1319 |
| $\underset{\cdot}{4}$ | 349 | 4 | 699 | $\dot{4}$ | 1397 |
| $\underset{\cdot}{5}$ | 392 | 5 | 784 | $\dot{5}$ | 1569 |
| $\underset{\cdot}{6}$ | 440 | 6 | 880 | $\dot{6}$ | 1760 |
| $\underset{\cdot}{7}$ | 494 | 7 | 988 | $\dot{7}$ | 1976 |

在一首乐谱中，除了音调的高低之外，还有这个音调要持续多长时间，也就是我们通常所说的节拍(也称为音长)，这样乐曲才会婉转动听。音调的节拍通常有 4 分音符、8 分音符、16 分音符、2 分音符、全音符等。假设 4 分音符的音长为 T，则 8 分音符的音长为 T/2，依次类推，以简谱中“3”为例，音长与节拍数的关系如表 2－10 所示。

**表 2－10　音长与节拍数的关系**

| 节拍符号 | $\underline{\underline{3}}$ | $\underline{3}$ | $\overline{3}.$ | 3 | 3. | 3 - | 3 - - - |
|---|---|---|---|---|---|---|---|
| 名称 | 16 分音符 | 8 分音符 | 8 分符点音符 | 4 分音符 | 4 分符点音符 | 2 分音符 | 全音符 |
| 音长(拍数) | 1/4 拍 | 1/2 拍 | 3/4 拍 | 1 拍 | 3/2 拍 | 2 拍 | 4 拍 |

有了音调与音长的知识之后，我们可以利用单片机中的两个定时/计数器，一个定时器用来产生跟音调频率对应的方波信号，一个定时器根据音长来对音调进行延时，这样就

可以播放美妙的音乐了。

**2. LCD1602 介绍**

在这个音乐盒设计中，我们通过液晶显示器显示所播放音乐的名称。目前，市场上液晶显示器件种类繁多，根据显示的内容可分为字段式、字符点阵式、图形点阵式三种，图形点阵式者可以显示汉字。由于液晶显示器显示内容丰富、外形美观、无需定制、使用方便等特点，逐渐成为 LED 显示器的替代品。将 LCD(Liquid Crystal Display)和显示控制器、驱动器、字符存储器做到一块板子上，就成为显示模块，称为 LCM。单片机系统中常用的液晶显示器有 LCD1602、LCD12864、LCD12232 等。

液晶显示器的型号通常是按照显示字符的行数或液晶点阵的行列数来命名的。比如 1602 的意思是可以显示两行，每行显示 16 个字符；12864 的意思是内部有 128 * 64 个点阵。液晶显示器是否能够直接显示汉字跟控制器有关系，因为汉字属于图形显示。比如 12864 液晶显示模块，若控制器的型号是 ST7920 则可以直接显示汉字，若控制器型号是 KS0108 则不带中文字库，只能通过打点的方法显示汉字。

考虑到本项目设计中只显示歌曲的名字，所以使用了 LCD1602 字符型液晶显示模块显示歌曲的英文名称。对于液晶模块的控制，首先要确定与单片机的接口电路，其次是软件程序的控制。液晶与单片机的接口主要有串行和并行两种方式，这里我们采用并行接口方式。并行 LCD1602 模块的引脚功能如表 2-11 所示。

1602 控制器内部有 80B 的 RAM 缓冲区，其映射关系如表 2-12 所示。当向 00～0F、40～4F 地址中写入数据时，可以立刻显示在显示屏上，当数据写入到 10～27、50～67 地址时，需要通过移屏指令将数据移入到显示区。

**表 2-11 LCD1602 液晶模块接口说明**

| 引脚号 | 符号 | 功能说明 |
|---|---|---|
| 1 | VSS | 电源地 |
| 2 | VDD | 电源正极 |
| 3 | VO | 液晶显示对比度调节端 |
| 4 | RS | 数据/命令选择端(H/L) |
| 5 | R/$\overline{W}$ | 读/写选择端(H/L) |
| 6 | E | 使能信号 |
| 7～14 | D0～D7 | 数据口 |
| 15 | BLA | 背光电源正极 |
| 16 | BLK | 背光电源负极 |

**表 2-12 1602 内部 RAM 映射关系表**

| 00 | 01 | 02 | 03 | 04 | 05 | 06 | 07 | 08 | 09 | 0A | 0B | 0C | 0D | 0E | 0F | 10 | …. | 27 |
|---|---|---|---|---|---|---|---|---|---|---|---|---|---|---|---|---|---|---|
| 40 | 41 | 42 | 43 | 44 | 45 | 46 | 47 | 48 | 49 | 4A | 4B | 4C | 4D | 4E | 4F | 50 | …. | 67 |

显示区

LCD1602 的软件控制主要是通过指令来进行的。指令如表 2-13 所示。

表 2-13　LCD1602 指令表

| 序号 | 指　令 | RS | RW | D7 | D6 | D5 | D4 | D3 | D2 | D1 | D0 |
|---|---|---|---|---|---|---|---|---|---|---|---|
| 1 | 清屏 | 0 | 0 | 0 | 0 | 0 | 0 | 0 | 0 | 0 | 1 |
| 2 | 光标返回 | 0 | 0 | 0 | 0 | 0 | 0 | 0 | 0 | 1 | X |
| 3 | 光标和显示模式设置 | 0 | 0 | 0 | 0 | 0 | 0 | 0 | 1 | I/D | S |
| 4 | 显示控制 | 0 | 0 | 0 | 0 | 0 | 0 | 1 | D | C | B |
| 5 | 光标/字符移位 | 0 | 0 | 0 | 0 | 0 | 1 | S/C | R/L | X | X |
| 6 | 功能设置 | 0 | 0 | 0 | 0 | 1 | DL | N | F | X | X |
| 7 | 置字符发生器地址 | 0 | 0 | 0 | 1 | 字符发生存储器地址 | | | | | |
| 8 | 置数据存储器地址 | 0 | 0 | 1 | 显示数据存储器地址 | | | | | | |
| 9 | 读忙标志和地址 | 0 | 1 | BF | 计数器地址 | | | | | | |
| 10 | 写数据到指令 7.8 所设地址 | 1 | 0 | 要写的数据 | | | | | | | |
| 11 | 从指令 7.8 所设的地址读数据 | 1 | 1 | 读出的数据 | | | | | | | |

指令 1：清屏。光标复位到地址 00H 位置。

指令 2：光标返回。光标返回到地址 00H。

指令 3：光标和显示模式设置。I/D：光标移动方向，高电平右移，低电平左移；S：屏幕上所有文字是否左移或者右移，高电平表示有效，低电平则无效。

指令 4：显示控制。D：控制整体显示的开与关，高电平表示开显示，低电平表示关显示；C：控制光标的开与关，高电平表示有光标，低电平表示无光标；B：控制光标是否闪烁，高电平闪烁，低电平不闪烁。

指令 5：光标/字符移位。S/C：高电平时移动显示的文字，低电平时移动光标；R/L：高向左，低向右。

指令 6：功能设置命令。DL：高电平时为 4 位总线，低电平时为 8 位总线；N：低电平时为单行显示，高电平时双行显示；F：低电平时显示 5×7 的点阵字符，高电平时显示 5×10的点阵字符。（有些模块是 DL：高电平时为 8 位总线，低电平时为 4 位总线。）

指令 7：字符发生器 RAM 地址设置。地址：字符地址×8＋字符行数。（将一个字符分成 5×8 的点阵，一次写入一行，8 行就组成一个字符。）

指令 8：置数据存储器地址，第一行为：00H——0FH，第二行为：40H——4FH。

指令 9：读忙标志和光标地址。BF：为忙标志位，高电平表示忙，此时模块不能接收命令或者数据，如果为低电平表示不忙。

指令 10：写数据。

指令 11：读数据。

当向 1602 写数据、指令或读数据、状态时的基本操作时序如表 2-14 所示。

表 2-14　1602 操作时序表

| | |
|---|---|
| 读状态 | 输入：RS＝0，RW＝1，E＝1；输出：D0～D7＝状态字 |
| 读数据 | 输入：RS＝1，RW＝1，E＝1；输出：无 |
| 写指令 | 输入：RS＝0，RW＝0，D0～D7＝指令码，E＝1；输出：D0～D7＝数据 |
| 写数据 | 输入：RS＝1，RW＝0，D0～D7＝数据，E＝1；输出：无 |

**3. 电子音乐盒硬件电路设计**

音乐盒硬件电路的设计要依据所实现的功能确定，本项目中设计的音乐盒，可以通过按键切换播放的音乐，同时所播放音乐的曲名会在LCD1602液晶屏上显示，音乐盒整体硬件原理图如图2-29所示，本原理图是在proteus中绘制的，1602模块没有列出15、16脚。系统中通过接在P3.2引脚上的独立按键切换播放的曲目。

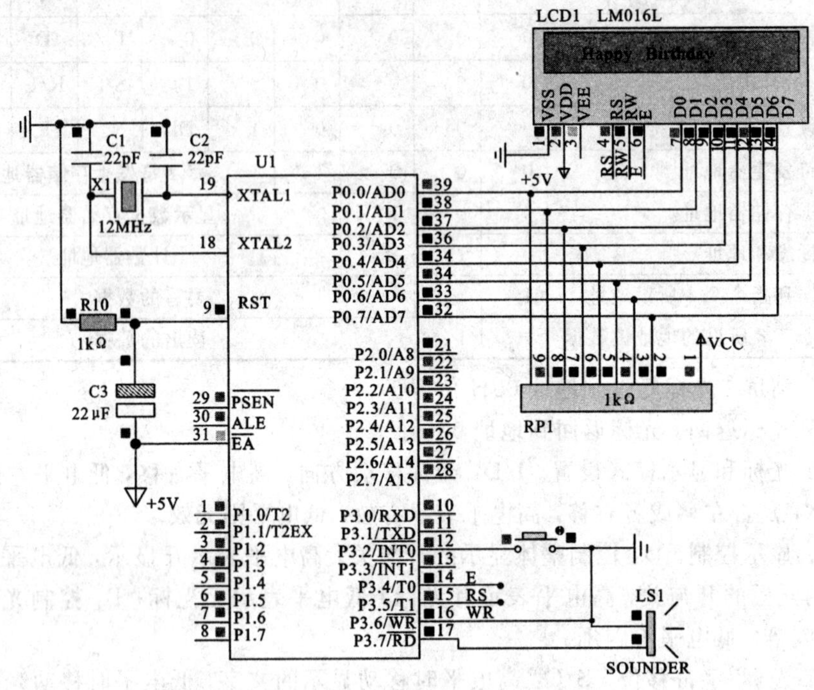


图2-29　电子音乐盒硬件原理图

**4. 电子音乐盒软件程序设计**

本项目中设计的音乐盒可以播放“Happy Birthday!”和“Jingle Bells”两首歌曲，两首歌的曲子如下：

前面已经介绍了乐理知识，每个音调都对应不同的频率，那么要根据音调产生相应的频率信号，必须不断的改变定时器的初始值，为了优化程序结构，先将音调频率与定时器初始值关系写成头文件，以后也可以在其他的程序中使用。

头文件内容如下：

```
/* musicTab.h          */
/* 定义音符表          */
// 音频变量名        定时器初值        音频率值            音名
#define    A         0xEFA3          // 110.000Hz          a
#define    As        0xF08E          // 116.541Hz          a#
#define    b         0xF16C          // 123.471Hz          b
#define    c         0xF23D          // 130.813Hz          c
#define    cs        0xF303          // 138.591Hz          c#
#define    d         0xF3BE          // 146.832Hz          d
#define    ds        0xF46E          // 155.563Hz          d#
#define    e         0xF514          // 164.814Hz          e
#define    f         0xF5B1          // 174.614Hz          f
#define    fs        0xF645          // 184.997Hz          f#
#define    g         0xF6D1          // 195.998Hz          g
#define    gs        0xF755          // 207.652Hz          g#
```

```
#define  a     0xF7D1   // 220.000Hz   a
#define  as    0xF847   // 233.082Hz   a#
#define  b     0xF8B6   // 246.942Hz   b
//低音
#define  c1    0xF91F   // 261.626Hz   c1(中央C)
#define  c1s   0xF982   // 277.183Hz   c1#
#define  d1    0xF9DF   // 293.665Hz   d1
#define  d1s   0xFA37   // 311.127Hz   d1#
#define  e1    0xFA8A   // 329.628Hz   e1
#define  f1    0xFAD9   // 349.228Hz   f1
#define  f1s   0xFB23   // 369.994Hz   f1#
#define  g1    0xFB68   // 391.995Hz   g1
#define  g1s   0xFBAA   // 415.305Hz   g1#
#define  a1    0xFBE9   // 440.000Hz   a1(标准音)
#define  a1s   0xFC24   // 466.164Hz   a1#(升半调)
#define  b1    0xFC5B   // 493.883Hz   b1
//中音
#define  c2    0xFC8F   // 523.251Hz   c2
#define  c2s   0xFCC1   // 554.365Hz   c2#
#define  d2    0xFCEF   // 587.330Hz   d2
#define  d2s   0xFD1B   // 622.254Hz   d2#
#define  e2    0xFD45   // 659.255Hz   e2
#define  f2    0xFD6C   // 698.456Hz   f2
#define  f2s   0xFD91   // 739.989Hz   f2#
#define  g2    0xFDB4   // 783.991Hz   g2
#define  g2s   0xFDD5   // 830.609Hz   g2#
#define  a2    0xFDF4   // 880.000Hz   a2
#define  a2s   0xFE12   // 932.328Hz   a2#
#define  b2    0xFE2D   // 987.767Hz   b2
//高音
#define  c3    0xFE48   // 1046.500Hz  c3
#define  c3s   0xFE60   // 1108.730Hz  c3#
#define  d3    0xFE78   // 1174.660Hz  d3
#define  d3s   0xFE8E   // 1244.510Hz  d3#
#define  e3    0xFEA3   // 1318.510Hz  e3
#define  f3    0xFEB6   // 1396.910Hz  f3
#define  f3s   0xFEC9   // 1479.980Hz  f3#
#define  g3    0xFEDA   // 1567.980Hz  g3
#define  g3s   0xFEEB   // 1661.220Hz  g3#
#define  a3    0xFEFA   // 1760.000Hz  a3
#define  a3s   0xFF09   // 1864.660Hz  a3#
#define  b3    0xFF17   // 1975.530Hz  b3
```

本项目的程序中主要有三个模块，分别是乐曲播放模块、曲目名称显示模块、按键切换模块。乐曲播放模块中利用定时器 0 产生不同频率的信号，即音调；利用定时器 1 产生延时，即节拍；按键切换模块利用按键触发外中断，从而进行播放乐曲的切换。

液晶显示模块的程序如下：

```
/*****************************************************
* 文件名：lcd.c
* 功能：初始化 LCD1602、向 LCD1602 写指令、写数据、写字符串
*****************************************************/
#include <reg52.h>
#define   com_data   P0
sbit RS=P3^5;
sbit E=P3^4;
/*****************************************************
*函数名称：delayms()
*功能：延时，
*入口参数：time——晶振频率 22.1184 MHz 时，约延时 time(ms)
*****************************************************/
void delayms(unsigned char time)
{   unsigned char i;
      while(time--)
         for(i=0;i<240;i++);
}
/*****************************************************
*函数名称：LCD_write_commuter ()
*功能：向 LCD1602 写指令
*入口参数：com——指令类型
*****************************************************/
void LCD_write_commuter(unsigned char com)
{ RS=0;                 // RS 置低，写指令
  com_data =com;        //从 P0 口送出指令码
  delayms(3);           //延时让 P0 口数据稳定
  E=1;                  //使能端置高，写入指令
  delayms(3);           //延时，等待
  E=0;                  //完成指令写入
}
/*****************************************************
*函数名称：LCD_write_ data ()
*功能：向 LCD1602 写数据
*入口参数：datax——需要写入的数据
*****************************************************/
void LCD_write_data(unsigned char datax)
{   RS=1;               // RS 置高，写数据
  com_data =datax;      //从 P0 口送出数据
  delayms(3);           //延时让 P0 口数据稳定
  E=1;                  //使能端置高，写入数据
  delayms(3);           //延时，等待
```

```
    E=0;        //完成数据写入
}
/************************************************************
* 函数名称: init_lcd ()
* 功能: 初始化 LCD1602
* 入口参数: 无
************************************************************/
void init_lcd()
{   LCD_write_commuter(0x38);   //设置 16*2 显示, 5*7 点阵, 8 位数据接口
    LCD_write_commuter(0x0c);   //设置开显示, 关光标
    LCD_write_commuter(0x06);   //写一个字符后, 地址指针自动加 1
    LCD_write_commuter(0x01);   //清屏
}
/************************************************************
* 函数名称: lcd_str ()
* 功能: 向 LCD1602 指定位置写入字符串
* 入口参数: name_str——字符串首地址, add——需要写入的地址
************************************************************/
void lcd_str(unsigned char *name_str, unsigned char add)
{   LCD_write_commuter(0x80+add);   //设置字符串显示的起始地址
    while(*name_str! ='\0')
    { LCD_write_data(*name_str);    //向指定位置写入字符
      name_str++;                   //指针后移, 准备下一个写入的字符
    }
}
```

主程序文件如下:

```
/************************************************************
*  文件名: Playmusic.C
*  功能: 播放音乐, 定时器 T0 产生音调, 定时器 T1 控制节拍。
*        P0.0 接蜂鸣器播放音乐。
************************************************************/
#include <reg52.h>
#include <musicTab.h>          //添加音调频率与计数器初始值对应关系的头文件
#include <lcd.h>               //添加对 lcd1602 操作函数声明的头文件
#define T 1000
sbit buzzer=P3^7;              //控制蜂鸣器
sbit button=P3^2;
unsigned int code birthday_freq[]={ g1,g1,a1,g1,c2,b1, g1,g1,a1,g1,d2,c2,
                              g1,g1,g2,e2,c2,b1,a1, f2,f2,e2,c2, d2,c2,0};
unsigned int code birthday_length[]={T/4,T/4,T/2,T/2,T/2,T,   T/4,T/4,T/2,T/2,
                              T/2,T,T/4,T/4,T/2,T/2,T/2,T,T,   T/4,T/4,
                              T/2,T/2,T/2,T+T/2,0 };
unsigned int code bell_freq[]={ e2,e2,e2, e2,e2,e2, e2,g2,c2,d2,e2, f2,f2,f2,f2,f2,e2,e2,
        e2,e2,e2,d2,d2,c2,d2,g2,g2,g2,f2,d2,c2,0};
```

```
unsigned int code bell_length[]={T/4,T/4,T/2,T/4,T/4,T/2, T/2,T/4,T/4,T/4,T, T/4,
T/4,T/4+T/8,T/8,T/4,T/4,T/4,T/8,T/8,  T/4,T/4,T/4,T/4,T/8,T/2+T/8,T/4,T/
4,T/4,T/4,T,0 };
bit song_ID=0;
unsigned char TH0_Reload, TL0_Reload;
unsigned char code song_name1[] = {"Happy Birthday!"};
unsigned char code song_name2[] = {"Jingle Bells!"};
unsigned int * song_freq, * song_length;
unsigned char * name;
unsigned int button_flag = 0;
/*******************************************************
* 函数名称：Delay()
* 功能：利用定时器 1 延时，t 为 1 延时 1mS，为 2 延时 2mS...
* 入口参数：t 延时参数
*******************************************************/
void Delay(unsigned int t)
{while(t--!=0)
    {  TH1 = 0xFC;
       TL1 = 0x66;              //定时 1mS
       TR1 = 1;                 //开启 T1
       while(!TF1);             //等待 T1 溢出
       TR1=0;                   //关闭 T1
       TF1=0;                   //清除溢出标志位
    }
}
/*******************************************************
* 名称：timer0()
* 功能：定时器 0 中断服务程序
* 入口参数：无
*******************************************************/
void timer0() interrupt 1
{   TR0=0;
    TH0=TH0_Reload;
    TL0=TL0_Reload;
    TR0=1;
    buzzer= !buzzer;                 //P3.7 取反，输出方波
}
/*******************************************************
* 名称：play()
* 功能：播放一个音符
* 入口参数：aa   T0 初始值，bb   音符时长
* 出口参数：无
*******************************************************/
void play(unsigned int aa, unsigned int bb)
```

```
{  TR0=1;
   TH0_Reload=aa>>8;                //高八位初始值
   TL0_Reload=aa;                   //低八位初始值
   Delay(bb);                       //延时
   TR0=0;
}
/************************************************************
 *名称:INT0_0()
 *功能:外中断0服务函数,当有按键时,进入此函数
 *入口参数:无
************************************************************/
void INT0_0() interrupt 0
{  if(button==0)
    { delayms(10);
      if(button==0)
        { while(! button);
          song_ID=~song_ID;   //改变乐曲编号
          button_flag++;
          }
      }
}

/************************************************************
 *名称:main()
 *功能:播放一段乐曲
************************************************************/
main()
{  unsigned int i=0;
   unsigned char tmp=0;             //第几个音符
   TMOD=0x11;                       //设置定时器工作模式
   EA=1;                            //开总中断
   ET0=1;                           //开定时器0的中断
   IT0=0;                           //设置外中断0的触发方式为低电平触发
   EX0=1;                           //开外中断
   init_lcd();                      //初始化1602
   while(1)
   {  if(song_ID)                   //根据song_ID的值,初始化指针song_freq,song_length
        {song_freq=bell_freq;       // name
         song_length=bell_length;
         name= song_name2;
         }
      else
        {song_freq=birthday_freq;
       song_length=birthday_length;
```

```
        name= song_name1;
      }
    LCD_write_commuter(0x01);                //1602 清屏
    lcd_str(name,0x40);                      //1602 显示乐曲名称
    while( * song_freq!=0)
      { play( * song_freq, * song_length );  //播放乐曲
        song_freq++;
        song_length++;
        if(button_flag) break;                 //如果有按键切换曲目，则终止当前播放
        乐曲
        }
      button_flag = 0;
      Delay(900);                            //单曲循环间隔
    }
}
```

程序分析：

(1) 程序中包含了两个自己创建的头文件“musicTab. h”和“lcd. h”，“musicTab. h”头文件的内容在前面已经列出，是与音调频率与计数初始值对应的宏定义。“lcd. h”是对“lcd. c”文件中各函数的声明，其内容如下：

```
void delayms(unsigned char);
void LCD_write_commuter(unsigned char);
void LCD_write_data(unsigned char );
void init_lcd();
void lcd_str(unsigned char * ,unsigned char);
```

这样做体现的是一种模块化的设计思想，以后在其他工程中用到 LCD1602 显示屏时，可以直接将“lcd. c”文件添加到工程中，并在主函数文件中包含“lcd. h”头文件。当一个工程下包含多个“ * . c”文件时，工程窗口如图 2-30 所示。

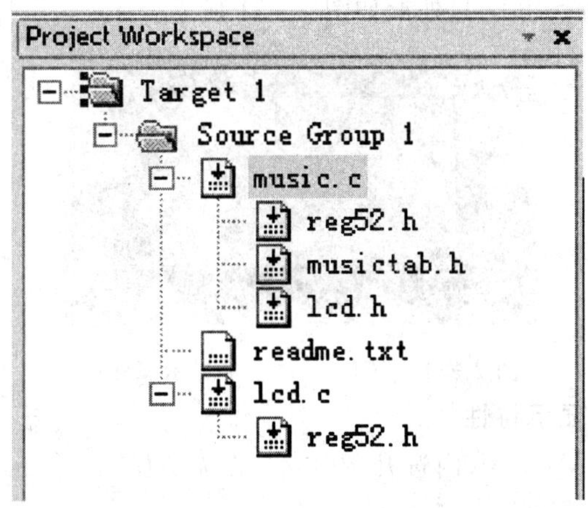


图 2-30　Keil 中包含多个 * . c 文件的工程窗口

**Keil C51 开发环境下，一个工程中可以包含多个“ * . c”文件，但是所有的“ * . c”文件中，只有一个文件包含主函数 main()，因为函数的入口只能有一个。**

(2) 在程序开始定义了数组 birthday_freq[]、birthday_length[]来存放乐曲的音调和节拍，根据乐曲简谱找到相应音调的频率存入 birthday_freq[]中，再将每个音调的节拍数存入 birthday_length[]中，在"Happy Birthday!"乐曲中，一个节拍的时长为 500 ms。在主函数的 while(1)循环中，根据 song_ID 的值，使指针变量 song_freq、song_length、name 指向将要播放乐曲的音调数组、节拍数组、名称数组。

(3) play()函数中，对定时器 0 装入音调频率的初始值，再调用 Delay()函数产生节拍，本程序中用到了两个定时器，对 T0 使用中断方式处理，而对于 T1 则使用查询方式处理，Delay()函数中，对 T1 首先赋初值，"while(! TF1);"语句是不断的查询 T1 的溢出标志位，当 T1 计数满溢出时，TF1 会由硬件置"1"，所以程序中通过查询 TF1 的方法判断定时时间是否达到。

(4) 对于独立按键的处理是通过外中断来做的，考虑到任何时候只要有按键，播放的乐曲就会换向另外一首，如果不使用中断，则只有当前乐曲播放完之后，如果正好有按键，才会进行切换。所以每按一次键就会触发一次外中断，在外中断 0 服务程序中，改变了 song_ID 的值，而且置 button_flag 的值为"1"，在主程序中当查到 button_flag 的值为"1"时，就会立刻停止当前播放的乐曲，根据 song_freq、song_length 的新值来进行播放。

(5) 程序中定义的指针变量"unsigned int * song_freq, * song_length;"，"unsigned char * name;"是指向数组元素的指针变量，"song_freq"是指向存放正在播放乐曲频率的数组元素，"song_length" 是指向存放正在播放乐曲音长的数组元素，"name" 是指向存放正在播放乐曲名称的数组元素。"song_freq＋＋"含义是指向数组的下一个元素。

## 2.4.2 LCD12864 液晶显示屏介绍

12864 是 128×64 点阵液晶模块的点阵数简称，它是一种图形点阵的液晶屏。LCD12864 目前比较流行的有两种，一种是以 KS0108 为主控芯片，不带中文字库，只能靠打点方式才能显示汉字，即要借助取字模软件取出汉字的字模，才能送去显示汉字。另一种是以 ST7920 为主控芯片，自带 ASCII 码和中文字库。这里主要介绍以 ST7920 为主控芯片的 LCD12864 液晶显示屏，其外形如图 2-31 所示。

图 2-31 LCD12864 液晶显示屏外形

### 1. 主要技术参数和显示特性

电源：VDD 为 3.3 V～5 V(内置升压电路，无需负压)；

显示内容：128 列×64 行；

显示颜色：黄绿；

与 MCU 接口：8 位并行、4 位并行或 3 位串行；

配置 0ED 背光；
时钟频率为：2 MHz；
内置汉字字库，提供 8192 个 16×16 点阵汉字；
多种软件功能：光标显示、画面移位、自定义字符、睡眠模式等；
工作温度：0℃～55℃；
存储温度：－20℃～＋60℃。

**2. LCD12864 模块引脚说明**

LCD12864 模块各引脚的功能如表 2－15 所示。

**表 2－15 LCD12864 模块各引脚的功能**

| 引脚号 | 引脚名称 | 方向 | 功能说明 |
|---|---|---|---|
| 1 | VSS | — | 模块的电源地 |
| 2 | VDD | — | 模块的电源正端 |
| 3 | V0 | — | 对比度调整 |
| 4 | RS(CS) | 1/0 | 并行的指令/数据选择信号；串行的片选信号 |
| 5 | R/W(SID) | 1/0 | 并行的读写选择信号；串行的数据口 |
| 6 | E(SCLK) | 1/0 | 并行的使能信号；串行的同步时钟 |
| 7 | DB0 | 1/0 | 数据 0 |
| 8 | DB1 | 1/0 | 数据 1 |
| 9 | DB2 | 1/0 | 数据 2 |
| 10 | DB3 | 1/0 | 数据 3 |
| 11 | DB4 | 1/0 | 数据 4 |
| 12 | DB5 | 1/0 | 数据 5 |
| 13 | DB6 | 1/0 | 数据 6 |
| 14 | DB7 | 1/0 | 数据 7 |
| 15 | PSB | 1/0 | 并/串行接口选择：1，并行；0，串行 |
| 16 | NC | | 空脚 |
| 17 | $\overline{\text{RET}}$ | 1/0 | 复位，低电平有效 |
| 18 | VOUT | | LCD 驱动电压输出端 |
| 19 | LED_A | — | 背光源正极(LED+5V) |
| 20 | LED_K | — | 背光源负极(LED−0V) |

RS 和 RW 配合选择决定单片机对显示屏的四种控制方式：
(1) RS=0；RW=0：单片机写指令到指令暂存器；
(2) RS=0；RW=1：读出忙标志(BF)及地址计数器(AC)的状态；
(3) RS=1；RW=0：单片机写数据到数据暂存器；
(4) RS=1；RW=1；单片机从数据暂存器中读数据。

**3. LCD12864 的工作时序**

(1) 8 位并行写操作时序如图 2－32 所示。

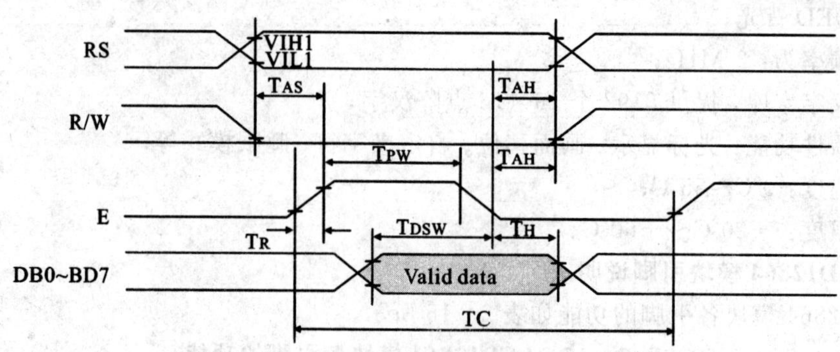


图 2-32　LCD12864 并行写操作时序

(2) 8 位并行读操作时序如图 2-33 所示。

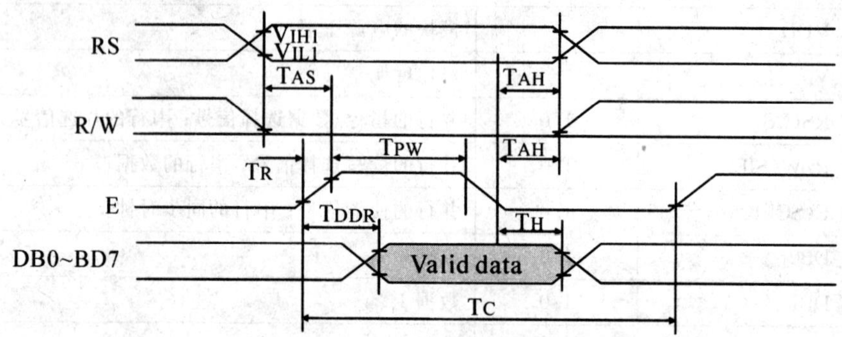


图 2-33　LCD12864 并行读操作时序

(3) 串行读/写工作时序如图 2-34 所示。

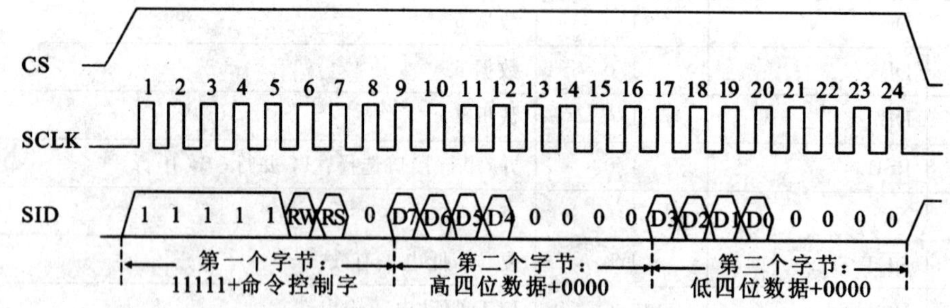


图 2-34　串行读/写工作时序

由图 2-34 可见，串行数据传送共分三个字节完成：

第一字节：串口控制，格式为 11111ABC。A＝RW，为数据传送方向控制，1 表示数据从显示器到单片机，0 表示数据从单片机到显示器。B＝RS，为数据类型选择，1 表示数据是显示数据，0 表示数据是控制指令 C 固定为 0。

第二字节：(并行)8 位数据的高 4 位，格式 D7D6D5D40000。

第三字节：(并行)8 位数据的低 4 位，格式 D3D2D1D00000。

**4. 指令介绍**

(1) 基本指令集如表 2-16 所示。

**表2-16　基本指令集表(RE=0：基本指令集)**

| 指令 | 指令码 | | | | | | | | 说　明 |
|---|---|---|---|---|---|---|---|---|---|
| | DB7 | DB6 | DB5 | DB4 | DB3 | DB2 | DB1 | DB0 | |
| 清除显示 | 0 | 0 | 0 | 0 | 0 | 0 | 0 | 1 | 将DDRAM填满“20H”，并且设定DDRAM的地址计数器(AC)到“001” |
| 地址归位 | 0 | 0 | 0 | 0 | 0 | 0 | 1 | X | 设定DDRAM的地址计数器(AC)到“001”，并且将游标移到开头原点位置，这个指令并不改变DDRAM的内容 |
| 进入点设定 | 0 | 0 | 0 | 0 | 0 | 1 | I/D | S | 指定在资料的读取与写入时，设定游标移动方向及指定显示的移位 |
| 显示状态开/关 | 0 | 0 | 0 | 0 | 1 | D | C | B | D=1：整体显示ON；<br>C=1：游标ON；<br>B=1：游标位置反白ON |
| 游标或显示移位控制 | 0 | 0 | 0 | 1 | S/C | R/0 | X | X | 设定游标的移动与显示的移位控制位，这个指令并不改变DDRAM的内容 |
| 功能设定 | 0 | 0 | 1 | D0 | X | RE | X | X | D0=0/1：4位并行/8位并行；<br>RE=1：扩充指令集动作；<br>RE=0：基本指令集动作 |
| 设定CGRA地址 | 0 | 1 | AC5 | AC4 | AC3 | AC2 | AC1 | AC0 | 设定CGRAM地址到地址计数器(AC) |
| 设定DDRAM地址 | 1 | AC6 | AC5 | AC4 | AC3 | AC2 | AC1 | AC0 | 设定DDRAM地址到地址计数器(AC) |
| 读取忙碌标志(BF)和地址 | BF | AC6 | AC5 | AC4 | AC3 | AC2 | AC1 | AC0 | 读取忙碌标志(BF)可以确认内部动作是否完成，同时可以读出地址计数器(AC)的值 |

(2) 扩充指令集如表2-17所示。

**表2-17　扩充指令集表(RE=1：扩充指令集)**

| 指令 | 指令码 | | | | | | | | 说　明 |
|---|---|---|---|---|---|---|---|---|---|
| | DB7 | DB6 | DB5 | DB4 | DB3 | DB2 | DB1 | DB0 | |
| 待命模式 | 0 | 0 | 0 | 0 | 0 | 0 | 0 | 1 | 将DDRAM填满“20H”，并且设定DDRAM的地址计数器(AC)到“00H” |

续表

| 指令 | 指令码 | | | | | | | | 说　明 |
|---|---|---|---|---|---|---|---|---|---|
| | DB7 | DB6 | DB5 | DB4 | DB3 | DB2 | DB1 | DB0 | |
| 卷动地址或 IRAM 地址选择 | 0 | 0 | 0 | 0 | 0 | 0 | 1 | SR | SR＝1：允许输入垂直卷动地址；SR＝0：允许输入 IRAM 地址 |
| 反白选择 | 0 | 0 | 0 | 0 | 0 | 1 | R1 | R0 | 选择 4 行中的任一行作反白显示，并可决定反白与否 |
| 睡眠模式 | 0 | 0 | 0 | 0 | 1 | S0 | X | X | S0＝1：脱离睡眠模式；S0＝0：进入睡眠模式 |
| 扩充功能设定 | 0 | 0 | 1 | 1 | X | RE | G | 0 | RE＝1：扩充指令集动作；RE＝0：基本指令集动作；G＝1：绘图显示 ON；G＝0：绘图显示 OFF |
| 设定 IRAM 地址或卷动地址 | 0 | 1 | AC5 | AC4 | AC3 | AC2 | AC1 | AC0 | SR＝1：AC5～AC0 为垂直卷动地址；SR＝0：AC3～AC0 为 ICON IRAM 地址 |
| 设定绘图 RAM 地址 | 1 | AC6 | AC5 | AC4 | AC3 | AC2 | AC1 | AC0 | 设定 CGRAM 地址到地址计数器(AC) |

具体指令介绍：

(1) 清除显示——0x01。

CODE：

| RW | RS | DB7 | DB6 | DB5 | DB4 | DB3 | DB2 | DB1 | DB0 |
|---|---|---|---|---|---|---|---|---|---|
| 0 | 0 | 0 | 0 | 0 | 0 | 0 | 0 | 0 | 1 |

功能：清除显示屏幕，把 DDRAM 位址计数器调整为“00H”。

(2) 位址归位——0x02 或 0x03。

CODE：

| RW | RS | DB7 | DB6 | DB5 | DB4 | DB3 | DB2 | DB1 | DB0 |
|---|---|---|---|---|---|---|---|---|---|
| 0 | 0 | 0 | 0 | 0 | 0 | 0 | 0 | 1 | X |

功能：把 DDRAM 位址计数器调整为“00H”，游标回原点，该功能不影响显示 DDRAM。

(3) 进入点设定——0x08/0/x04/0x05/0x06。

CODE：

| RW | RS | DB7 | DB6 | DB5 | DB4 | DB3 | DB2 | DB1 | DB0 |
|---|---|---|---|---|---|---|---|---|---|
| 0 | 0 | 0 | 0 | 0 | 0 | 0 | 1 | I/D | S |

功能：设定光标移动方向并指定整体显示是否移动。I/D＝1，光标右移；I/D＝0，光标

左移；S=1 且 DDRAM 为写状态，整体显示移动，方向由 I/D 决定；S=0 或 DDRAM 为读状态，整体显示不移动。

(4) 显示状态　开/关——(0x08/0xC0/0xE0/0xF0)。

| CODE： | RW | RS | DB7 | DB6 | DB5 | DB4 | DB3 | DB2 | DB1 | DB0 |
|---|---|---|---|---|---|---|---|---|---|---|
| | 0 | 0 | 0 | 0 | 0 | 0 | 1 | D | C | B |

功能：D=1，整体显示 ON；C=1，游标 ON；B=1；游标位置 ON。

(5) 游标或显示移位控制——0x10/0x14/0x18/0x1C。

| CODE： | RW | RS | DB7 | DB6 | DB5 | DB4 | DB3 | DB2 | DB1 | DB0 |
|---|---|---|---|---|---|---|---|---|---|---|
| | 0 | 0 | 0 | 0 | 0 | 1 | S/C | R/0 | X | X |

功能：设定游标的移动与显示的移位控制位。0x10/0x14：光标左/右移动，0x18/0x1C：整体显示左右移动，光标跟随移动。这个指令并不改变 DDRAM 的内容。

(6) 功能设定——0x30==基本指令集、0x34==扩充指令集。

| CODE： | RW | RS | DB7 | DB6 | DB5 | DB4 | DB3 | DB2 | DB1 | DB0 |
|---|---|---|---|---|---|---|---|---|---|---|
| | 0 | 0 | 0 | 0 | 1 | D0 | X | 0 RE | X | X |

功能：D0=1(必须设为 1)；RE=1：扩充指令集动作；RE=0：基本指令集动作。

(7) 设定 CGRAM 位址(40H～7FH)

| CODE： | RW | RS | DB7 | DB6 | DB5 | DB4 | DB3 | DB2 | DB1 | DB0 |
|---|---|---|---|---|---|---|---|---|---|---|
| | 0 | 0 | 0 | 1 | AC5 | AC4 | AC3 | AC2 | AC1 | AC0 |

功能：设定 CGRAM 位址到位址计数器(AC)。

(8) 设定 DDRAM 位址(80H～90H)。

| CODE： | RW | RS | DB7 | DB6 | DB5 | DB4 | DB3 | DB2 | DB1 | DB0 |
|---|---|---|---|---|---|---|---|---|---|---|
| | 0 | 0 | 1 | AC6 | AC5 | AC4 | AC3 | AC2 | AC1 | AC0 |

功能：设定 DDRAM 位址到位址计数器(AC)。

(9) 读取忙碌状态(BF)和位址。

| CODE： | RW | RS | DB7 | DB6 | DB5 | DB4 | DB3 | DB2 | DB1 | DB0 |
|---|---|---|---|---|---|---|---|---|---|---|
| | 0 | 1 | BF | AC6 | AC5 | AC4 | AC3 | AC2 | AC1 | AC0 |

功能：读取忙碌状态(BF)可以确认内部动作是否完成，同时可以读出位址计数器(AC)的值。BF=1 表示状态忙。

(10) 写资料到 RAM。

| CODE： | RW | RS | DB7 | DB6 | DB5 | DB4 | DB3 | DB2 | DB1 | DB0 |
|---|---|---|---|---|---|---|---|---|---|---|
| | 1 | 0 | D7 | D6 | D5 | D4 | D3 | D2 | D1 | D0 |

功能：写入资料到内部的 RAM(DDRAM/CGRAM/TRAM/GDRAM)。

(11) 读出 RAM 的值。

| CODE： | RW | RS | DB7 | DB6 | DB5 | DB4 | DB3 | DB2 | DB1 | DB0 |
|---|---|---|---|---|---|---|---|---|---|---|

| 1 | 1 | D7 | D6 | D5 | D4 | D3 | D2 | D1 | D0 |
|---|---|---|---|---|---|---|---|---|---|

功能：从内部 RAM 读取资料(DDRAM/CGRAM/TRAM/GDRAM)。

(12) 待命模式——0x01。

| CODE: RW | RS | DB7 | DB6 | DB5 | DB4 | DB3 | DB2 | DB1 | DB0 |
|---|---|---|---|---|---|---|---|---|---|
| 0 | 0 | 0 | 0 | 0 | 0 | 0 | 0 | 0 | 1 |

功能：进入待命模式，执行其他命令都可终止待命模式。

(13) 卷动位址或 IRAM 位址选择——0x02/0x03。

| CODE: RW | RS | DB7 | DB6 | DB5 | DB4 | DB3 | DB2 | DB1 | DB0 |
|---|---|---|---|---|---|---|---|---|---|
| 0 | 0 | 0 | 0 | 0 | 0 | 0 | 0 | 1 | SR |

功能：SR=1，允许输入卷动位址；SR=0，允许输入 IRAM 位址。

(14) 反白选择——0x04/0x05。

| CODE: RW | RS | DB7 | DB6 | DB5 | DB4 | DB3 | DB2 | DB1 | DB0 |
|---|---|---|---|---|---|---|---|---|---|
| 0 | 0 | 0 | 0 | 0 | 0 | 0 | 1 | R1 | R0 |

功能：选择 4 行中的任一行作反白显示，并可决定反白与否。

(15) 睡眠模式——0x08/0x0C。

| CODE: RW | RS | DB7 | DB6 | DB5 | DB4 | DB3 | DB2 | DB1 | DB0 |
|---|---|---|---|---|---|---|---|---|---|
| 0 | 0 | 0 | 0 | 0 | 0 | 1 | S0 | X | X |

功能：S0=1，脱离睡眠模式；S0=0，进入睡眠模式。

(16) 扩充功能设定——0x36/0x30/0x34。

| CODE: RW | RS | DB7 | DB6 | DB5 | DB4 | DB3 | DB2 | DB1 | DB0 |
|---|---|---|---|---|---|---|---|---|---|
| 0 | 0 | 0 | 0 | 1 | 1 | X | 1 RE | G | 0 |

功能：RE=1，扩充指令集动作；RE=0，基本指令集动作；G=1，绘图显示 ON；G=0，绘图显示 OFF。

(17) 设定 IRAM 位址或卷动位址(40H～7FH)。

| CODE: RW | RS | DB7 | DB6 | DB5 | DB4 | DB3 | DB2 | DB1 | DB0 |
|---|---|---|---|---|---|---|---|---|---|
| 0 | 0 | 0 | 1 | AC5 | AC4 | AC3 | AC2 | AC1 | AC0 |

功能：SR=1，AC5～AC0 为垂直卷动位址；SR=0，AC3～AC0 写 ICONRAM 位址。

(18) 设定绘图 RAM 位址(80H～FFH)。

| CODE: RW | RS | DB7 | DB6 | DB5 | DB4 | DB3 | DB2 | DB1 | DB0 |
|---|---|---|---|---|---|---|---|---|---|
| 0 | 0 | 1 | AC6 | AC5 | AC4 | AC3 | AC2 | AC1 | AC0 |

功能：设定 GDRAM 位址到位址计数器(AC)。先设定垂直位置再设定水平位置，连续写入 2 个字节数据来完成垂直与水平坐标的设定。垂直地址范围：AC6～AC0；水平地址范围：AC3～AC0。

**5. 显示坐标关系**

1) 图形显示坐标(GDRAM)

水平方向 X 以字节为单位，垂直方向 Y 以位为单位，绘图显示坐标如图 2-35 所示。

绘图显示 RAM 提供 128×8 个字节的记忆空间，在更改绘图 RAM 时，先连续写入水平与垂直的坐标值，再写入两个字节的数据到绘图 RAM，而地址计数器(AC)会自动加一；在写入绘图 RAM 的期间，绘图显示必须关闭，整个写入绘图 RAM 的步骤如下：

(1) 关闭绘图显示功能；

(2) 先将水平的位元组坐标(X)写入绘图 RAM 地址；

(3) 再将垂直的坐标(Y)写入绘图 RAM 地址；

(4) 将 D15～D8 写入到 RAM 中；

(5) 将 D7～D0 写入到 RAM 中；

(6) 打开绘图显示功能。

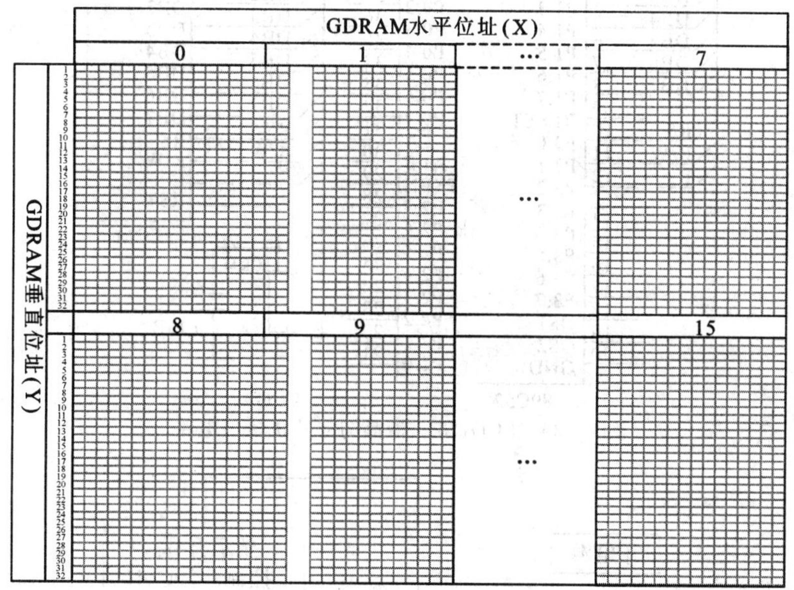


图 2-35　LCD12864 绘图显示坐标

2) 文本显示(DDRAM)

文本显示 RAM 提供 8 个×4 行的汉字空间，当写入文本显示 RAM 时，可以分别显示 CGROM、HCGROM 与 CGRAM 的字型；ST7920A 可以显示三种字型，分别是半宽的 HCGROM 字型、CGRAM 字型及中文 CGROM 字型。三种字型的选择，由在 DDRAM 中写入的编码选择，在 0000H～0006H 的编码中将自动地结合下一个位元组，组成两个位元组的编码达成中文字型的编码(A140～D75F)，各种字型详细编码如下。

显示半宽字型：将一位字节写入 DDRAM 中，范围为 02H～7FH 的编码。

显示 CGRAM 字型：将两字节编码写入 DDRAM 中，总共有 0000H，0002H，0004H，0006H 四种编码。

显示中文字形：将两字节编码写入 DDRAMK，范围为 A1A1H～F7FEH(GB 码)或 A140H～D75FH(BIG5 码)的编码。

显示汉字的坐标关系如表 2-18 所示。

表 2-18 汉字显示坐标

| Y 坐标 | X 坐标 | | | | | | | |
|---|---|---|---|---|---|---|---|---|
| 0ine1 | 80H | 81H | 82H | 83H | 84H | 85H | 86H | 87H |
| 0ine2 | 90H | 91H | 92H | 93H | 94H | 95H | 96H | 97H |
| 0ine3 | 88H | 89H | 8AH | 8BH | 8CH | 8DH | 8EH | 8FH |
| 0ine4 | 98H | 99H | 9AH | 9BH | 9CH | 9DH | 9EH | 9FH |

**6. LCD12864 液晶与单片机接口及程序设计**

LCD12864 液晶与单片机接口电路如图 2-36 所示，初始化流程图如图 2-37 所示。

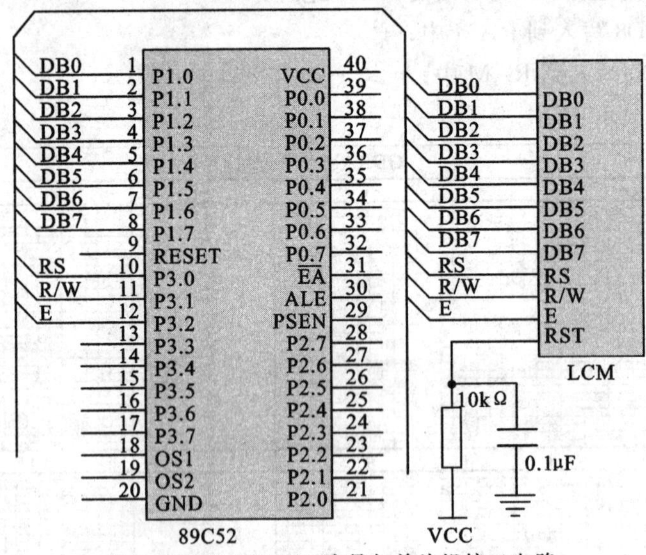


图 2-36 LCD12864 液晶与单片机接口电路

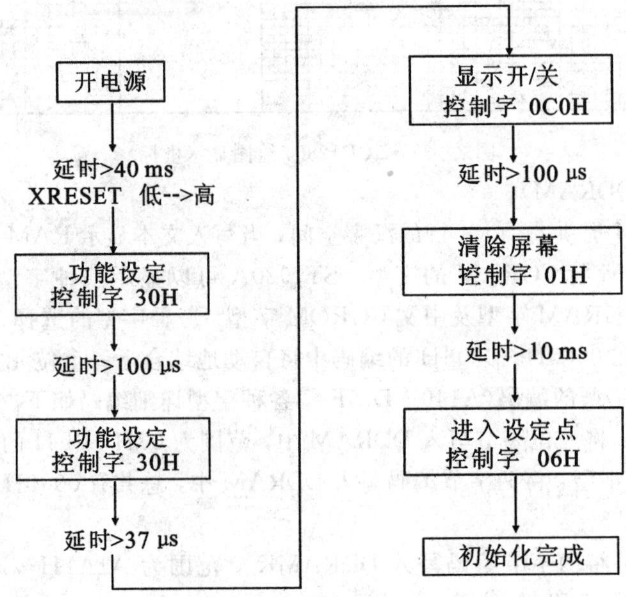


图 2-37 LCD12864 液晶初始化流程图

关于 LCD12864 的程序控制模块如下：

```
# define LCD_data P1          //数据口
sbit LCD_RS = P3^0;           //寄存器选择输入
sbit LCD_RW = P3^1;           //液晶读/写控制
sbit LCD_EN = P3^2;           //液晶使能控制
//sbit LCD_PSB = P2^3;        //串/并方式控制
sbit LCD_RST = P2^3;          //液晶复位端口
/*********************************************************/
/* 函数名：lcd_wcmd()                                     */
/* 函数功能：写指令；                                      */
/* 入口参数：cmd——要写入的指令码                           */
/*********************************************************/
void lcd_wcmd(uchar cmod)
{
    LCD_RS=0;
    LCD_RW=0;
    LCD_EN=1;
    delay(5);
    LCD_data=cmod;
    delay(5);
    LCD_EN=0;
}
/*********************************************************/
/* 函数名：chk_busy()                                     */
/* 函数功能：检查忙(BF 是否为 1)                           */
/*********************************************************/
void chk_busy()
{
    LCD_RS=0 ;
    LCD_RW=1 ;
    LCD_EN=1 ;
    LCD_data=0xff;
    while((LCD_data&0x80)==0x80);
    LCD_EN=0;
}
/*********************************************************/
/* 函数名：clear_lcd()                                    */
/* 函数功能：清屏                                          */
/*********************************************************/
void clear_lcd()
{
    lcd_wcmd(0x01);
}
```

```
/*************************************************************/
/* 函数名：lcd_wdat()                                          */
/* 函数功能：写数据；                                          */
/* 入口参数：dat——要写入的数据                                 */
/*************************************************************/
void lcd_wdat(uchar dat)
{
    LCD_RS=1;
    LCD_RW=0;
    LCD_EN=1;
    delay(5);
    P0=dat;
    delay(5);
    LCD_EN = 0;
}
/*************************************************************/
/* 函数名：lcd_init()                                          */
/* 函数功能：lcd 初始化                                        */
/*************************************************************/
void lcd_init()
{
    LCD_EN=0;
    LCD_RST=0;                 //低电平有效
    delay(5);
    LCD_RST=1;
    lcd_wcmd(0x34); delay(5); //扩充指令操作
    lcd_wcmd(0x30); delay(5); //基本指令操作
    lcd_wcmd(0x01); delay(5); //清除 LCD 的显示内容
    lcd_wcmd(0x0c); delay(5); //显示开，关光标
}
/*************************************************************/
/* 函数名：lcd_setxy()                                         */
/* 函数功能：确定显示字符的位置                                */
/* 入口参数：x——第几行，Y——列坐标                              */
/*************************************************************/
void lcd_setxy(uchar x,uchar y)
{
    unsigned char addr;
    switch(x)
    {
        case 0:
        addr=0x80+y;
        break;
```

```
        case 1:
        addr=0x90+y;
        break;
        case 2:
        addr=0x88+y;
        break;
        case 3:
        addr=0x98+y;
        break;
    }
        lcd_wcmd(addr);
}
/****************************************************************
函数名 lcd_display_str():
函数功能:显示字符串
入口参数:str[] ——要显示的字符串首地址
****************************************************************/
void lcd_display_str(uchar x,uchar y,uchar str[])
{
       unsigned char i=0;
    lcd_setxy(x,y);
      for(i=0;str[i]!='\0';i++)
      {
        lcd_wdat(str[i]);
        if((i+y*2)==15) lcd_setxy(x+1,0);
        if((i+y*2)==31) lcd_setxy(x+2,0);
        if((i+y*2)==47) lcd_setxy(x+3,0);
        delay(30);
    }
}
/****************************************************************
函数名:clrgdram()
函数功能:清整个 GDRAM 空间
****************************************************************/
void clrgdram()
{
        uchar x,y,ii;
      uchar Temp;
    Temp=0x00;
lcd_wcmd(0x36);//扩充指令   绘图显示
 for(ii=0;ii<9;ii+=8)
  for(y=0;y<0x20;y++)
  { for(x=0;x<8;x++)
```

```
        {
          lcd_wcmd(y+0x80);    //行地址
          lcd_wcmd(x+0x80+ii);    //列地址
          lcd_wdat(Temp); //写数据 D15-D8
          lcd_wdat(Temp); //写数据 D7-D0
        }
      }
 lcd_wcmd(0x30);
}
/*****************************************************
函数名：ReadByte(void)
函数功能：从 LCD 读数据
*****************************************************/
unsigned char ReadByte(void)
{
        unsigned char byReturnValue ;
        chk_busy();
        LCD_data=0xff ;
        LCD_RS=1 ;
        LCD_RW=1 ;
        LCD_EN=0 ;
        LCD_EN=1 ;
        byReturnValue=LCD_data ;
        LCD_EN=0 ;

        return byReturnValue ;
}
/********************增加画点程序*********************/
/*   Y——0~63                                      */
/*************************************************/
函数名：DrawPoint();
函数功能：在指定位置画点
入口参数：X——x 坐标，Y——y 坐标
*************************************************/
void DrawPoint(unsigned char X,unsigned char Y)
{   unsigned char Row,lie,lie_bit ;
    unsigned char ReadOldH,ReadOldL ;
    lcd_wcmd(0x34); //8 位，扩充指令，绘图关
    lcd_wcmd(0x36); //8 位，扩充指令，绘图开
    lie=X>>4 ; //lie=X/16; 计算出 X 字节地址(0X80-0X8F)
    lie_bit=X&0x0f ; //lie=X%16;计算出该字节的具体位(0-15)
    if(Y<32)
        Row=Y ;      //位置在上半屏
```

```
    else
    {
        Row=Y-32 ;  //位置在下半屏
        lie+=8 ;
    }
//先读该位置原来数据
    lcd_wcmd(Row+0x80); // 第一步：设置 Y 坐标，读数据先写地址，写 GDRAM 时先写
                        垂直
                        //地址(0X80-0X9F)
    lcd_wcmd(lie+0x80); //第二步：设置 X 坐标
    ReadByte();        //第三步：空读取一次
    ReadOldH=ReadByte(); //第四步：读取高字节，先读高字节
    ReadOldL=ReadByte(); //第五步：读取低字节
    //图形模式下的写数据操作
    lcd_wcmd(Row+0x80); //第一步：设置 Y 坐标
    lcd_wcmd(lie+0x80); //第二步：设置 X 坐标
    if(lie_bit<8) //判断是高字节
    {   ReadOldH|=(0x01<<(7-lie_bit));
        lcd_wdat(ReadOldH);
        lcd_wdat(ReadOldL);
    }
    else                //判断是低字节
    {   ReadOldL|=(0x01<<(15-lie_bit));

         lcd_wdat(ReadOldH);
         lcd_wdat(ReadOldL);
    }
    lcd_wcmd(0x30);
}
/*******************************************************/
函数名：LCD12864_LineX()
函数功能：画水平线
入口参数：X0——水平线起始坐标，X1——水平线终止坐标，Y——水平线垂直位置
*******************************************************/

void LCD12864_LineX(unsigned char X0, unsigned char X1, unsigned char Y)
{
  unsigned char Temp ;
  if( X0 > X1 )
  {
Temp = X1 ;  //交换 X0 X1 值
X1 = X0 ;  //大数存入 X1
X0 = Temp;  //小数存入 X0
```

```
}
for( ; X0 <= X1 ; X0++ )
DrawPoint(X0,Y);
}
/*********************************************************/
函数名: LCD12864_LineY()
函数功能: 画垂直线
入口参数: Y0——水平线起始坐标, Y1——水平线终止坐标, X——水平线垂直位置
*********************************************************/
void LCD12864_LineY( unsigned char X, unsigned char Y0, unsigned char Y1)
{
unsigned char Temp ;
if( Y0 > Y1 )//交换大小值
{
Temp = Y1 ;
Y1 = Y0 ;
Y0 = Temp ;
}
for(; Y0 <= Y1 ; Y0++)
DrawPoint( X, Y0) ;
}
/*********************************************************/
函数名: hua_zuobiao()
函数功能: 画坐标系
*********************************************************/
void hua_zuobiao()
{   uchar i;
    LCD12864_LineX(0,127,60);              // 画 X 轴
    DrawPoint(125,57);                     //画 X 轴尖箭头
    DrawPoint(126,58);
    DrawPoint(127,59);
    DrawPoint(125,63);
    DrawPoint(126,62);
    DrawPoint(127,61);
    for(i=0;i<7;i++)
      DrawPoint(18+i*16,59);              // 画 X 坐标间距
    LCD12864_LineY(3,0,63);               //画 Y 轴
    DrawPoint(0,3);                       //画 Y 轴尖箭头
    DrawPoint(1,2);
    DrawPoint(2,1);
    DrawPoint(4,1);
    DrawPoint(5,2);
    DrawPoint(6,3);
```

```
    for(i=0;i<8;i++)                    //画Y坐标间距
      DrawPoint(4,4+i*8);
}
```

## 2.5 项目总结

本章主要通过“可调式电子闹钟系统设计”和“电子音乐盒设计”介绍了51单片机内部定时器的结构及应用，以及51单片机与数码管、键盘的接口及程序控制。关于单片机定时/计数器的应用及与外围器件的接口电路，在使用中应注意以下几点：

(1) 51单片机系统中的定时器有四种工作方式，可以通过TMOD寄存器控制定时/计数器的工作方式。对于定时/计数器计满溢出可采用中断和查询TF0(TF1)的方式进行处理。

(2) 在单片机定时中断服务程序的编写中，要注意中断号与中断源要保持一致。

(3) 51单片机对数码管的控制主要有静态显示和动态显示，静态显示适用于数据管较少的系统，当所需数据管较多时，宜采用动态显示，动态显示的核心思想是分时轮流显示。

(4) 51单片机与键盘的接口电路较为简单，但是要注意键盘消抖动的处理，键盘消抖动主要有硬件和软件方法，单片机系统中常用软件延时来消抖动。

## 习 题

1. 51单片机定时/计数器工作于定时和计数方式时有什么异同点？

2. 51单片机定时/计数器的4种工作方式各有什么特点？

3. 当定时/计数器T0为工作方式3时，定时/计数器T1可以工作在何种方式下？如何控制T1的开启和关闭？

4. 单片机对数码管的控制方式有几种？每种方式各有什么特点？

5. 键盘消抖动的方法有几种？并具体描述。

6. 利用定时/计数器T0从P1.0输出周期为100 ms，脉宽为20 ms的正脉冲信号，晶振频率为12 MHz。试设计程序。

7. 试用定时/计数器T1对外部事件计数。要求每计数100，就将T1改成定时方式，控制P1.7输出一个脉宽为10 ms的正脉冲，然后又转为计数方式，如此反复循环。设晶振频率为12 MHz。

# 项目 3　单片机与 PC 机通信系统设计

## 3.1 项目要求

单片机与外部 PC 机进行数据通信可以通过并行接口和串行接口两种方式来实现。通常，单片机与外围芯片之间，如与存储器、I/O 接口等之间常采用并行通信方式；而单片机与外部系统之间，如单片机与单片机、单片机与 PC 机等之间常采用串行通信方式。

本项目实现的就是单片机与 PC 机之间的双向串行数据通信，利用单片机的串行口工作，连接单片机和 PC 机，使双方可以进行数据传输和交换。通过这个项目要求掌握单片机串行口的工作方式，以及如何实现单片机与 PC 机之间的数据交换。

项目重难点：

(1) 串行通信的基本知识；

(2) 串行通信接口标准 RS－232C；

(3) 51 单片机串行通信接口的组成；

(4) 51 单片机的串行口工作原理；

(5) 51 单片机与外设通信的软件编写。

技能培养：

(1) 掌握 51 单片机串行口工作原理及应用；

(2) 掌握 51 单片机串行口工作电路的分析与设计方法；

(3) 熟练编写单片机串行口通信的发送和接收数据程序；

(4) 掌握 PC 机与单片机串行口通信的工作方法。

## 3.2 理论知识

### 3.2.1 串行通信

CPU 与外部设备的信息交换称为通信。基本的通信方式有并行通信和串行通信两种。

并行通信是数据字符所有位同时传送的通信方式。其优点是传递速度快，缺点是数据有多少位，就需要多少根数据线。并行通信不适合于位数多、传送距离远的通信。

串行通信是组成数据的所有位通过一条数据线一位一位地传送的通信方式。其突出优点是只需一对传送线，大大降低了传送成本；其缺点是传送速度相对较慢。串行通信适用于远距离通信。

单片机广泛应用于工业控制和数据采集系统中。它们通常远离系统主机，采用串行通信可以大大降低成本，并可提高系统的可靠性(信号线减少，降低了线路故障)。

**1. 串行通信的分类**

按照串行数据的时钟控制方式，串行通信可分为同步通信和异步通信两类。

1）异步通信

在异步通信中，数据通常是以字符为单位组成字符帧传送的。字符帧也称数据帧，由起始位、数据位、奇偶校验位和停止位等 4 部分组成，异步通信的字符帧格式如图 3－1 所示。

(1) 起始位：位于字符帧开头，只占 1 位，为逻辑低电平“0”，用来通知接收设备，发送端开始发送数据。线路上在不传送字符时应保持为“1”。接收端不断检测线路的状态，若连续为“1”，以后又测到 1 个“0”，就知道将要发来 1 个新字符，应马上准备接收。

(2) 数据位：数据位(D0～D7)紧接在起始位后面，通常为 5～8 位，依据数据位由低到高的顺序依次传送。

(3) 奇偶校验位：奇偶校验位只占 1 位，紧接在数据位后面，表征串行通信中采用奇校验还是偶校验，也可用这 1 位(I/O)来确定这一帧中的字符所代表信息的性质(地址/数据等)。

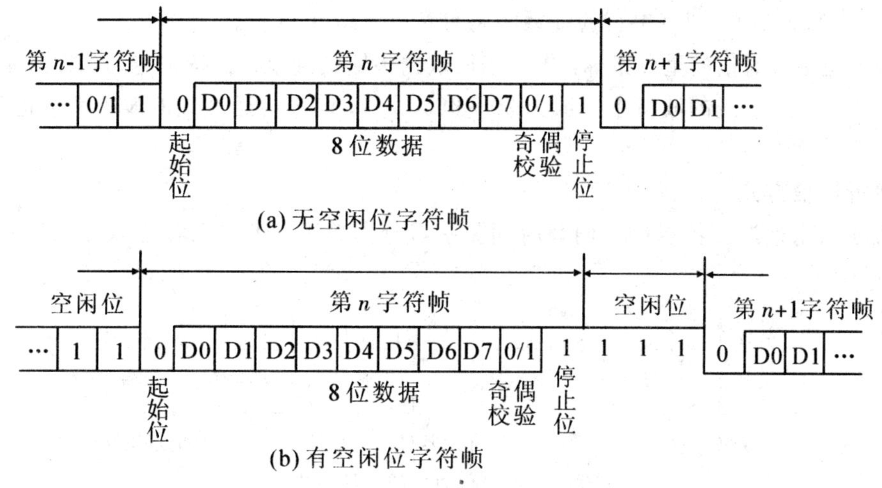


图 3－1　串行异步通信的字符帧格式

(4) 停止位：位于字符帧的最后，表征字符的结束，它一定是高电平(逻辑“1”)。停止位可以是 1 位、1.5 位或 2 位。接收端收到停止位后，知道上一字符已传完，同时也为接收下一字符作好准备(只要再收到“0”就是新的字符的起始位)。若停止位以后不是紧接着传送下一个字符，则让线路上保持为“1”。图 3－1(a)表示 1 个字符紧接 1 个字符传送的情况，上一个字符的停止位和下一个字符的起始位是紧相邻的；图 3－1(b)则是 2 个字符间有空闲位的情况，空闲位为“1”，线路处于等待状态。存在空闲位正是异步通信的特征之一。

在异步通信中，字符帧由发送端一帧一帧地发送，每一帧数据均是低位在前，高位在后，通过传输线被接收端一帧一帧地接收。一帧字符与一帧字符之间可以是连续的，也可以是间断的，这完全由发送方根据需要来决定。在进行异步传送时，发送端和接收端可以有各自独立的时钟脉冲控制数据的发送和接收，这两个时钟彼此独立，互不同步。由于发送端不需要传送同步时钟到接收端，因此异步通信对硬件要求较低，实现起来比较简单、灵活，适用于数据的随机发送/接收。但因其每个字节都要建立一次同步，即每个字符都要额外附加两位，所以传输速度较低。在单片机中主要采用异步通信方式。

2）同步通信

同步通信时，发送设备和接收设备采用同步时钟频率，发送设备先发送串行通信数据同步信号给接收设备，接收设备接收到同步信号后，开始进行串行数据块的传送，当串行数据块传送完毕时，发送设备发送结束串行通信同步数据，停止串行通信。同步通信的数据块格式如图 3-2 所示。同步串行通信一次发送的数据量大，但需要发送和接收设备的串行控制时钟频率保持严格同步，这在实际系统中较难实现也不经济。

图 3-2 串行同步通信的数据块格式

**2. 串行通信的波特率**

在串行通信中，数据是按位进行传送的，每秒内传送的二进制数的位数就是波特率。单位是位/秒，用 b/s 表示。例如，某串行通信系统的波特率为 9600 b/s，就是说该串行通信系统每秒传送 9600 个二进制位。如果每个字符格式包含 10 个代码位(1 个起始位和 1 个停止位、8 个数据位)，则该串行通信系统每秒传送 960 个字符。

波特率是串行通信的重要指标，用于表征数据传输的速度。波特率越高，数据的传输速度越快。异步传送方式的波特率一般为 50～9600 b/s，同步传送方式的波特率可达 56 kb/s 或更高。

**3. 串行通信方式**

串行通信根据数据传送的方向及时间关系可分为单工、半双工和全双工三种制式，如图 3-3 所示。

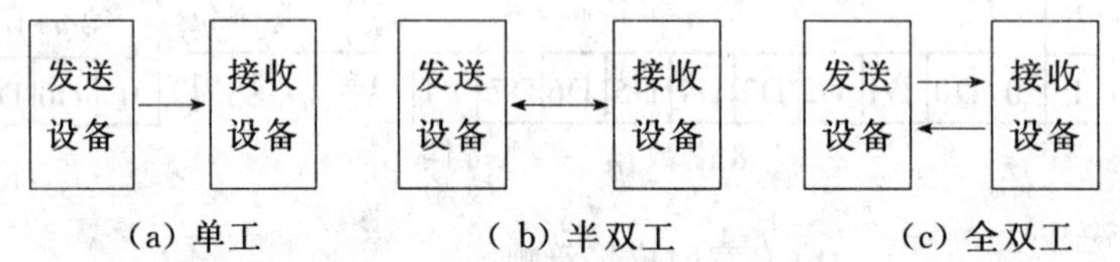


图 3-3 串行通信的三种制式

单工制式是指甲乙双方通信时只能单向传送数据，不能反向传输，发送方和接收方固定，如图 3-3(a)所示。

半双工制式是指通信双方都具有发送设备和接收设备，既可发送也可接收，但不能同时接收和发送，发送时不能接收，接收时不能发送，其方向可以由开关控制，如图 3-3(b)所示。

全双工制式是指通信双方均设有发送设备和接收设备，并且信道划分为发送信道和接收信道，因此全双工制式可实现甲乙双方同时发送和接收数据，发送时能接收，接收时也能发送，数据可以同时进行双向传输，如图 3-3(c)所示。

**4. 串行通信协议**

通信协议是指单片机之间进行信息传输时的一些约定，包括通信方式、波特率、双机之间握手信号的约定等。为了保证单片机之间能准确、可靠地通信，相互之间必须遵循统一的通信协议，在通信之前一定要设置好。

串行通信的格式及约定(如同步方式、通信速率、数据块格式、信号电平等)不同，就形成了多种不同的串行通信的协议与接口标准。其中常见的有通用异步收发器(UART)、通用串行总线(USB)、$I^2C$总线、CAN总线、SPI总线、RS-485，RS-232C，RS-449，RS-422A标准等。

通用异步收发器UART(Universal Asynchronous Receiver/Transmitter)是串行接口的核心部件，同步通信的接口电路称为USRT(Universal Sychronous Receiver/Transmitter)，异步和同步通信共用的接口电路称为USART(Universal Sychronous Asychronous Receiver/Transmitter)。

## 3.2.2　串行通信接口标准RS-232C

在满足约定的波特率、工作方式和特殊功能寄存器的设定之外，串行通信的双方必须采用相同的通信协议和相同的接口标准，才能进行正常的通信。由于不同串行接口的信号线定义、电器规格等特性不同，因此要使这些设备能够互相连接，需要统一的串行接口。RS-232C为比较常用的串行通信接口标准。

RS-232C接口标准的全称是EIARS-232C标准，其中EIA(Electronic Industry Association)代表美国电子工业协会，RS(Recommended Standard)代表EIA的"推荐标准"，232为标识号。

RS-232定义了计算机系统的一些数据终端设备(DTE)和数据电路终接设备(DCE)之间的物理接口标准。例如CRT、打印机与CPU的通信大都采用RS-232C接口，51单片机与PC机的通信也采用这种类型的接口。由于51单片机本身有一个全双工的串行接口，因此该系列单片机使用RS-232C串行接口总线非常方便。

通常的标准串行接口都要满足可靠传输时的最大通信速度和传送距离指标，但这两个指标具有相关性，适当降低传输速度，可以提高通信距离。RS-232C串行接口总线适用于设备之间的通信距离不大于15 m，传输速率最大为20 kb/s的设备之间通信。

**1. RS-232C信息格式标准**

RS-232C采用串行格式。其标准规定：信息的开始为起始位，信息的结束为停止位；信息本身可以是5、6、7、8位再加一位奇偶校验位。如果两个信息之间无信息，则为"1"，表示空，如图3-4所示。

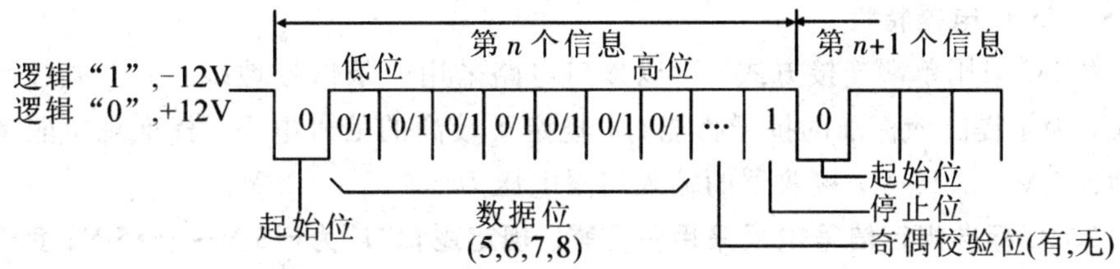


图3-4　RS-232C信息格式

**2. RS-232C引脚定义**

RS-232C接口规定使用25针"D"型口连接器，连接器的尺寸及每个插针的排列位置都有明确的定义。在微型计算机通信中，常常使用的有9根信号引脚，所以常用9针"D"型接口(DB9)连接器替代25针连接器。连接器引脚定义如图3-5所示。RS-232C接口的主要信号线的功能定义如表3-1所示。

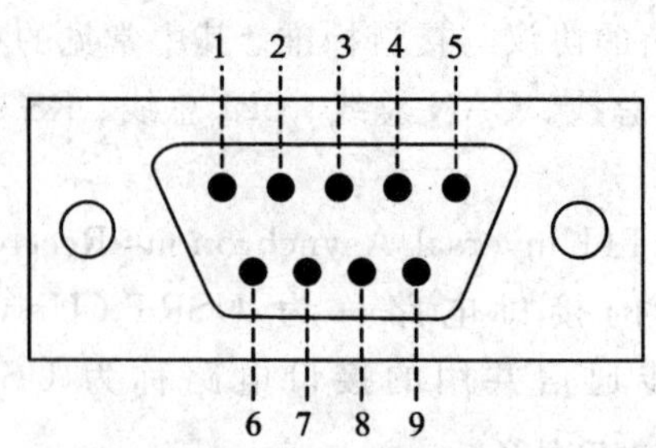


图 3-5　DB9 型连接器定义

**表 3-1　RS-232C 标准接口主要引脚定义**

| 插针序号 | 信号名称 | 功　能 |
|---|---|---|
| 1 | PGND | 保护接地 |
| 2(3) | TXD | 发送数据(串行输出) |
| 3(2) | RXD | 接收数据(串行输入) |
| 4(7) | RTS | 请求发送 RTS(输出) |
| 5(8) | CTS | 消除发送 CTS(输入) |
| 6(6) | DSR | DCE 就绪(数据建立就绪) |
| 7(5) | SGND | 信号接地 |
| 8(1) | DCD | 载波检测 |
| 20(4) | DRT | DTE 就绪(数据终端准备就绪) |
| 22(9) | RI | 振铃指示 |

注：插针序号()内为 9 针非标准连接器的引脚号。

在最简单的全双工系统中，仅用发送数据、接收数据和信号地三根线就可以实现数据的串行通信。对于 51 单片机，利用其 RXD(串行数据接收端)线、TXD(串行数据发送端)线和一根地线，就可以构成符合 RS-232C 接口标准的全双工通信接口。

**3. RS-232C 电器特性**

RS-232C 采用单端连接方式，所以接口电路采用一条信号地线。由于通过地线的串音干扰大，为了提高该标准的抗干扰能力，规定了较高的信号电平。标准规定驱动器的输出电压为±5 V～±15 V，接收器的输入门限电压为－3 V～＋3 V。

**RS-232C 标准规定信号电平采用负逻辑，规定逻辑"1"为－5 V～－15 V，负载端要小于－3 V，一般选用－12 V。规定逻辑"0"为＋5 V～＋15 V，负载端要大于＋3 V，一般选用＋12 V。**

RS-232 电平与 TTL 电平不兼容。因此，当计算机通过 RS-232C 与外设进行通信时，必须经过相应的电平转换电路。MC1488 和 MC1489 芯片可以完成这种功能。

MC1488 是总线驱动器(发送器)，内部有三个与非门和一个反相器，可将输入的 TTL 电平转换为RS-232C标准电平；MC1489 是总线接收器，内部有 4 个反相器，可将 RS-232C电平转换为 TTL 电平。

而目前使用较多的电平转换电路是 MAX232、MAX202、HIN232 等芯片，它们同时集成了 RS-232 电平与 TTL 电平之间的互换。如图 3-6 所示。其第一部分是电荷泵电路，由 1、2、3、4、5、6 脚和 4 只电容构成，功能是产生+12 V 和-12 V 两个电源，提供给 RS-232 串口电平的需要；第二部分是数据转换通道，由 7、8、9、10、11、12、13、14 脚构成两个数据通道，其中 13 脚(R1IN)、12 脚(R1OUT)、11 脚(T1IN)、14 脚(T1OUT)为第一数据通道，8 脚(R2IN)、9 脚(R2OUT)、10 脚(T2IN)、7 脚(T2OUT)为第二数据通道，TTL/CMOS 数据从 T1IN、T2IN 输入转换成 RS-232 数据从 T1OUT、T2OUT 送到电脑 DB9 插头，DB9 插头的 RS-232 数据从 R1IN、R2IN 输入转换成 TTL/CMOS 数据后从 R1OUT、R2OUT 输出；第三部分是供电，15 脚 DNG、16 脚 VCC(+5 V)。

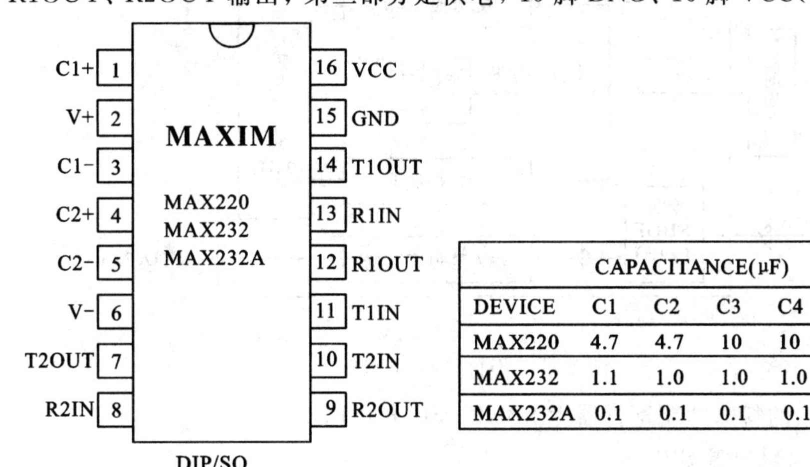


| CAPACITANCE(μF) | | | | | |
|---|---|---|---|---|---|
| DEVICE | C1 | C2 | C3 | C4 | C5 |
| MAX220 | 4.7 | 4.7 | 10 | 10 | 4.7 |
| MAX232 | 1.1 | 1.0 | 1.0 | 1.0 | 1.0 |
| MAX232A | 0.1 | 0.1 | 0.1 | 0.1 | 0.1 |

图 3-6　RS-232C 电平转换芯片

由 MAX232 组成的通信接口电路如图 3-7 所示。

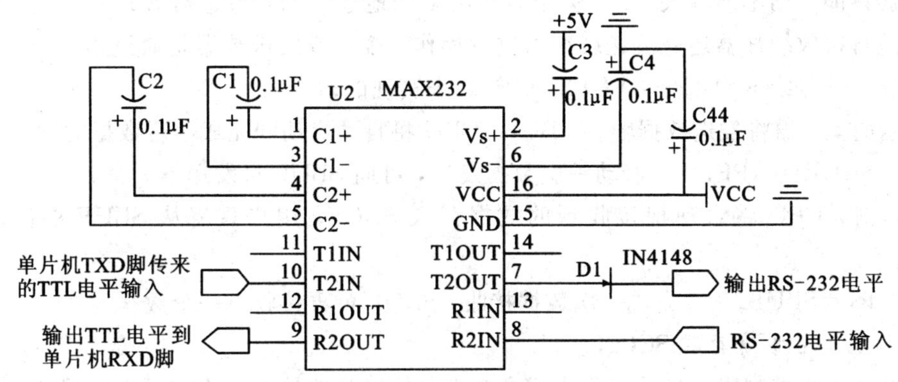


图 3-7　MAX232 通信接口电路

### 3.2.3　51 单片机内部串行口

51 单片机内部有一个可编程全双工异步串行通信接口，它通过数据接收引脚 RXD(P3.0)和数据发送引脚 TXD(P3.1)与外设进行串行通信，可以同时发送和接收数据。这个串行口既可以实现异步通信，又可以用于网络通信，还可以作为同步移位寄存器使用。

其帧格式有 8 位、10 位和 11 位，并能设置各种波特率。

**1. 串行口内部结构**

51 单片机内部有两个独立的接收、发送缓冲器 SBUF。SBUF 属于特殊功能寄存器。发送缓冲器只能写入不能读出，接收缓冲器只能读出不能写入，二者共用一个字节地址(99H)。51 单片机串行口的结构如图 3-8 所示。

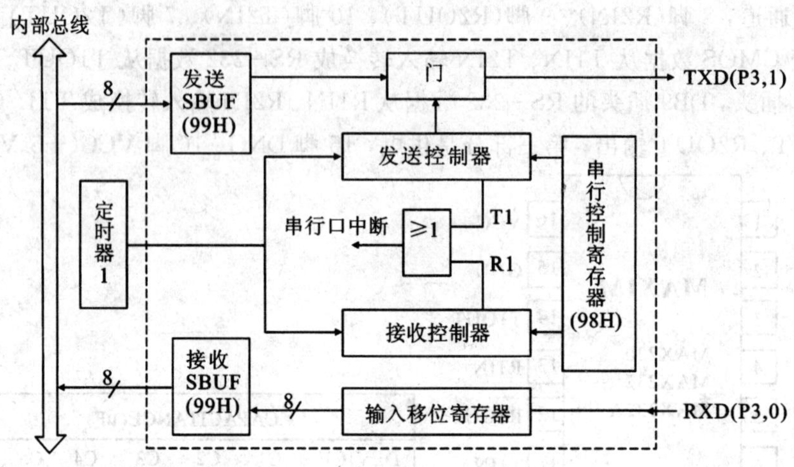


图 3-8　串行口结构框图

与串行口有关的特殊功能寄行器为 SBUF、SCON、PCON。

1）串行口数据缓冲器 SBUF

SBUF 是一个特殊功能寄存器，有 2 个在物理上独立的接收缓冲器与发送缓冲器。发送缓冲器只能写入不能读出，写入 SBUF 的数据存储在发送缓冲器中，用于串行发送；接收缓冲器只能读出不能写入。2 个缓冲器共用 1 个地址 99H，通过对 SBUF 的读、写指令来区别是对接收缓冲器还是发送缓冲器进行操作。接收或发送数据是通过串行口对外的 2 条独立收发信号线 RXD(P3.0)、TXD(P3.1)来实现的。

发送时，只需将发送数据输入 SBUF，CPU 将自动启动和完成串行数据的发送：

```
SBUF=0xFF;  //启动一次数据发送，可向 SBUF 再发送下一个数
```

接收时，CPU 将自动把接收到的数据存入 SBUF，用户只需从 SBUF 中读出接收数据：

```
P1=SBUF;  //完成一次数据接收，SBUF 可再接收下一个数
```

2）串行口控制寄存器 SCON

SCON 用来控制串行口的工作方式和状态，其字节地址为 98H，可以位寻址，位地址为 9FH～98H。单片机复位时，SCON 的所有位全为 0。SCON 的格式如表 3-2 所示。

**表 3-2　SCON 的各位定义**

| 位地址 | 9FH | 9EH | 9DH | 9CH | 9BH | 9AH | 99H | 98H |
|---|---|---|---|---|---|---|---|---|
| 位符号 | SM0 | SM1 | SM2 | REN | TB8 | RB8 | TI | RI |

SM0、SM1——串行方式选择位，其定义如表 3-3 所示。

**表 3-3　串行口方式选择位的定义**

| SM0　SM1 | 工作方式 | 功　能 | 波特率 |
|---|---|---|---|
| 0　0 | 方式 0 | 8 位同步移位寄存器 | $f_{OSC}/12$ |
| 0　1 | 方式 1 | 10 位 UART | 可变 |
| 1　0 | 方式 2 | 11 位 UART | $f_{OSC}/64$ 或 $f_{OSC}/32$ |
| 1　1 | 方式 3 | 11 位 UART | 可变 |

SM2——多机通信控制位，用于方式 2 和方式 3 中。在方式 2、3 处于接收方式时，若 SM2=1，且接收到的第 9 位数据 RB8 为 0，则不激活 RI；若 SM2=1，且 RB8=1，则置 RI=1。在方式 2、3 处于接收或发送方式时，若 SM2=0，则不论接收到的第 9 位 RB8 为 0 还是为 1，TI、RI 都以正常方式被激活。在方式 1 处于接收时，若 SM2=1，则只有当收到有效的停止位后，RI 才置 1。在方式 0 中，SM2 应为 0。

REN——允许串行接收位。它由软件置位或清零。REN=1 时，允许接收；REN=0 时，禁止接收。

TB8——发送数据的第 9 位。在方式 2 和方式 3 下，TB8 由软件置位或复位，可用做奇偶校验位。在多机通信中，TB8 可作为区别地址帧或数据帧的标识位：地址帧时 TB8 为 1；数据帧时 TB8 为 0。

RB8——接收数据的第 9 位。功能同 TB8，在方式 2 和方式 3 中，RB8 是第 9 位接收数据。

TI——发送中断标志位。在方式 0 下，发送完 8 位数据后，TI 由硬件置位；在其他方式中，TI 在发送停止位之初由硬件置位。TI 是发送完一帧数据的标志，可以用指令查询是否发送结束。TI=1 时，也可向 CPU 申请中断，响应中断后，必须由软件清除 TI。

RI——接收中断标志位。在方式 0 下，接收完 8 位数据后，RI 由硬件置位；在其他方式中，RI 在接收停止位的中间由硬件置位。同 TI 一样，也可以通过指令查询是否接收完一帧数据。RI=1 时，也可申请中断，响应中断后，必须由软件清除 RI。

**接收/发送数据时，无论是否采用中断方式工作，每接收/发送一帧数据都必须用指令对 RI/TI 清 0，以备下一次收/发。**

3）电源及波特率选择寄存器 PCON

PCON 主要是为 CHMOS 型单片机的电源控制而设置的专用寄存器，不可以位寻址，字节地址为 87H。在 HMOS 的 8051 单片机中，PCON 除了最高位以外，其他位都是虚设的。其定义如表 3-4 所示。

**表 3-4　PCON 寄存器各位定义**

| 位序号 | D7 | D6 | D5 | D4 | D3 | D2 | D1 | D0 |
|---|---|---|---|---|---|---|---|---|
| 位符号 | SMOD | X | X | X | GF1 | GF0 | PD | IDL |

与串行通信有关的只有 SMOD 位。SMOD 为波特率选择位。在方式 1、2 和 3 下，串行通信的波特率与 SMOD 有关。当 SMOD=1 时，通信波特率乘 2；当 SMOD=0 时，波特率不变。系统复位时，SMOD=0。其他各位为掉电方式控制位，在此不再赘述。

**2. 串行口工作方式**

51 单片机的串行口有 4 种工作方式，分别是方式 0、方式 1、方式 2 和方式 3，这些工作方式由 SCON 中的 SM0、SM1 两位编码决定。

1）串行口方式 0

在方式 0 下，串行口作为同步移位寄存器使用。移位数据的发送和接收以 8 位数据为一帧，不设起始位和停止位，无论输入/输出，均低位在前高位在后，每个机器周期发送或接收一位数据，所以方式 0 的波特率是固定的，为晶振频率的 1/12。波特率计算公式为：波特率＝$f_{osc}/12$。

式中的 $f_{osc}$ 为晶振频率。若 $f_{osc}=12$ MHz，则波特率＝$f_{osc}/12=12/12=1$ Mb/s。

在方式 0 下串行数据从 RXD(P3.0)端输入或输出，同步移位脉冲由 TXD(P3.1)送出。这种方式常用于扩展 I/O 口。串行口扩展并行输出口时，要有“串入并出”的移位寄存器配合(如 74LS164 或 CD4094)；串行口扩展并行输入口时，要有“并入串出”的移位寄存器配合(如 74LS165)。

(1) 方式 0 用于扩展输出口。方式 0 的输出时序如图 3－9 所示。方式 0 用于扩展 I/O 口输出的电路如图 3－10 所示。当一个数据写入串行口发送缓冲器 SBUF 时，串行口 TXD 引脚输出的移位脉冲将 8 位数据以 $f_{osc}/12$ 的波特率从 RXD 引脚输出，数据(低位在前)逐位移入 74LS164。发送完置中断标志 TI 为 1，请求中断。在再次发送数据之前，必须由软件清 TI 为 0。74LS164 为串入并出移位寄存器(SIPO)。

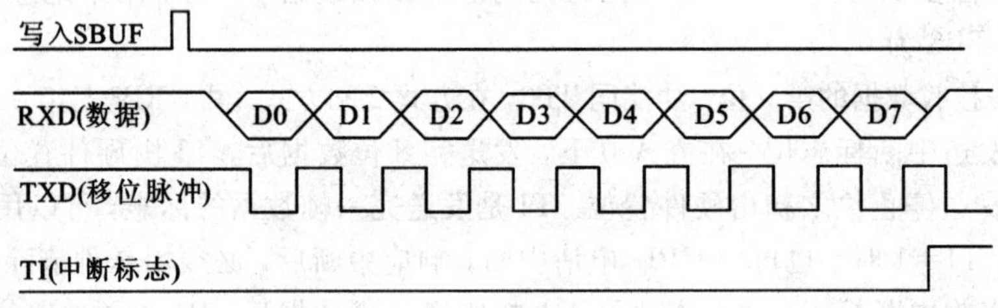


图 3－9　方式 0 输出时序

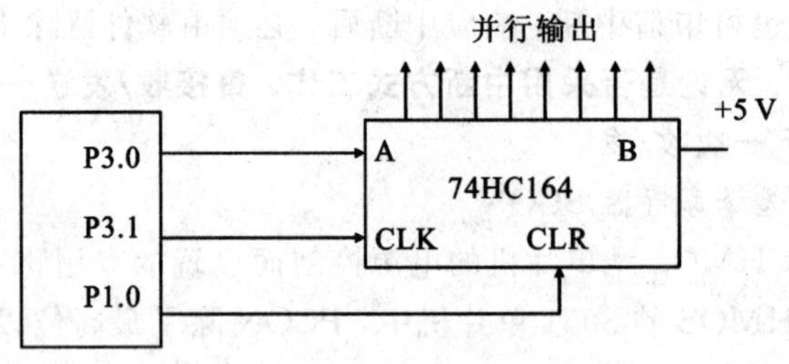


图 3－10　方式 0 扩展输出口电路

**【例 1】** 用单片机的串行口外接 74LS164，控制八只 LED 滚动显示，用 Protus 绘制的电路如图 3－11 所示。

源程序如下：

```
#include<reg51.h>
#include<intrins.h>
#define uchar unsigned char
#define uint unsigned int
void DelayMS(uint x)    //延时 1 ms
{  uchar i;
```

```
        while(x－－) for(i＝0; i<120; i＋＋);
    }
    void main(  )
    {   uchar c ＝ 0x80;
        SCON ＝ 0x00;                     //串行模式 0
        TI ＝ 1;                          //TI 置 1
        while(1)
          { c ＝ _crol_(c,1);
            SBUF ＝ c;
            while(TI ＝＝0);
            TI ＝ 0;
            DelayMS(400);
          }
    }
```

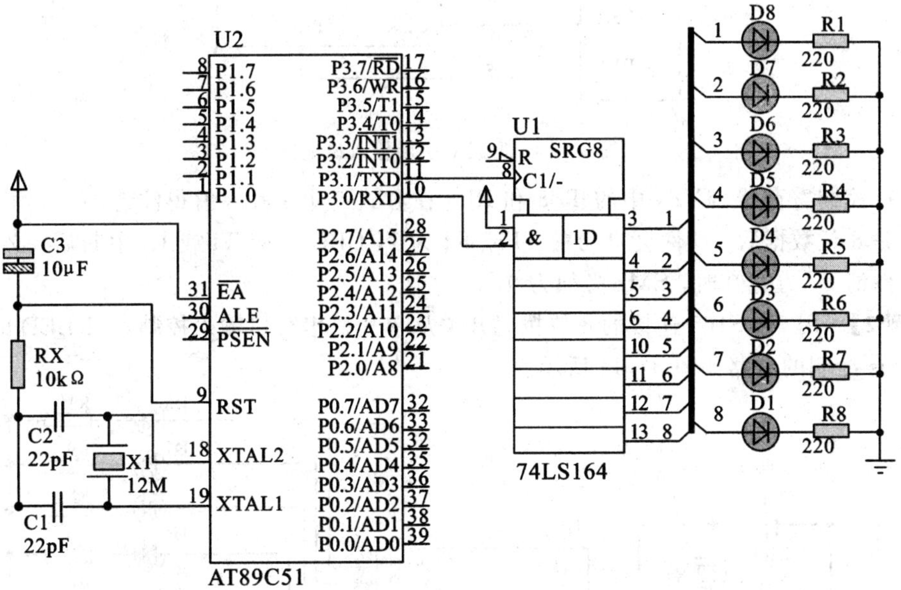

图 3－11　例 1 电路

程序中由于调用了循环左移函数，所以包含了 intrins. h 库函数。本例是要将 P3. 0(RXD)和 P3. 1(TXD)扩展为 8 位的输出口，所以串行口工作在方式 0，作为同步移位寄存器使用，寄存器 SCON 设置为 0x00，发送中断标志位 TI 置 1，将要发送的数据初始设置为 0x80。将发送数据每循环左移一位就向 SBUF 写入一次，单片机就会将 SBUF 中的数据通过 TXD 发送给 74LS164，数据在 74LS164 中进行串并转换之后以并行数据的方式传送给 D1～D8 八只 LED 发光二极管，每八位数据传送完单片机会自动将 TI 置 1，所以这时需要将 TI 清 0 一次。这样，D1～D8 就会以 400 ms 的间隔轮流点亮。

(2) 方式 0 用于扩展输入口。方式 0 的输入时序如图 3－12 所示。方式 0 用于扩展I/O 口输入，其电路如图 3－13 所示。在满足 REN＝1 和 RI＝0 的条件下，串行口即开始从 RXD 端以 $f_{osc}/12$ 的波特率输入数据(低位在前)，当接收完 8 位数据后，置中断标志 RI 为

1，请求中断。在再次接收数据之前，必须由软件清 RI 为 0。其中，74LS165 为并入串出移位寄存器(PISO)。

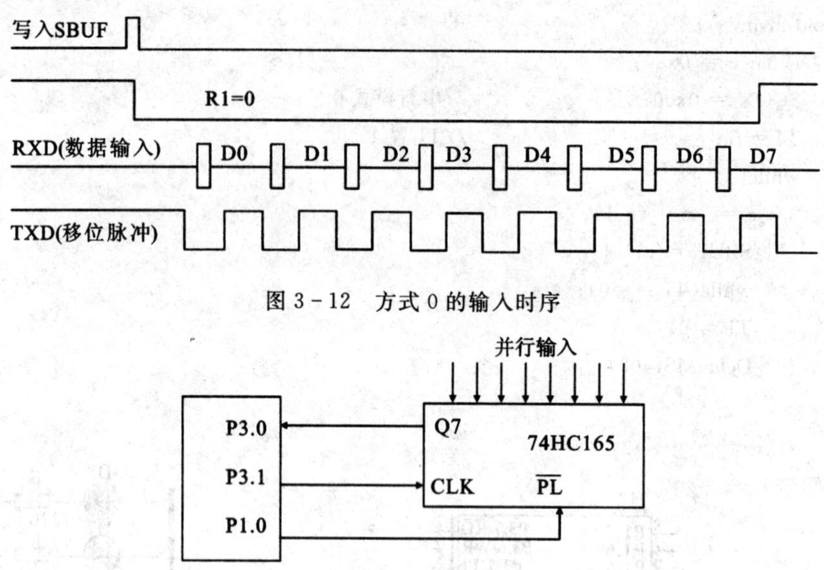


图 3－12　方式 0 的输入时序

图 3－13　方式 0 扩展输入口电路

串行控制寄存器 SCON 中的 TB8 和 RB8 在方式 0 中未用。值得注意的是，每当发送或接收完 8 位数据后，硬件会自动置 TI 或 RI 为 1，CPU 响应 TI 或 RI 中断后，必须由用户用软件清 0。方式 0 时，SM2 必须为 0。

**【例 2】** 用 74LS165 连接的 8 位拨码开关从单片机串行口输入控制八只 LED 的显示，用 Protus 绘制的电路如图 3－14 所示。

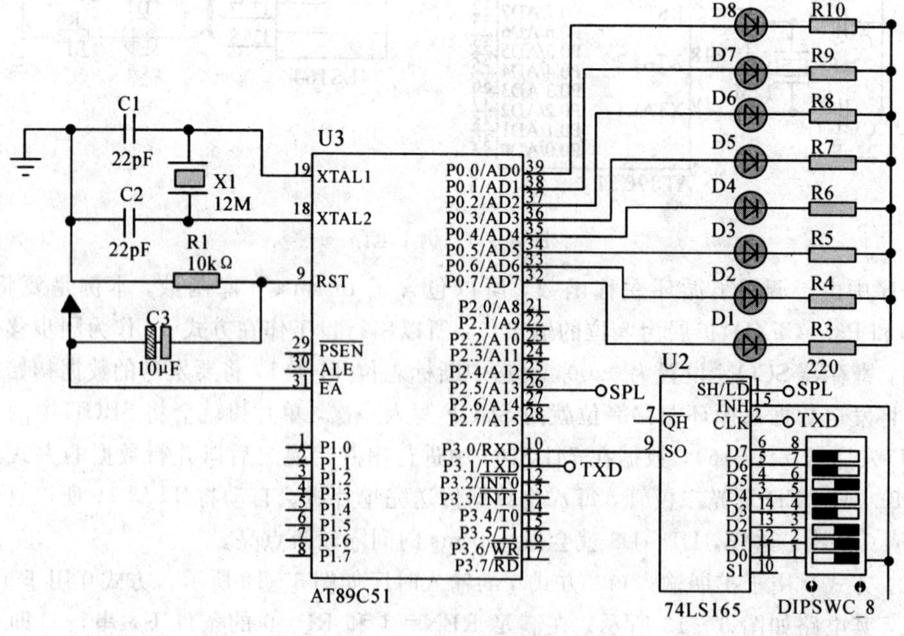


图 3－14　例 2 电路

源程序如下：

```
#include<reg51.h>
#include<intrins.h>
#include<stdio.h>
#define uchar unsigned char
#define uint unsigned int
sbit SPL = P2^5;
void DelayMS(uint x)
{   uchar i;
    while(x--)      for(i=0; i<120; i++);
}
void main( )
{   SCON = 0x10;    //串行模式 0，允许串口接收
    while(1)
    { SPL = 0; //置数，读入并行输入 8 位数据
      SPL = 1; //移位，输入封锁，串行转换
      While (RI ==0); //未收到等待
      RI = 0;
      P0 = SBUF;
      DelayMS(20);
    }
}
```

本例要将 P3.0(RXD)和 P3.1(TXD)扩展为 8 位的并行输入口，所以串行口工作在方式 0 同步移位寄存器输入方式，寄存器 SCON 设置为 0x10，允许串口接收。74LS165 的 D0～D7 连接着 8 位拨码开关，开关的设置状态决定了 D0～D7 的数值，如图 3-14 所示为 0xD8(11011000)，0xD8 在 74LS165 中转换为串行数据传送给单片机的 RXD。当接收中断标志位 RI 为 1 时，单片机的 RXD 就接收到了 8 位串行数据，将数据写入 SBUF，同时将 RI 清 0 等待下一次接收，并将 SBUF 接收的数据传送给 P0 口。P0 口连接着八只 LED 发光二极管，当 P0 数据为 0xD8 时，发光二极管 D0、D1、D3 和 D6 就会点亮。可见通过单片机串口 8 位拨码开关能够控制八只 LED 发光二极管的点亮，也就是说明单片机的串行口扩展为了 8 位并行输入口。

2) 串行口方式 1

串行口定义为方式 1 时，为波特率可调的 10 位数据的异步通信口 UART。TXD 为数据发送引脚，RXD 为数据接收引脚，传送一帧数据的格式如图 3-15 所示。一帧信息包括 1 位起始位，8 位数据位和 1 位停止位。

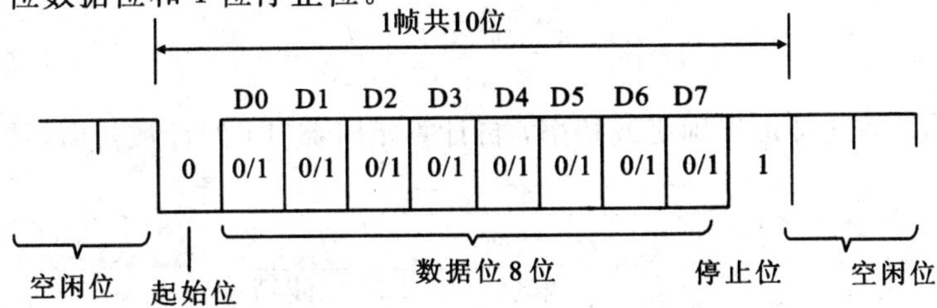


图 3-15　串行方式 1 的数据格式

（1）发送。发送时，数据从 TXD 端输出，当数据写入发送缓冲器 SBUF 后，启动发送器发送。当发送完一帧数据后，置中断标志 TI 为 1。方式 1 所传送的波特率取决于定时器 1 的溢出率和 PCON 中的 SMOD 位。方式 1 的发送时序如图 3－16 所示。

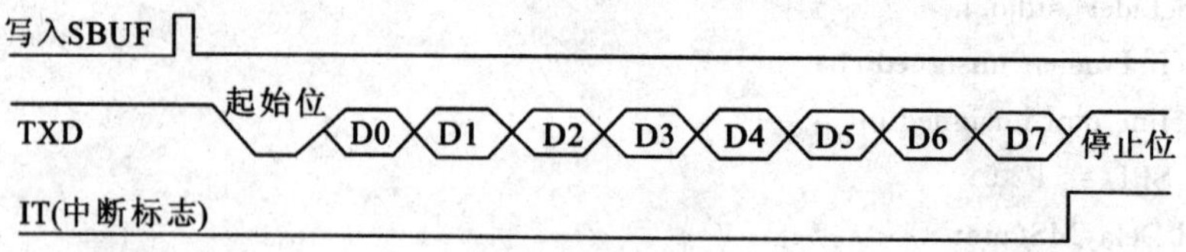


图 3－16　方式 1 的发送时序

（2）接收。接收时，由 REN 置 1，允许接收，串行口采样 RXD，当采样由 1 到 0 跳变时，确认是起始位“0”，开始接收一帧数据。当 RI＝0，且停止位为 1 或 SM2＝0 时，停止位进入 RB8 位，同时置中断标志 RI；否则信息将丢失。所以，采用方式 1 接收时，应先用软件清除 RI 或 SM2 标志。方式 1 的接收时序如图 3－17 所示。

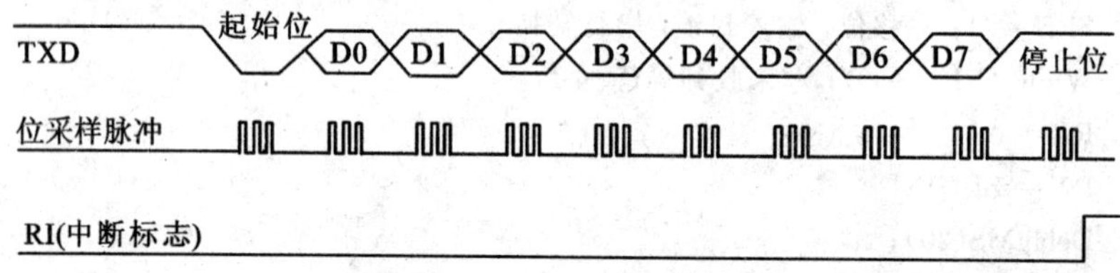


图 3－17　方式 1 的接收时序

（3）波特率。方式 1 波特率可变，由定时/计数器 T1 的计数溢出率来决定：

$$波特率=\frac{2^{SMOD}\times T1溢出率}{32}$$

其中，SMOD 为 PCON 寄存器中最高位的值，SMOD=1 表示波特率倍增。定时器 T1 的溢出率就是溢出周期的倒数，和所采用的定时器工作方式有关。当定时器 T1 作为波特率发生器使用时，通常选用工作方式 2，这是由于方式 2 可以自动装入定时时间常数（也即计数初值），可避免通过程序反复装入初值所引起的定时误差，使波特率更加稳定，因此，这是一种最常用的方法。

设计数初始值为 $x$，那么每过 $256-x$ 个机器周期，定时器溢出一次。为了避免因溢出而产生不必要的中断，此时应禁止 T1 中断。溢出周期为 $\frac{12}{f_{osc}}\times(256-x)$，溢出率为溢出周期的倒数，所以

$$波特率=\frac{2^{SMOD}}{32}\times\frac{f_{osc}}{12\times(256-x)}$$

在实际使用时，通常是先确定波特率，再计算定时器 T1 的计数初值（常在这种场合称其为时间常数）：

$$x=256-\frac{2^{SMOD}}{32}\times\frac{f_{osc}}{12\times 波特率}$$

然后进行定时器的初始化。

定时器T1产生的常用波特率如表3－5所示。

**表3－5　定时器T1产生的常用波特率**

| 波特率/(b/s) | $f_{osc}$/MHz | SMOD | 定时器T1 | | |
|---|---|---|---|---|---|
| | | | C/$\overline{T}$ | 模式 | 初始值 |
| 方式0：1 M | 12 | × | × | × | × |
| 方式2：375 K | 12 | 1 | × | × | × |
| 方式1、3：62.5 K | 12 | 1 | 0 | 2 | FFH |
| 19.2 k | 11.059 | 1 | 0 | 2 | FDH |
| 9.6 k | 11.059 | 0 | 0 | 2 | FDH |
| 4.8 k | 11.059 | 0 | 0 | 2 | FAH |
| 2.4 k | 11.059 | 0 | 0 | 2 | F4H |
| 1.2 k | 11.059 | 0 | 0 | 2 | E8H |
| 137.5 k | 11.986 | 0 | 0 | 2 | 1DH |
| 110 | 6 | 0 | 0 | 2 | 72H |
| 110 | 12 | 0 | 0 | 1 | FEEBH |

3）串行口方式2

在方式2下，串行口为11位UART，传送波特率与SMOD有关。发送或接收的一帧数据包括1位起始位0，9位数据位(含1位附加的第9位，发送时为SCON中的TB8，接收时为RB8)，1位停止位，数据格式如图3－18所示。

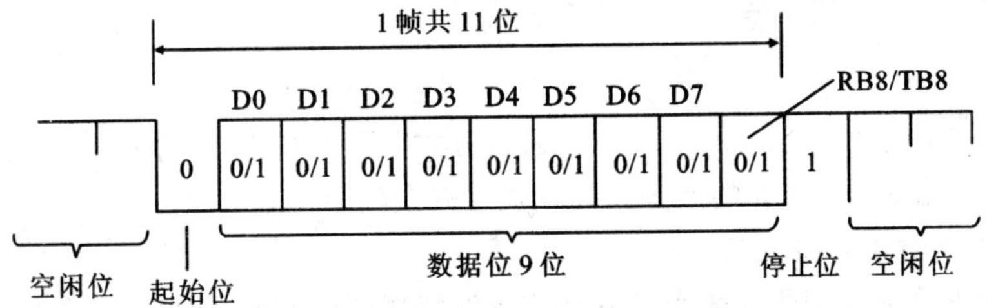


图3－18　方式2的数据格式

可编程位TB8/RB8既可作奇偶校验位用，也可作控制位(多机通信)用，其功能由用户确定。

(1) 数据输出。CPU向SBUF写入数据时，就启动了串行口的发送过程。SCON中的TB8写入输出移位寄存器的第9位，8位装入SBUF。方式2的发送时序如图3－19所示。

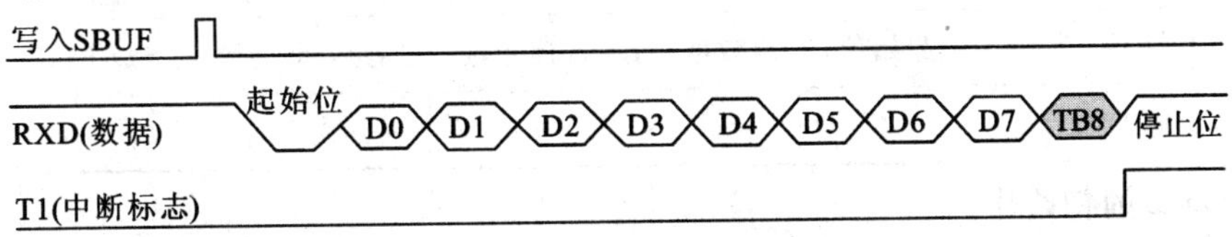


图3－19　方式2的发送时序

发送开始时，先把起始位0输出到TXD引脚，然后发送移位寄存器的输出位(D0)到TXD引脚。每一位移位脉冲都使输出移位寄存器的各位右移一位，并由TXD引脚输出。

第一次移位时，停止位“1”移入输出移位寄存器的第9位上，以后每次移位，左边都移入 0。当停止位移至输出位时，左边其余位全为 0，检测电路检测到这一条件时，使控制电路进行最后一次移位，并置 TI=1，向 CPU 请求中断。

(2) 数据输入。软件将接收允许位 REN 置为 1 后，接收器就以所选频率的 16 倍速率开始采样 RXD 引脚的电平状态。当检测到 RXD 引脚发生负跳变时，说明起始位有效，将其移入输入移位寄存器，开始接收这一帧数据。方式 2 的接收时序如图 3-20 所示。

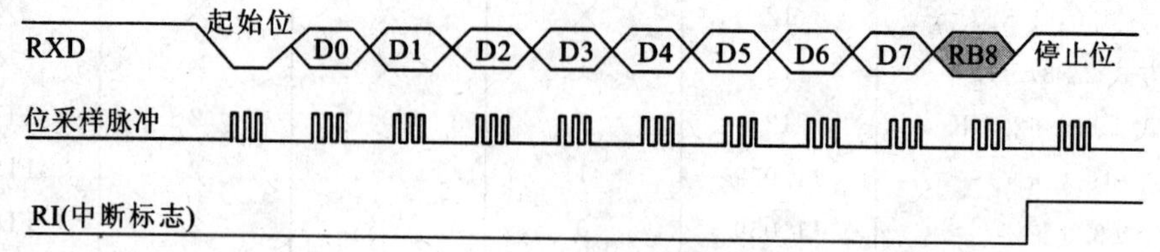


图 3-20 方式 2 的接收时序

接收时，数据从右边移入输入移位寄存器，在起始位 0 移到最左边时，控制电路进行最后一位移位。当 RI=0，且 SM2=0(或接收到的第 9 位数据为 1)时，接收到的数据装入接收缓冲器 SBUF 和 RB8(接收数据的第 9 位)，置 RI=1，向 CPU 请求中断。如果条件不满足，则数据丢失，且不置位 RI，继续搜索 RXD 引脚的负跳变。

(3) 波特率。方式 2 波特率固定，为 $f_{osc}/32$ 或 $f_{osc}/64$。如用公式表示则为

$$波特率 = 2^{SMOD} \times \frac{f_{osc}}{64}$$

当 SMOD=0 时，$波特率 = 2^0 \times \frac{f_{osc}}{64} = \frac{f_{osc}}{64}$；

当 SMOD=1 时，$波特率 = 2^1 \times \frac{f_{osc}}{64} = \frac{f_{osc}}{32}$。

3) 串行口方式 3

方式 3 为波特率可变的 11 位 UART 通信方式。除了波特率不同以外，方式 3 和方式 2 工作过程完全相同。方式 3 的波特率与方式 1 完全相同。

4) 串行口四种工作方式的比较

四种工作方式的区别主要表现在帧格式及波特率两个方面，如表 3-6 所示。

**表 3-6 串行口四种工作方式的比较**

| 工作方式 | 帧 格 式 | 波 特 率 |
|---|---|---|
| 方式 0 | 8 位全是数据位，没有起始位、停止位 | 固定，每个机器周期传送一位数据 |
| 方式 1 | 10 位，其中 1 位起始位，8 位数据位，1 位停止位 | 不固定，取决于 T1 溢出率和 SMOD |
| 方式 2 | 11 位，其中 1 位起始位，9 位数据位，1 位停止位 | 固定，即 $2^{SMOD} \times f_{osc}/64$ |
| 方式 3 | 同方式 2 | 同方式 1 |

**3. 串行口的初始化**

**51 单片机的串行口需初始化后，才能完成数据的输入、输出。其初始化过程如下：**

**(1) 按选定串行口的工作方式设定 SCON 的 SM0、SM1 两位二进制编码。**

**(2) 对于工作方式 2 或 3，应根据需要在 TB8 中写入待发送的第 9 位数据。**

**(3) 若选定的工作方式不是方式 0，还需设定接收/发送的波特率。**

**(4) 设定 SMOD 的状态，以控制波特率是否加倍。**

**(5) 若选定工作方式 1 或 3，则应对定时器 T1 进行初始化以设定其溢出率。**

**【例 3】** 51 单片机的晶振频率为 11.059 MHz，波特率为 1200 b/s，要求串口发送数据为 8 位，编写它的初始化程序。

**解** 假设SMOD=1，T1 工作在方式 2。初始化程序如下：

```
SCON=0x50;      //串口工作于方式 1
PCON=0x80;      //SMOD=1
TMOD=0x20;      //T1 工作于方式 2 定时方式
TH1=0xCC;       //设置时间常数(根据公式计算得来或查表)
TL1=0xCC;       //自动重装时间常数
TR1=1;          //启动 T1
```

### 3.2.4 51 单片机之间的通信

**1. 双机通信**

距离较近的两个 51 单片机系统可以将它们的串行口直接相连，实现双机通信，如图3-21所示。为了增加通信距离，减少通道和电源干扰，可以在通信线路上利用 RS-232C 等标准接口进行双机通信。实用的接口电路如实验板连接方法。

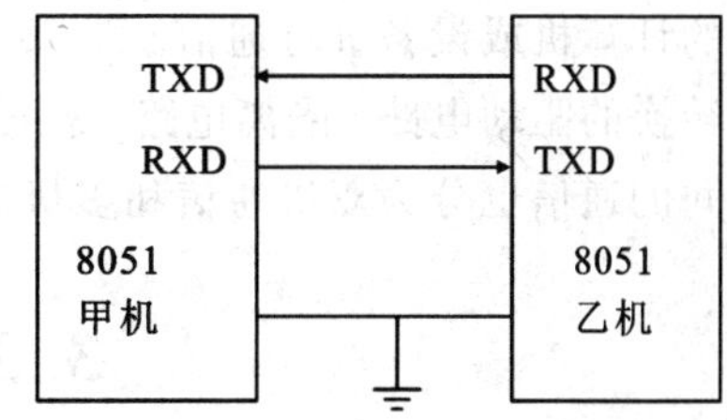


图 3-21　单片机双机通信系统

**2. 多机通信**

51 单片机串行口的方式 2 和方式 3 有一个专门的应用领域，即多机通信。所谓多机通信是指一台主机和多台从机之间的通信，构成主从式多机分布通信系统。主机发送的信息可以传输到各个从机，各从机只能向主机发送信息，从机之间不能进行相互通信。图 3-22 为一种多机通信连接示意图。

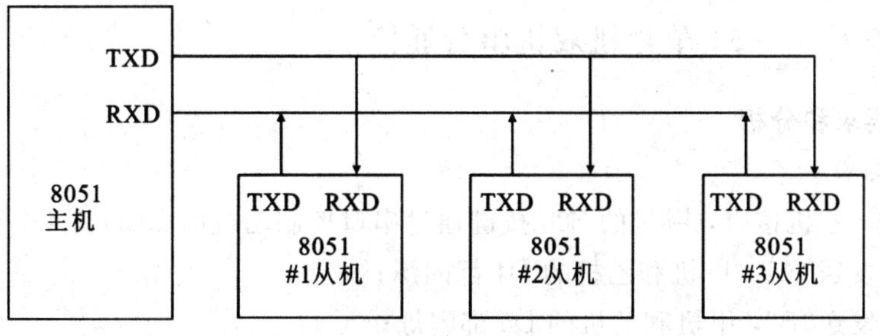


图 3-22　单片机多机通信系统

多机通信的实现，主要是依靠主、从机之间正确设置与判断 SM2 和发送或接收的第 9 位数据(TB8 或 RB8)来完成的。多机通信过程如下：

(1) 使所有从机的 SM2 置 1，处于只接收地址帧的状态。

(2) 主机发送一帧地址信息，与所需从机联络。主机应置 RB8 为 1，表示发送的是地址。

(3) 各从机接收到地址信息后，因 RB8 为 1，置中断标志 RI，向 CPU 申请中断。中断后，将所接收地址与本从机的地址相比较，对于地址相符的从机，使 SM2 清 0 以接收主机随后发来的所有信息；对于地址不相符的从机，仍保持 SM2 为 1 的状态，对从机随后发送的数据不予接收，直至发送新的地址帧。

(4) 主机发送控制命令和数据信息给被寻址的从机。此时，主机置 RB8 为 0，表示发送的是数据或控制命令。对于没选中的从机，因为 SM2＝1，RB8＝0，所以不会产生中断，不接收主机发送的信息。

**3. PC 机和单片机之间的通信**

单片机具有控制能力强的优点，但不适于做大量的数据处理、查询等。实际应用中常将单片机作为下位机使用，主要实现数据采集、检测与控制等功能。PC 机通常作为上位机接收下位机采集的各种数据，并进行数据运算、处理与管理等功能，同时向下位机发出各种指令。因此，实现 PC 机与用单片机间数据通信是十分重要的。通常 PC 机工作于查询方式，而 51 单片机既可以工作于查询方式，也可以工作于中断方式。

PC 机与单片机之间可以由 RS－232C、RS－422A 或 RS－423 等标准接口相连。

在 PC 机系统内都装有异步通信适配器，利用它可以实现异步串行通信。该适配器的核心元件是可编程的 Intel 8250 芯片，它使 PC 机有能力与其他具有标准的 RS－232C 接口的计算机或设备进行通信。而 51 单片机本身具有一个全双工的串行口，因此只要配以电平转换的驱动电路、隔离电路，就可组成一个简单可行的通信接口。同样，PC 机和单片机之间的通信也分为双机通信和多机通信。

## 3.3 项目分析及实施

单片机系统与外部设备之间的通信采用串行通信的方式，通常有单片机与单片机通信、单片机与 PC 机等通信。在 51 单片机的串行通信项目中，主要分成以下两个任务：

任务 1——51 单片机双机串行通信；

任务 2——单片机与 PC 机的串行通信。

### 3.3.1 任务 1 —— 51 单片机双机串行通信

**1. 任务要求和分析**

1) 任务要求

甲机发送，乙机接收，甲机的 S20 按键通过串口控制乙机的 LED 灯 D4 和 D5 闪烁：

(1) 甲机发送“A”，甲机和乙机的 D4 都闪烁；

(2) 甲机发送“B”，甲机和乙机的 D5 都闪烁；

(3) 甲机发送“C”，甲机和乙机的 D4、D5 都闪烁；

(4) 甲机停止发送，甲机和乙机的 D4、D5 都停止闪烁。

2) 任务分析

首先根据任务的要求将两机串行口工作的方式和其中的参数设置好。

两机的串行口采用相同的工作方式 1，采用 22.1184 MHz 晶体。甲机在本任务中只要发送数据，所以甲机的 SCON＝0x40，而乙机要求接收数据，所以乙机的 SCON＝0x50，定时器 T1 作波特率发生器使用，工作在方式 2，其初值 TH1＝TL1＝0xFA(250)，PCON＝0x00(SMOD＝0)。

$$波特率=\frac{2^{SMOD}}{32}\cdot\frac{f_{osc}}{12\times(256-x)}=\frac{2^0\times 22.1184\times 10^6}{32\times 12\times(256-250)}=9600\ \text{b/s}$$

将以上参数设置好之后，就可以设计两机通信的具体程序了。

**2. 器件及设备选择**

要实现51单片机之间的双机通信，可以采用两个51单片机系统，这里运用我们的两块实验板，其上的单片机采用的是STC89C52。为了适应两机间不同的距离，利用RS-232C标准进行双机通信，所以两只单片机的串行通信线都经过MAX232的电平转换互相连接。因此本任务中使用的主要器件就是STC89C52和MAX232。另外为了检验通信成功，我们要用按键控制发光二极管点亮。双机通信的原理框图如图3-23所示。

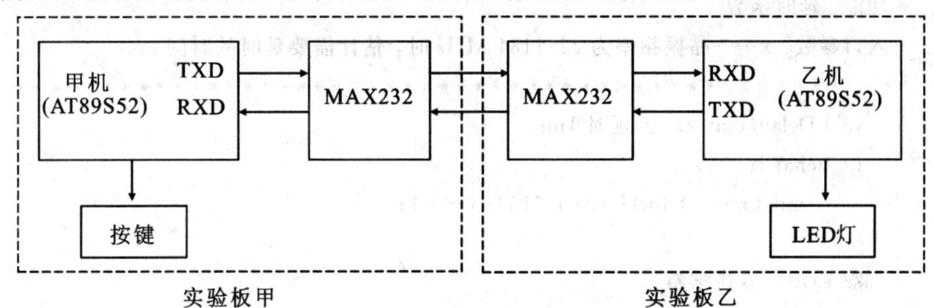


图3-23 双机通信的框图

**3. 任务实施**

1) 硬件原理图设计

根据任务要求，将两块实验板的串口相连接就可以了。实验板的串行接口电路如图3-24所示，U5是电平转换芯片MAX232，其中的RXD和TXD两线分别与单片机STC89C52的RXD和TXD连接，J2是DB9的串行接口。用串行通信线将两机的DB9接口连接起来，就可以进行双机通信了，但注意甲机的TXD要和乙机的RXD相连，而甲机的RXD要和乙机的TX相连。另外，参见书后附录中的实验板电路图，S20按键是由P3.7控制，D4和D5分别由P1.0和P1.1控制。

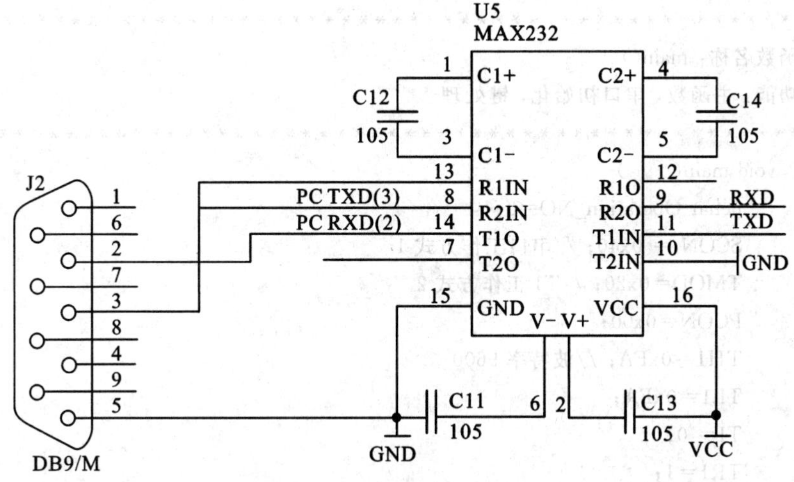


图3-24 实验板的串行接口电路

2) 软件程序设计

双机工作的软件由甲机发送软件和乙机接收软件组成。

甲机发送源程序：

```
#include<reg51.h>
#define uchar unsigned char
#define uint unsigned int
sbit D4 = P1^0;
sbit D5 = P1^1;
sbit S20 = P3^7;
/**************************************************************
* 函数名称：Delay()
* 功能：延时函数
* 入口参数：x——晶振频率为 22.1184 MHz 时，估计需要延时的时间 ms
**************************************************************/
    void Delay(uint x) // 延时 1ms
    {   uchar i;
        while(x--) for(i=0; i<160; i++);
    }
    // 向串口发送字符
/**************************************************************
* 函数名称：putc_to_SerialPort()
* 功能：发送数据函数
* 入口参数：c——需要发送的数据
**************************************************************/
    void putc_to_SerialPort(uchar c)
    {   SBUF = c ;    //将变量 C 的值送向 SBUF 寄存器
        while (TI==0) ;    //查询 TI 是否为"1"
        TI = 0;    //清中断标志位
    }
/**************************************************************
* 函数名称：main()
* 功能：主函数，串口初始化，键处理
**************************************************************/
    void main(    )
    {   uchar Operation_NO=0;
        SCON = 0x40; //串口工作方式 1
        TMOD=0x20; //T1 工作方式 2
        PCON=0x00;
        TH1=0xFA; //波特率 9600
        TL1=0xFA;
        TI= 0;
        TR1=1;
        while(1)
        {   if(S20==0)
        {   while (S20==0);
```

```
        Operation_NO=(Operation_NO+1)%4;}
      switch(Operation_NO)
        { case 0:   D4= D5=1; break;
          case 1:   putc_to_SerialPort('A');
                    D4=~ D4;
                    D5=1;
                    break;
          case 2:   putc_to_SerialPort('B');
                    D5=~D5;
                    D4=1;
                    break;
          case 3:   putc_to_SerialPort('C');
                    D4=~D4;
                    D5=~D5;
                    break;
        }Delay(100);
    }
  }
```

程序分析：

(1) putc_to_SerialPort()是串口发送数据的子函数，这里采用查询方式发送数据。语句“SBUF = c ;”是将变量 C 的值送向 SBUF 寄存器发送出去。当一个字节发送完成后硬件将自动置 TI 为 1，所以语句“while (TI==0) ;”是查询 TI 的状态，若 TI=0，说明数据未发送完，程序继续查询。若 TI=1，说明数据已经发送完毕，循环条件不成立，继续执行下面的语句。由于串行口中断标志位必须软件清除，所以当查询到 TI=1 之后，紧接着要清除中断标志位，以便后面继续发送数据。

(2) 主程序首先完成甲机串行口工作方式和定时器 T1 工作方式的初始化，TI 清 0，开启定时器 T1，由于要求的四种类型操作是要能反复执行的，所以放入 while 无限循环中。S20(P3.7)按键一旦为 0，表明按键按下，检测 Operation_NO 的值是几按键就是第几次按下。Operation_NO 初始化为 0，按键第一次按下时 Operation_NO 为 1，执行第一种操作：甲机的 D4 和 D5 灯都熄灭；Operation_NO 为 2，执行第二种操作：调用 putc_to_SerialPort 子函数，串口发送‘A’字符，甲机的 D4 灯闪烁，D5 灯熄灭；Operation_NO 为 3，执行第三种操作：调用 putc_to_SerialPort 子函数，串口发送‘B’字符，甲机的 D5 灯闪烁，D4 灯熄灭；Operation_NO 为 4，执行第四种操作：调用 putc_to_SerialPort 子函数，串口发送‘B’字符，甲机的 D4 和 D5 灯都闪烁。甲机灯设置的与乙机要求一致是为了检验甲机的发送和乙机的接收数据是否正确。

乙机接收源程序：

```
#include<reg51.h>
#define uchar unsigned char
#define uint unsigned int
sbit D4 = P1^0;
sbit D5 = P1^1;
```

```
/***************************************************
* 函数名称：Delay()
* 功能：延时函数
* 入口参数：x——晶振频率为 22.1184 MHz 时，估计需要延时的时间 ms
***************************************************/
  void Delay(uint x)      / 延时 1ms
  { uchar i;
     while(x－－) for(i＝0; i＜160; i＋＋);
  }
/***************************************************
* 函数名称：main()
* 功能：主函数，串口初始化，
***************************************************/
  void main(  )
  {  SCON = 0x50;
     TMOD＝0x20;
     PCON＝0x00;
     TH1＝0xFA;   //波特率 9600
     TL1＝0xFA;
     RI= 0;
     TR1＝1;
     D4＝D5＝1;
     while(1)
       { if(RI)
          {RI＝0;
             switch  (SBUF)
             {  case 'A': D4＝～D4;
                          D5＝1;
                          break;
                case 'B': D5＝～D5;
                          D4＝1;
                          break;
                case 'C': D4＝～D4;
                          D5＝～D5;
                          break;
             }
          }
          else D4＝D5＝1;
          Delay(100);
       }
  }
```

程序分析：

乙机在本任务中是接收数据。首先对乙机的串行口工作方式和定时器 T1 工作方式的初始化，RI清0，开启T1，先将乙机的D4和D5灯熄灭。查询RI为1则表明接收完一字节数据，将RI清0，检查SBUF接收的数据是什么，SBUF为‘A’，则乙机的D4灯闪烁，D5灯熄灭；SBUF为‘B’，则乙机的D5灯闪烁，D4灯熄灭；SBUF为‘C’，则乙机的D4和D5灯都闪烁；串行口没有接收到数据则将D4和D5灯熄灭。可见操作甲机的按键S20，乙机的D4和D5灯如果与甲机工作情况一致，表明乙机通过串行口正确地接收到了甲机发送的数据，两机通信成功。

## 3.3.2 任务2——单片机与PC机的串行通信

**1. 任务要求和分析**

1）任务要求

完成PC机与单片机之间的数据通信，要求单片机发送一个字符给PC机，PC机将收到的字符回送给单片机，表示它已经收到了这个字符。

通信协议：波特率为9600 b/s，无奇偶校验位，8位数据位，1位停止位。

2）任务分析

在硬件设计方面：由于PC机串行口使用的是RS-232电平，而单片机的电平是TTL电平，两者不兼容，所以在硬件设计上要使用电平转换芯片，将单片机送出TTL电平转换成RS-232电平之后送给PC机，同理，PC机送出RS-232电平转换成TTL电平之后再送给单片机。

在软件程序方面：不但要写单片机发送和接收数据的程序，还要写PC机发送和接收数据的程序。先根据任务的要求将单片机串行口的工作方式和参数设置好。单片机的串行口采用工作方式1，采用22.1184 MHz晶体；单片机在本任务中要发送数据也要接收数据，所以REN=1；定时器T1作波特率发生器使用，工作在方式2，由于采用9600 b/s波特率，其初值TH1=TL1=0xFA(250)。对于PC机方面的程序，可以使用“串口调试助手”来完成数据的发送和接收，免去自己开发PC机端程序的麻烦。

**2. 器件及设备选择**

PC机系统内部装有异步通信适配器，该适配器的核心元件是可编程的Intel 8250芯片，能够与具有标准RS-232C、RS-422、RS-485等接口的计算机或设备进行通信。51单片机本身具有全双工的串行口，当配以电平转换电路后就可以与PC机组成一个简单可行的通信接口。通常PC机工作于查询方式，而51单片机既可以工作于查询方式，也可以工作于中断方式。

将实验板的串口与PC机使用RS-232串行线连接好，安装“串口调试助手”软件并运行。

**3. 任务实施**

1）硬件原理图设计

本任务采用一块单片机实验板和一台PC机。实验板上的串行口通信电路如图3-24所示，用RS-232串口线将实验板的DB9串行接口与PC机的DB9串行接口连接好即可。

2）软件程序设计

在进行实验板与PC机通信时，PC机上的程序就用SComAssistant V2.1串口调试助手的成熟软件，而实验板上要给STC89C52编写接收PC机发送过来的数据和发送数据到

PC 机的程序。

STC89C52 串口通信源程序如下：

```
# include <AT89X51. h>
# define uchar unsigned char
# define uint unsigned int
char str[14]="I receive "! ";
/ *************************************************
 * 函数名称：init()
 * 功能：串行口初始化
************************************************* /
    void init()
    {  TMOD=0x20;                //T1 工作在方式 2
       TH1=0xFA;
       TL1=0xFA;
       TR1=1;                    //开启 T1
       SM0=0;                    //串口工作在方式 1
       SM1=1;
       REN=1;                    //允许串口接收
       EA=1;                     //开总中断
       ES=1;                     //开串口中断
       RI=0;
    }
/ *************************************************
 * 函数名称：send ()
 * 功能：串行口发送数据函数，采用查询方式
************************************************* /
    void send()
    {  int i;
       ES=0;           //打开串口中断允许
       for(i=0;i<14;i++)
       {  SBUF=str[i]; //将 str[]数组中的数据发送出去
          while(!TI);  //查询发送中断标志位
          TI=0;        //清除中断标志位
        }
       ES=1;           //关串行口中断允许
    }
/ *************************************************
 * 函数名称：receive ()
 * 功能：串行口接收数据中断服务函数
************************************************* /
    void receive() interrupt 4
```

```
    {  str[11]=SBUF;  //取走SBUF中的数据，放入数组第11个元素位置
    }
/**************************************************
 * 函数名称：main ()
 * 功能：主函数，等待中断，调用串行口发送函数
**************************************************/
    void main()
    {  init();
       while(1)
       {  if(RI==1)      //查询接收中断标志位
          { RI=0;        //清除接收中断标志位
          send();        //接收到数据后，调用发送函数
          }
       }
    }
```

程序分析：

(1) 对T1和串口的初始化由函数init()完成，程序采用中断方式接收PC机发送来的数据。当单片机接收完一帧数据后，硬件置位接收中断标志位RI。在接收中断服务函数中，将接收到的数据从SBUF中取走，并放入事先定义好的数据中第11个元素位置。

(2) 主函数中，"if(RI==1)"是查询接收中断标志位，当RI=1时，清除接收中断标志位，并调用发送子函数。

(3) 在send()发送函数中，由于采用的是查询方式发送数据，所以首先需要关掉串行口中断。然后将放在数组str[]中的字符串逐字送给SBUF，由单片机的TXD引脚发送给PC机，往SBUF中每放入一个字符，就用"while(!TI);"语句不断查询发送中断标志位TI的状态。若"TI=1"说明发送数据完毕，则退出查询，并且使用软件指令清除TI的状态，否则，一直查询TI的状态，直到发送完毕(TI=1)。每发送完一个字符必须将TI软件清0。当所有数据发送完之后，再次打开串行口中断，等待接收数据。

3) 软硬件联合调试

将编写的单片机与PC机通信的程序编译成*.hex文件后下载到实验板中，用串口线连接好实验板和PC机就可以进行调试了。但是PC机端没有可以从串行口接收数据的程序，可以利用串口调试助手来帮助我们解决这个问题，串口调试助手其实就是PC机从串行口接收和发送数据的程序，可以通过设置相关参数，来满足通信条件。其工作界面如图3-25所示，这里我们设置好波特率、串口号、数据位、校验位、停止位的参数之后，就可以用来发送和接收数据了。如果想要十六进制数据发送和显示的话，就将"十六进制显示"和"十六进制发送"框前打勾，然后在右下方的小空白框中输入要发送的数据，点击"手动发送"即可将数据从PC机的串口送出去；如PC机串行口有数据传送过来则自动接收并显示在右上方的窗口中。如果选"自动发送"，则PC机会自动不停地发送数据。

同样，如图3-26所示，设置好串口调试助手的参数，在发送数据区输入"hi"，则数据送给实验板单片机之后，单片机将接收到的数据又发送给PC机，在接收数据区显示"I receive 'h'! I receive 'i'!"。

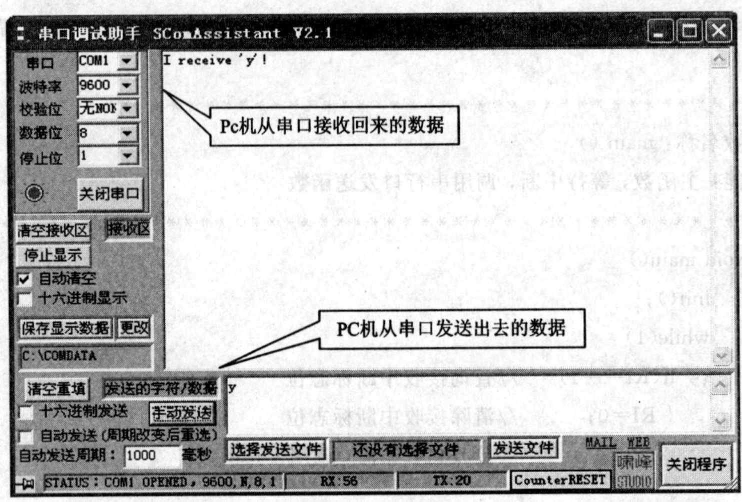


图 3-25　串口调试助手工作界面 1

如果我们用 PC 机串口调试助手发送“How are you!”，希望在接收区同样显示“How are you!”，程序怎样编写呢？请读者自己思考完成。

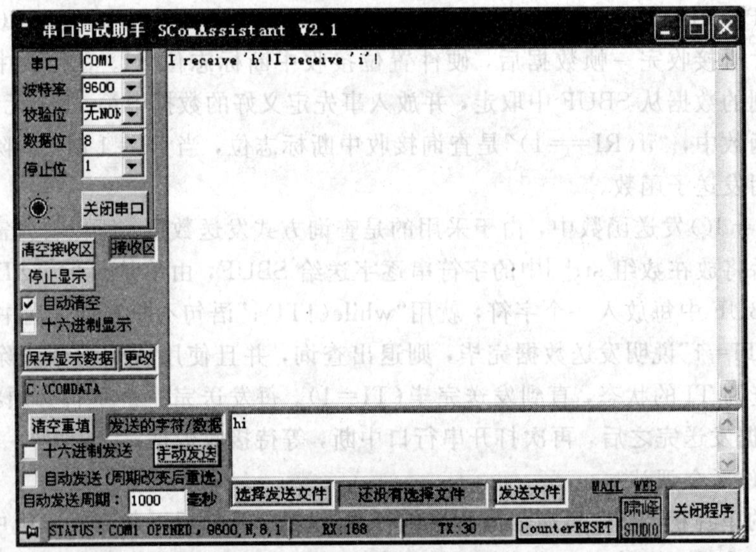


图 3-26　串口调试助手工作界面 2

# 3.4　项 目 小 结

本项目主要介绍了串行通信的基本概念和 51 单片机的串行接口，通过两个任务完成了两个单片机系统之间和单片机与 PC 机之间的串行通信。

51 单片机的串行接口为通用异步收发器(UART)。通过其内部的控制寄存器，可在 4 种工作方式中选择：方式 0 为移位寄存器方式，用于数据的串/并和并/串转换；方式 1 为 8 位 UART，主要用于双机通信；方式 2、3 为 9 位 UART，主要用于多机通信。

串行通信由于所用传送线较少而适用于远程数据通信。在单片机中，单片机与单片机、单片机与PC机、单片机多机之间通常都采用串行通信。

# 习　题

1. 什么是串行通信？它有哪些特点？有哪几种帧格式？

2. 在串行通信中通信速率和传输距离之间的关系如何？

3. 举例说明串行通信的工作方式。

4. 51单片机的串行口由哪些功能部件组成？各有什么作用？

5. SBUF的含义及作用是什么？

6. 51单片机串行口有几种工作方式？各工作方式的波特率如何确定？

7. 51单片机串口工作于方式1，每分钟传送240个字符，计算其波特率。

8. 设 $f_{osc}$ = 11.0592 MHz，试编写一段程序，对串口初始化，使之工作于方式1，波特率为1200 b/s，用查询串行口状态的方法读出接收缓冲器的数据并回送到发送缓冲器。

9. 若晶振频率为 $f_{osc}$ = 11.0592 MHz，采用串行口工作方式1，波特率为4800 b/s，写出用T1作为波特率发生器的方式字和计数初值。

10. 两块实验板的串行口相连接，编写两个单片机通信的程序，甲机的S20按键通过串行口通信控制乙机的一位数码管显示"A","B","C","D"；乙机的S20按键通过串行口通信控制甲机的D4灯闪烁。

11. 利用串口调试助手进行实验板与PC机的通信，PC机发送一段英文文字，如"How are you!"，希望在接收区显示同样的一段英文文字，如"How are you!"，请编写单片机串口通信程序。

# 项目4 温度采集系统设计

## 4.1 项目要求

本项目要求使用温度传感器设计温度采集系统，在3个数码管上显示当前采集到的环境温度(0～99.9℃)。当环境温度低于某个温度(自由设定)或高于某个温度(自由设定)时，蜂鸣器发出报警声，并伴随发光二极管连续闪烁。

项目重难点：

(1) 温度传感器与单片机的接口电路设计；

(2) 单线总线的工作原理；

(3) DS18B20的各种操作命令；

(4) DS18B20的供电方式及有关电路。

技能培养：

(1) 掌握温度传感器DS18B20的接口电路设计方法；

(2) 掌握编写各种延时程序实现时隙要求的方法；

(3) 掌握DS18B20的程序控制方法；

(4) 掌握传感器在单片机控制系统中的应用。

## 4.2 理论知识

### 4.2.1 传感器的定义

传感器是一种检测装置，能感受到被测量的信息，并能将检测感受到的信息，按一定规律变换成为电信号或其他所需形式的信息输出，以满足信息的传输、处理、存储、显示、记录和控制等要求。它是实现自动检测和自动控制的首要环节。

### 4.2.2 传感器的功能

传感器的功能与人类五大感觉器官相比拟：光敏传感器对应于人类视觉；声敏传感器对应于人类听觉；气敏传感器对应于人类嗅觉；化学传感器对应于人类味觉；压敏、温敏、流体传感器对应于人类触觉。

### 4.2.3 传感器的分类

传感器按其工作原理可分为2类。

(1) 物理传感器应用的是物理效应，诸如压电效应，磁致伸缩现象，离化、极化、热电、光电、磁电等效应。被测信号量的微小变化都将转换成电信号。

(2) 化学传感器包括那些以化学吸附、电化学反应等现象为因果关系的传感器，被测信号量的微小变化也将转换成电信号。

传感器按其输出信号可分为 4 类。

(1) 模拟传感器：将被测量的非电学量转换成模拟电信号。

(2) 数字传感器：将被测量的非电学量转换成数字输出信号。

(3) 膺数字传感器：将被测量的信号量转换成频率信号或短周期信号的输出。

(4) 开关传感器：当一个被测量的信号达到某个特定的阈值时，传感器相应地输出一个设定的低电平或高电平信号。

### 4.2.4　温度传感器

温度传感器是各种传感器中最常用的一种，是利用物质各种物理性质随温度变化的规律把温度转换为电量的传感器。按温度的测量方式可分为接触式和非接触式两大类。图 4-1所示的是几种常见的温度传感器。

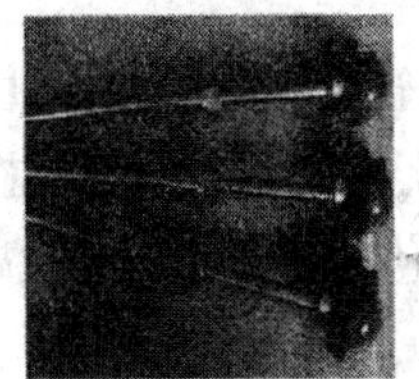

(a) 热电偶温度传感器

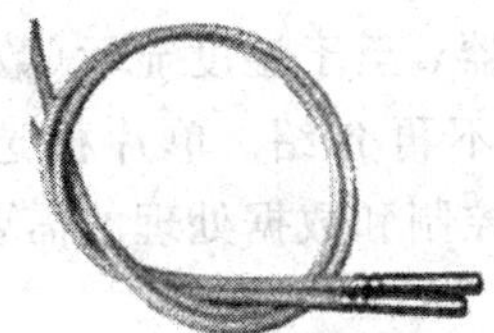

(b) 封闭式数字温度传感器

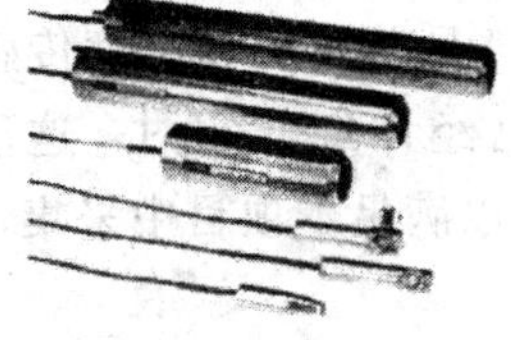

(c) 红外温度传感器

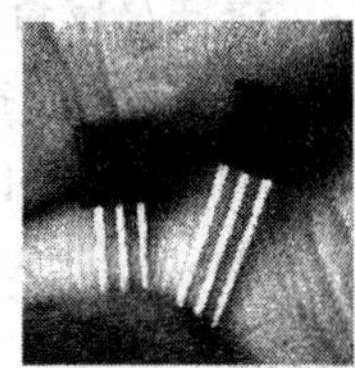

(d) 数字温度传感器

图 4-1　常见的温度传感器

接触式温度传感器的检测部分与被测对象有良好的接触，又称温度计。温度计通过传导或对流达到热平衡，从而使温度计的示值能直接表示被测对象的温度，一般测量精度较高。在一定的测温范围内，温度计也可测量物体内部的温度分布。但对于运动体、小目标或热容量很小的对象则会产生较大的测量误差。

非接触式温度传感器的敏感元件与被测对象互不接触，又称非接触式测温仪表。这种仪表可用来测量运动物体、小目标和热容量小或温度变化迅速(瞬变)对象的表面温度，也可用于测量温度场的温度分布。最常用的非接触式测温仪表基于黑体辐射的基本定律，称为辐射测温仪表。

## 4.3　项目分析与实施

根据项目要求，这个温度采集系统中，单片机是核心控制部件，它控制温度传感器采集环境温度，并将读回的温度数据，显示在数码管显示器件上，同时对温度数据作出判断，实现报警提醒。项目中涉及到的数码管显示部分、蜂鸣器控制、LED 灯控制在项目 1 和 2 中已经做了介绍，这里关键的问题是如何控制温度传感器。

关于温度变化的实现，可参考以下方法：室温通常在 25 ℃，用手捏住传感器可使其温度上升，用温度低的物体接触传感器使其降温，使温度范围在 18 ℃～35 ℃之间变化。

本项目的任务是设计温度采集系统。

**1. 任务要求和分析**

1）任务要求

使用温度传感器设计温度采集系统，要求如下：

(1) 在 4 个数码管上显示当前采集到的环境温度(0～99.9 ℃)。

(2) 当环境温度低于 20 ℃时，蜂鸣器报警，并伴随接在 P1.0 引脚的 LED 灯 D4 点亮。

(3) 当环境温度高于 30 ℃时，蜂鸣器报警，并伴随接在 P1.1 引脚的 LED 灯 D5 点亮。

(4) 当环境温度高于 20 ℃与 30 ℃之间时，接在 P1.7 引脚上的 LED 灯 D11 点亮。

2）任务分析

在硬件电路设计方面，主要是温度传感器与单片机的接口问题，这由选用的温度传感器决定，若温度传感器的输出量是模拟信号，则需要在单片机与传感器之间连接 A/D 转换芯片，因为单片机只能接收数字信号。温度数据的显示加上小数点需要 4 位数码管，所以适合采用动态显示。

在软件程序设计方面，数码管动态显示的程序已经在项目 2 中介绍，所以这里主要还是介绍如何从温度传感器那里获取温度数据。

**2. 器件及设备选择**

本项目的核心器件是单片机和温度传感器，至于温度显示(数码管显示)和报警(蜂鸣器)在前面的项目中已经详细介绍过，这里不再介绍。单片机选用 STC 公司常用芯片 STC89C52，它完全可以满足本项目中采集、控制和数据处理的需要。所以关键问题是温度传感器的选择。

目前常见的温度传感器有 PT100、AD590、LM135/235/335，MAX6625/6626、DS18B20 等温度传感器。

PT100 是铂热电阻，它的阻值跟温度的变化成正比。PT100 的阻值与温度变化关系为：当 PT100 温度为 0 ℃时，它的阻值为 100 Ω，在 100 ℃时它的阻值约为 138.5 Ω。

AD590 是美国模拟器件公司的电流输出型温度传感器，供电电压范围为 3～30 V，输出电流 223 μA(－50 ℃)～423 μA(＋150 ℃)，灵敏度为 1 μA/℃。

LM135/235/335 系列是美国国家半导体公司(NS)生产的一种高精度易校正的集成温度传感器，工作特性类似于齐纳稳压管，其反向击穿电压与热力学温度成正比，属于电压输出式精密集成温度传感器，电压温度系数为＋10 mV/K。

MAX6625 是美国 Maxim 公司生产的一种新型智能温度传感器。MAX6625 将温度传感器、9 位 A/D 转换器、可编程温度界限报警和 $I^2C$ 总线串行接口集成在同一个芯片中。温度范围都是(－55 ～＋125)℃，分辨率可达 0.5 ℃。

DS18B20 是美国 DALLAS(达拉斯)公司生产的一款超小体积、超低硬件开销，抗干扰能力强、精度高、附加功能强的数字温度传感器。有 9～12 位可编程分辨率，温度范围为(－55～＋125) ℃，固有测温分辨率为 0.5 ℃。独特的单线接口方式，DS18B20 在与微处理器连接时仅需要一条口线即可实现微处理器与 DS18B20 的双向通信。

PT100、AD590、LM135/235/335 都是模拟温度传感器，与微处理器连接时，需要先通过数据转换芯片转换为数字量，接口电路较为复杂。MAX6625 温度传感器与微处理器的接口电路虽较为简单，但是依然不如 DS18B20 温度传感器。故这里选用 DS18B20 温度传感器。

DS18B20 是美国 DALLAS 半导体公司推出的第一片支持“一线总线”接口的温度传感

器，它接线方便，封装后的 DS18B20 可用于电缆沟测温，高炉水循环测温，锅炉测温，机房测温，农业大棚测温，洁净室测温，弹药库测温等各种非极限温度场合，主要根据应用场合的不同而改变其外观。型号多种多样，有 LTM8877，LTM8874 等。它具有微型化、低功耗、高性能、抗干扰能力强、易配微处理器等优点，可直接将温度转化成串行数字信号供处理器处理。

DS18B20 传感器的主要特性如下：

(1) 适应电压范围更宽，电压范围为 3.0～5.5 V，寄生电源方式下可由数据线供给。

(2) 独特的单线接口方式，DS18B20 在与微处理器连接时仅需要一条口线即可实现微处理器与 DS18B20 的双向通信。

(3) DS18B20 支持多点组网功能，多个 DS18B20 可以并联在唯一的三线上，实现组网多点测温。

(4) DS18B20 在使用中不需要任何外围元件，全部传感元件及转换电路集成在形如一只三极管的集成电路内。

(5) 温度范围为(－55～＋125) ℃，在(－10～＋85) ℃时精度为±0.5 ℃。

(6) 可编程的分辨率为 9～12 位，对应的可分辨温度分别为 0.5℃、0.25℃、0.125℃和 0.0625 ℃，可实现高精度测温。

(7) 在 9 位分辨率时最多在 93.75 ms 内把温度转换为数字，12 位分辨率时最多在 750 ms内把温度值转换为数字，速度很快。

(8) 测量结果直接输出数字温度信号，以“一线总线”串行传送给 CPU，同时可传送 CRC 校验码，具有极强的抗干扰纠错能力。

(9) 负压特性：电源极性接反时，芯片不会因发热而烧毁，但不能正常工作。

DS18B20 传感器的应用范围如下：

(1) 冷冻库、粮仓、储罐、电信机房、电力机房、电缆线槽等测温和控制领域。

(2) 轴瓦、缸体、纺机、空调等狭小空间工业设备的测温和控制。

(3) 汽车空调、冰箱、冷柜以及中低温干燥箱等。

(4) 供热、制冷管道热量计算、中央空调分户热能计量等。

1) DS18B20 引脚介绍

DS18B20 的封装有 2 种，一种 TQ－92 直插式(使用最多最普遍的封装)，如图 4－2(a)所示，一种八脚 SOIC 贴片式，如图 4－2(b)所示。表 4－1 列出了 DS18B20 的引脚定义。

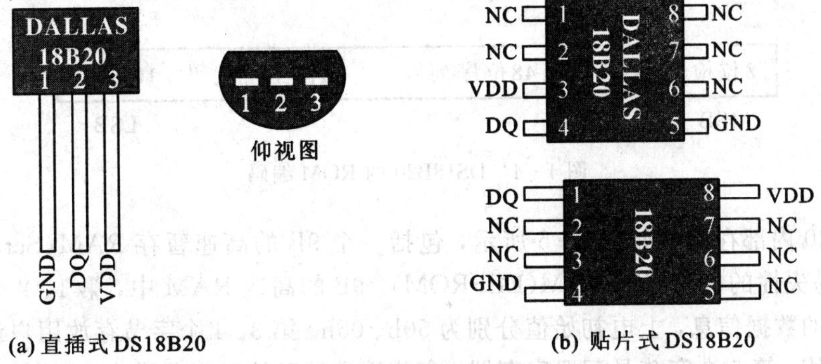

(a) 直插式 DS18B20　　(b) 贴片式 DS18B20

图 4－2 DS18B20 的封装

表 4-1 DS18B20 的引脚定义

| 引 脚 | 定 义 | 引 脚 | 定 义 |
| --- | --- | --- | --- |
| GND | 电源负极 | DQ | 信号输入输出 |
| VDD | 电源正极 | NC | 空 |

2) DS18B20 内部结构

DS18B20 内部主要由以下几部分组成：64 位光刻 ROM、高速缓存 RAM (Scratchpad)、温度传感器、非易失性温度报警触发器 TH 和 TL、配置寄存器 (EEPROM)，如图4-3所示。

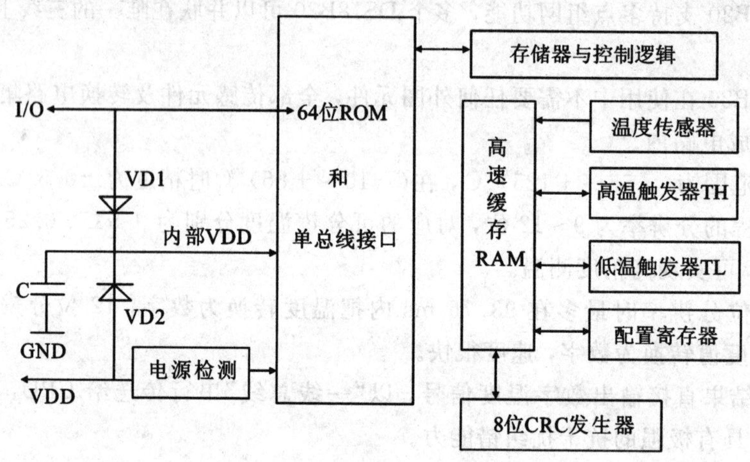


图 4-3 DS18B20 内部结构

每一个 DS18B20 有一个唯一的 64 位光刻 ROM 编码，这 64 位 ROM 码在出厂前已经做好，包含三部分信息，如图 4-4 所示，开始的低 8 位是产品的系列编码(DS18B20 是 10h)，中间的 48 位是唯一的序列号，最后高 8 位是低 56 位的 CRC 校验码，用户只能读出 ROM 编码不能对其修改,这相当于我们的身份证号码一样。正是因为每个 DS18B20 都有一个唯一的序列号，所以多个 DSl8B20 可以存在于同一条单线总线上，当主机需要对某个 DS18B20 控制时，先发出“匹配 ROM”的指令，随后发出 64 位 ROM 编码，若某个 DS18B20 的 ROM 编码与主机发来的 ROM 编码一致，则会做出响应，其余 DS18B20 等待复位脉冲。

| 8位检验CRC | 48位序列号 | 8位工厂代码（10H） |
| --- | --- | --- |

MSB　　　　　　　　　　　　　　　　　LSB

图 4-4 DS18B20 的 ROM 编码

DS18B20 内部存储器如图 4-5 所示，包括一个 9B 的高速暂存 RAM(Scratchpad)和一个 3B 非易失性的电可擦除 ROM(EEPROM)。9B 的高速 RAM 中，第 1、2 个字节存放温度转换后的数据信息，上电初始值分别为 50h、05h。第 3、4 个字节存放用户设置的高温和低温报警值，第 5 个字节是配置寄存器，存放用户设置的温度分辨率，第 3、4、5 这三个字节的内容每次上电时被刷新。第 6、7、8 个字节是存放内部计算结果的暂存单元。第 9 个字节为前 8 个字节的 CRC 码。非易失性 EEPROM 是高速 RAM 第 3、4、5 三个字节内容的镜像。用户可以将设置的温度报警值和分辨率通过指令复制到 EEPROM 中，也可以将 EEPROM 中的数据复制到高速 RAM 的相应单元。

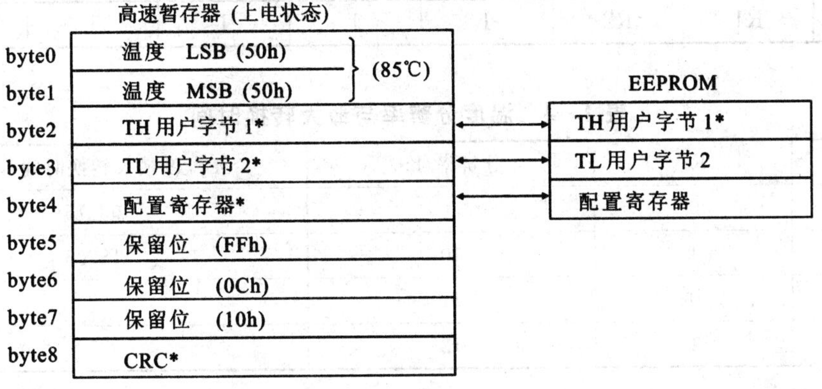


图 4－5　DS18B20 内部存储器

高速暂存 RAM 中第 1、2 个字节中温度数据的格式如图 4－6 所示。温度值以二进制补码的形式存放。出厂默认配置为 12 位(bit)分辨率，高 5 位为符号位，S=0 时，表示温度值为正；S=1 时表示温度值为负。CPU 读取数据时，一次会读取 2B，读完后将低 11 位的二进制数转化为十进制数，再乘以 0.0625 才得到实际温度值。DS18B20 的温度与数据关系如表 4－2 所示。

| | bit 7 | bit 6 | bit 5 | bit 4 | bit 3 | bit 2 | bit 1 | bit 0 |
|---|---|---|---|---|---|---|---|---|
| LS Byte | $2^3$ | $2^2$ | $2^1$ | $2^0$ | $2^{-1}$ | $2^{-2}$ | $2^{-3}$ | $2^{-4}$ |

| | bit 15 | bit 14 | bit 13 | bit 12 | bit 11 | bit 10 | bit 9 | bit 8 |
|---|---|---|---|---|---|---|---|---|
| MS Byte | S | S | S | S | S | $2^6$ | $2^5$ | $2^4$ |

图 4－6　DS18B20 温度数据的存储格式

**表 4－2　DS18B20 的温度与数据关系表**

| 温度/℃ | 数据输出(二进制) | 数据输出(十六进制) |
|---|---|---|
| +125 | 0000 0111 1101 0000 | 07D0h |
| +85 | 0000 0101 0101 0000 | 0550h |
| +25.0625 | 0000 0001 1001 0001 | 0191h |
| +10.125 | 0000 0000 1010 0010 | 00A2h |
| +0.5 | 0000 0000 0000 1000 | 0008h |
| 0 | 0000 0000 0000 0000 | 0000h |
| −0.5 | 1111 1111 1111 1000 | FFF8h |
| −10.125 | 1111 1111 0101 1110 | FF5Eh |
| −25.0625 | 1111 1110 0110 1111 | FE6Eh |
| −55 | 1111 1100 1001 0000 | FC90h |

注：上电复位时温度寄存器默认值为+85℃。

高速暂存 RAM 中，第 5 个字节配置寄存器各位的含义如表 4－3 所示。DS18B20 工作时按此寄存器中的分辨率将温度转换为相应精度的数值。温度分辨率与最大转换时间如表 4－4 所示。

表 4－3 配置寄存器字节各位的定义

| 0 | R1 | R2 | 1 | 1 | 1 | 1 | 1 |
|---|---|---|---|---|---|---|---|

表 4－4 温度分辨率与最大转换时间

| R1 | R2 | 分辨率/bit | 温度最大转换时间/ms |
|---|---|---|---|
| 0 | 0 | 9 | 93.75 |
| 0 | 1 | 10 | 187.5 |
| 1 | 0 | 11 | 375 |
| 1 | 1 | 12 | 750 |

### 3. 任务实施

1）温度采集系统硬件电路设计

DS18B20 最大的特点是采用单总线技术，即它与单片机之间只需要一条数据线就可以进行通信。目前常用的单片机与外设之间进行数据传输的串行总线主要有 I2C，SPI 和 SCI 总线。其中 I2C 总线以同步串行二线方式进行通信，即一条时钟线，一条数据线；SPI 总线以同步串行三线方式进行通信，一条数据输入线，一条数据输出线和一条时钟线；SCI 总线则是以异步方式进行通信，一条数据输入线和一条数据输出线，这三种方式都需要至少 2 条或 2 条以上的信号线。而 DS18B20 使用单线技术与上述几种总线不同，它采用单条信号线，即可传输时钟，又可双向收发数据，因而这种单线技术具有线路简单，硬件开销小，成本低廉，便于总线扩展和维护的特点。单总线适用于单个主器件系统控制一个或多个从器件的场合。当单总线上只有一个从器件时，可按照单节点方式操作。

DS18B20 有两种供电方式：外部电源和寄生电源。

在外部电源供电方式下，DS18B20 工作电源由 VDD 引脚接入，不存在电源电流不足的问题，可以保证转换精度，同时在总线上理论可以挂接任意多个 DS18B20 传感器，组成多点测温系统。注意：在外部供电的方式下，DS18B20 的 GND 引脚不能悬空，否则不能转换温度，读取的温度总是 85℃。外部电源供电方式是 DS18B20 最佳的工作方式，工作稳定可靠，抗干扰能力强，而且电路也比较简单，可以开发出稳定可靠的多点温度监控系统。

寄生电源简单说就是器件从单线数据中“窃取”电源，在信号线为高电平的时间周期内，把能量储存在内部电容器中，在单信号线为低电平的时期内断开此电源，直到信号线为高电平，重新接上寄生(电容)电源为止。

独特的寄生电源方式有三个好处：

(1) 进行远距离测温时，无需本地电源；

(2) 可以在没有常规电源的条件下读取 ROM；

(3) 电路更加简洁，仅用一根 I/O 口实现测温。

寄生电源供电时 VDD、GND 接地，DQ 引脚接单片机 I/O 口线，此时需要外接 5 KΩ

左右的上拉电阻。要想使 DS18B20 进行精确的温度转换，I/O 线必须保证在温度转换期间提供足够的能量，由于每个 DS18B20 在温度转换期间工作电流达到 1 mA，当几个温度传感器挂在同一根 I/O 线上进行多点测温时，只靠上拉电阻就无法提供足够的能量，会造成无法转换温度或温度误差极大。因此，寄生电源只适应于单一温度传感器测温情况下使用。并且工作电源 VCC 必须保证在 5 V，当电源电压下降时，寄生电源能够汲取的能量也降低，会使温度误差变大。

本任务中单片机 P2.3 和 DS18B20 的引脚 DQ 连接，作为单一数据线，R14 为单线 DQ 的上拉电阻，保证提供足够的温度转换电流。具体电路连接图如图 4－7 所示。显示部分电路和蜂鸣器报警电路不再重复列出。

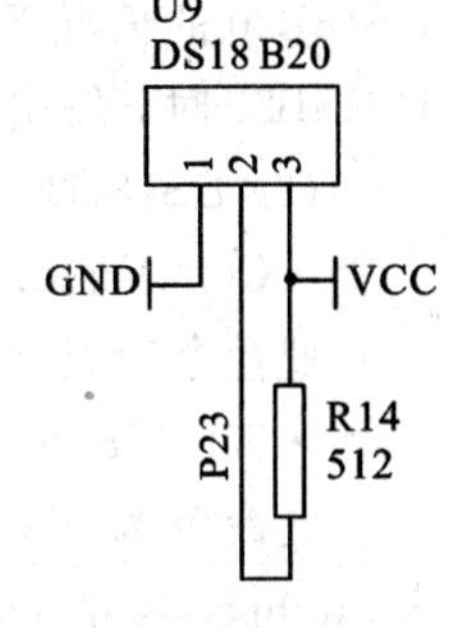

图 4－7　硬件原理图

2）温度采集系统软件程序设计

DS18B20 在硬件上与单片机的接线非常简单，但是对其控制的软件开销却很大。对 DS18B20 的控制必须严格按照其通信协议来保证各位数据传输的正确性和完整性，

**DS18B20 通信协议具体步骤如下：**

**步骤 1：初始化；**

**步骤 2：ROM 命令；**

**步骤 3：存储器操作命令；**

**步骤 4：处理/数据。**

每次对 DS18B20 进行访问时，绝对遵循上述通信流程非常重要，在对 DS18B20 的处理过程中丢失任何一个步骤或顺序错乱都会导致 DS18B20 没有响应(Search ROM 和 Alarm Search 命令除外)。若已经发出 ROM 命令，主机必须对 DS18B20 重新初始化以进行第二次操作。

对 DS18B20 的控制指令主要有 ROM 指令和 RAM 指令。

(1) DS18B20 的 ROM 命令。一旦总线主机检测到次器件存在(初始化/复位成功)，便可以向 DS18B20 发出 ROM 命令之一。所有 ROM 操作命令均为 8 位长。

• READ ROM [33h]

读(READ)ROM 命令允许总线主机读取 DS18B20 的 64 位 ROM 代码。这只能在总线上仅有一个 DS18B20 器件的情况下使用。如果总线上存在多个从属器件，那么当所有从片企图同时发送时将发生数据冲突现象(漏极开路线与的结果)。

• MATCH ROM [55h]

匹配(MATCH)ROM 命令后有 64 位的 ROM 数据序列，允许总线主机对多点总线上特定的 DS18B20 进行寻址，只有与 64 位 ROM 序列严格相符的 DS18B20 才能对后面的功能命令做出响应。所有与 64 位 ROM 序列不符的从片将等待复位脉冲。此命令在总线上存在单个或多个器件的情况下均可使用。

• SEARCH ROM [F0h]

系统开始工作时总线主机可能不知道单总线上器件的个数或其 64 位 ROM 编码。搜索(SEARCH)ROM 命令允许总线主机使用一种“消去”(Elimination)处理来识别总线上所有从片的 64 位 ROM 编码。

• ALARM SEARCH［ECh］

警告搜索(ALARM SEARCH)命令与搜索ROM命令相似，但仅在最近一次温度测量出现警告的情况下，DS18B20才对此命令做出响应。警告的条件定义为温度高于TH或低于TL。

• SKIP ROM［CCh］

允许总线控制器不用提供64位ROM编码就使用功能指令。在总线上只有一片DS18B20的情况下，为了节省时间可以使用此指令(SKIP ROM)。如果总线上挂接多个DS18B20时，使用此指令将会出现数据冲突，导致错误。

(2) DS18B20的功能命令。

• CONVERT T［44h］

此命令为温度转换命令，开始启动温度转换。

• WRITE SCRATCHPAD［4Eh］

此命令为写存储器命令，写3个字节(温度警告值TH、TL和配置寄存器值)到Scratchpad中的byte2、byte3和byte4中。

• COPY SCRATCHPAD［48h］

此命令为复制暂存存储器命令，将Scratchpad中的byte2、byte3和byte4复制到EEPROM中的TH、TL和配置寄存器中。

• READ SCRATCHPAD［BEh］

此命令为读存储器命令，读出Scratchpad中的9B数据。

• RECALL E2［B8h］

此命令用于重新调出EEPROM中的TH、TL和配置寄存器值到Scratchpad中的byte2、byte3、byte4。

• READ POWER SUPPLY［B4h］

此命令为读出电源状态命令。

(3) DS18B20的初始化(复位)、读写数据时序。由于DS18B20只有一条数据线，所有的数据都是串行传送，所以必须严格按照时序来传送数据。DS18B20的时序主要有三种：初始化时序、读一位二进制数时序、写一位二进制数时序。

**DS18B20初始化(复位)时序如图4-8所示。初始化具体过程为：**

**① 控制器先将数据线置高电平"1"。**

**② 延时(该时间要求不是很严格，但要尽可能短一点)。**

**③ 控制器将数据线拉到低电平"0"。**

**④ 延时480～960 μs。**

**⑤ 控制器再次将数据线拉到高电平"1"。**

**⑥ 延时等待。如果初始化成功，则在15～60 ms内产生一个由DS18B20返回的低电平"0"，据该状态可以确定它的存在。但注意，不能无限等待，不然会使程序进入死循环，所以要进行超时判断。**

**⑦ 若控制器读到数据线上的"0"电平后，还要进行延时，其延时的时间从发出高电平算起(即第⑤步的时间算起)至少要480 μs。**

**⑧ 控制器将数据线再次拉到高电平"1"后，初始化结束。**

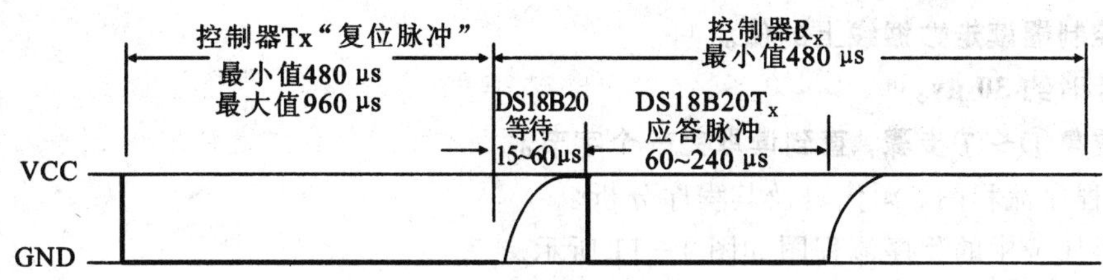


图 4-8　DS18B20 初始化时序

**DS18B20 写一位二进制数的时序如图 4-9 所示。写数据具体过程为：**

**① 控制器置数据线低电平“0”。**

**② 延时 15μs。**

**③ 控制器送出需要写的数据，DS18B20 采样数据线，在 15～45μs 之内读走数据。**

**④ 延时约 45μs；**

**⑤ 控制器将数据线再次拉到高电平“1”。**

**⑥ 只要重复①～⑤步骤 8 次，就可以写完一个字节的数据（按照从送低位到高位的顺序）。**

**⑦ 所有数据写完之后，将数据线拉高到“1”。**

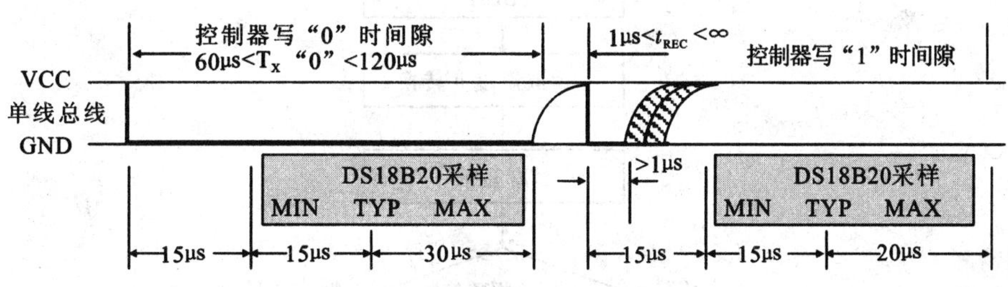


图 4-9　DS18B20 写数据时序

**DS18B20 读一位二进制数的时序如图 4-10 所示。读数据具体过程为：**

**① 控制器将数据线拉高到“1”。**

**② 延时约 2 μs。**

**③ 控制器将数据线拉低到“0”。**

**④ 延时至少 1 μs。**

**⑤ 控制器将数据线拉到高电平“1”(释放数据线)。**

**⑥ 延时约 6 μs(等待 DS18B20 将数据送到数据线上)。**

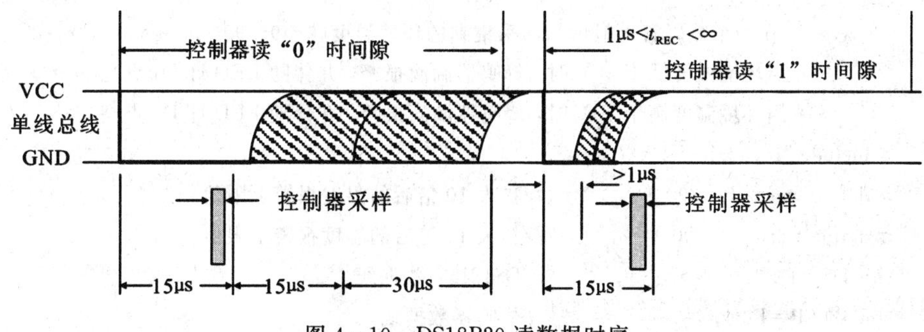


图 4-10　DS18B20 读数据时序

**⑦ 控制器读走数据线上的值。**

**⑧ 延时约 30 μs。**

**⑨ 重复①～⑦步骤，直到读取完一个字节。**

(4) 程序流程图、源代码及其程序分析。

① 本任务中的程序流程图如图 4－11 所示。

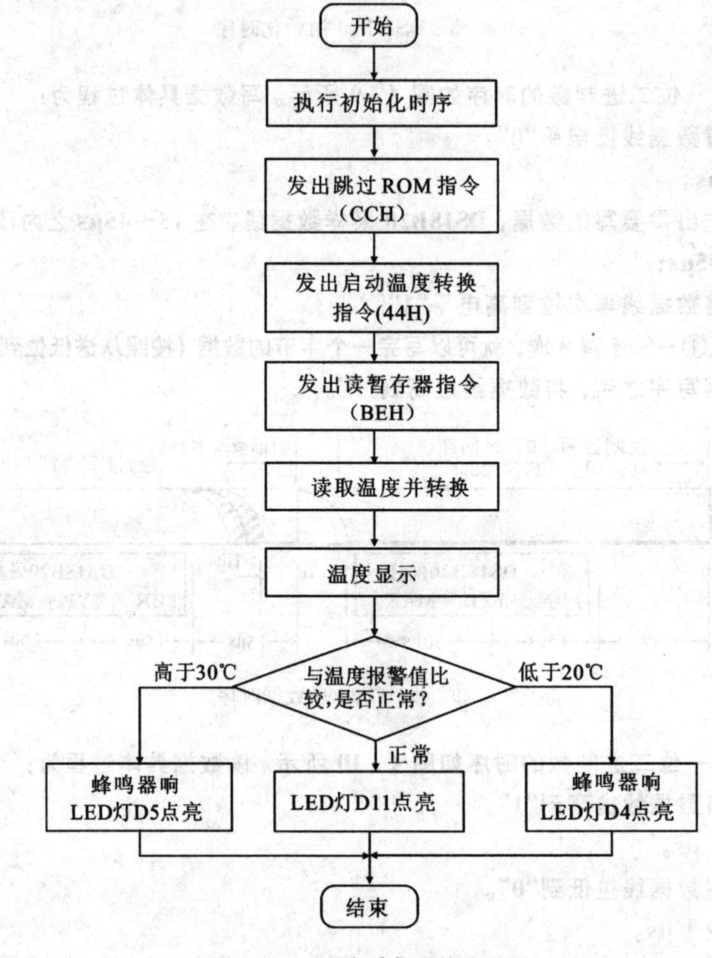


图 4－11 温度采集系统流程图

② 程序源代码如下：

```
/＊＊＊＊ 在 4 个数码管上显示当前采集到的环境温度(0～99.99℃) ＊＊＊＊＊＊/
/＊＊＊＊当环境温度低于 20℃时，蜂鸣器滴滴报警，并伴随 LED 灯 D4 点亮 ＊＊＊＊/
/＊＊＊＊当环境温度高于 30℃时，蜂鸣器滴滴报警，并伴随 LED 灯 D5 点亮 ＊＊＊/
# include "reg52. h"
# define warn _h   300          //扩大 10 倍后的温度报警上限值
# define warn_l    200          //扩大 10 倍后的温度报警下限值
sbit DS＝P2^3;                  //DS18B20 数据线
sbit BEEP＝P2^4;                //蜂鸣器数据线
sbit duan_LE＝P2^7;             //数码管段选锁存器允许
```

```
sbit wei_LE=P2^6;                   //数码管位选锁存器允许
sbit led=P2^5;                      //LED 灯锁存器允许
/****************** 8 位共阴数码管位码 ***************/
unsigned char code wei[6]={0xfe,0xfd,0xfb,0xf7,0xef,0xdf,0xbf,0x7f};
/****************** 个位/百位数码管段码 ***************/
unsigned char code tab1 [10]={0x3f,0x06,0x5b,0x4f,0x66,0x6d,0x7d,0x07,0x7f,0x6f};
/**************** 十位数码管段码,点亮小数点 ***********/
unsigned char code tab2 [10]={0xbf,0x86,0xdb,0xcf,0xe6,0xed,0xfd,0x87,0xff,0xef};
/******************************************************
* 函数名称: delayms ()
* 功能: 延时函数
* 入口参数: x——晶振频率 22.1184 MHz 时, 约延时 xms
******************************************************/
    void delayms(unsigned int x)
    { unsigned int i;
        while(x--)      for(i=0; i<160; i++);
    }
/******************************************************
* 函数名称: display ()
* 功能: LED 数码管动态显示函数
* 入口参数: K——需要显示的数据
******************************************************/
    void display (unsigned int k)
    {       P0=0xff;                        //显示消影
            wei_LE =1;
            P0=wei[0];                      //送个位
            wei_LE =0;                      //位选数据锁存
            duan_LE =1;
            P0=tab1[k%10];                  //送段选数据
            duan_LE =0;                     //段选数据锁存
            delayms (1);                    //延时 1 ms
            P0=0xff;                        // 显示消影
            wei_LE =1;
            P0=wei[1];                      //送十位
            wei_LE =0;                      //位选数据锁存
            duan_LE =1;                     //段选同步输出
            P0=tab2[k%100/10];              //送段选数据
            duan_LE =0;                     //段选数据锁存
            delayms (1);                    //延时 1 ms
            P0=0xff;                        //显示消影
            wei_LE =1;
            P0=wei[2];                      //送百位
            wei_LE =0;                      //位选数据锁存
```

```
        duan_LE =1;
        P0=tab1[k/100];             //送段选数据
        duan_LE =0;                 //段选数据锁存
        wei_LE =1;                  //位选同步输出
        P0=wei[2];                  //送百位
        wei_LE =0;                  //位选数据锁存
        delayms (1);                //延时 1 ms
}
/**************************************
* 函数名称：dsInit()
* 功能：DS18B20 初始化函数
* 入口参数：无
**************************************/
   void dsInit()
   {    unsigned int i;
        DS = 0;
        i = 160;
        while(i>0) i--;             //相对长的低电平
        DS = 1;
        i = 8;
        while(i>0) i--;             //相对非常短的高电平
   }
/**************************************
* 函数名称：readBit()
* 功能：控制器从 DS18B20 读取一位数据
* 入口参数：无
**************************************/
   bit readBit()
   {    unsigned int i;
        bit b;
        DS = 0;
        i++;                        //一小周期低电平
        DS = 1;
        i++;
        i++;                        //两小周期高电平
        b = DS;
        i = 8;
        while(i>0) i--;
        return b;                   //返回读取到的数据
   }
/**************************************
* 函数名称：readByte()
* 功能：控制器从 DS18B20 连续读取一个字节数据
```

```
* 入口参数：无
*********************************************/
    unsigned char readByte()
    {
            unsigned int i;
            unsigned char j, dat;
            dat = 0;
            for(i=0; i<8; i++)
            {       j = readBit();
                j=j<<i;         //最先读出的是低位，所以每次读出的数据需向左移位 i 位
            dat =dat | j;       //将移位后的数据与前面已经读出的数据按位“或”存入 dat 中
            }
            return dat;                 //返回读取到的数据
    }
/*********************************************
* 函数名称：writeByte ()
* 功能：控制器向 DS18B20 写一个字节数据
* 入口参数：write_dat——需要写入的数据
*********************************************/
    void writeByte(unsigned char write_dat)
    {
            unsigned int i;
            unsigned char j;
            bit b;
            for(j = 0; j < 8; j++)
            {       b = write_dat & 0x01;           //将 dat 中最低位数据写入
                write_dat >>= 1;
                //若写入数据为"1"，则让低电平持续 2 个小延时，高电平持续 8 个小延时
                if(b)
            {       DS= 0;
                    i++;
                    i++;                        //低电平持续 2 个小延时
                    DS = 1;
                    i = 8;
                    while(i>0) i--;             //高电平持续 8 个小延时
            }
            //写"0"，让低电平持续 8 个小延时，高电平持续 2 个小延时
            else
            {       DS= 0;
                    i = 8;
                   while(i>0) i--;              //低电平持续 8 个小延时
                   DS= 1;
            i++;
```

```
            i++;                          //高电平持续 2 个小延时
        }
    }
}
/****************************************
*函数名称：sendChangeCmd()
*功能：控制器向 DS18B20 发送温度转换命令
*入口参数：无
****************************************/
  void sendChangeCmd()
  {     dsInit();                         //初始化 DS18B20
        delayms (1);                      //延时 1 ms
        writeByte(0xcc);                  //只有一个 18B20，写入跳过序列号命令字
        writeByte(0x44);                  //发出启动温度转换命令字
  }
/****************************************
*函数名称：sendReadCmd()
*功能：控制器向 DS18B20 发送读取温度数据命令
*入口参数：无
****************************************/
  void sendReadCmd()
  {     dsInit();
        delayms (1);
        writeByte(0xcc);                  //发出跳过 ROM 编码命令字
        writeByte(0xbe);                  //发出写入读取暂存器数据命令字
  }
/****************************************
*函数名称：getTmpValue()
*功能：获取当前温度数据
*入口参数：无
****************************************/
  unsigned int getTmpValue()
  {     unsigned int value;               //存放温度数值
        float t;
        unsigned char low, high;
        sendReadCmd();
        //连续读取两个字节数据
        low = readByte();
        high = readByte();
        //将高低两个字节合成一个整型变量
        value = high;
        value <<= 8;
        value |= low;
```

```
        //DS18B20 的默认精确度为 0.0625 度，即读回数据的最低位代表 0.0625 度
        t = value * 0.0625;
        /*将它放大 10 倍，使显示时可显示小数点后一位，并对小数点后第二位进行四
         舍五入，如 t=11.0625，进行计数后，得到 value = 111，即 11.1 度*/
        value = t * 10+0.5;
        return value;
    }
/*******************************************
*函数名称：main()
*功能：控制 DS18B20 的状态，并对温度数据进行比较
*入口参数：无
*******************************************/
    void main()
    {   unsigned int value,i;
        while(1)
        {   i=10;                                   //蜂鸣器声长
            sendChangeCmd();                        //启动温度转换
            value = getTmpValue();                  //得到整数表示的温度，实际精度 0.1℃
            display(value);                         //数码管显示温度
            led=1;                                  //流水灯锁存同步输出状态
            if(value> warn_h || value< warn_l)
            {   BEEN=0;                             //蜂鸣器响
                if(value>warn_h) P1=0xfe;           //高于 30℃，D5 点亮
                if(value<warn_l) P1=0xfd;           //低于 20℃，D4 点亮
                while(i--) display(value);          // 延时
                BEEN=1;
        }
        else P1=0x7f;                               //温度在 20℃与 30℃之间，D11 点亮
        }
    }
```

③ 程序分析：

在函数 readByte()中，循环语句：

```
for(i=0; i<8; i++)
{   j = readBit();
    j=j<<i;           //最先读出的是低位，所以每次读出的数据需向左移位 i 位
    dat =dat | j;     //将移位后的数据与前面已经读出的数据按位"或"存入 dat 中
}
```

表示从 DS18B20 连续读出 8 位二进制数，由于最先读出的是最低位，所以第 i 次读出的数据需要向左移位 i 位。假设 DS18B20 中温度数据的低八位是“00000100”，控制器读取数据的顺序依次是“0→0→1→0→0→0→0→0”，我们发现在 i=2 时(即循环的第三次)读到“1”，如果不移位，则 j=0x01，此时“1”的维权发生了改变，只有左移两位才能与它原来的维权保持一致。变量“dat”存放前几次读到的数据，每读到一位数据，移位之后就与“dat”的值按

位“或”，得到新的数据。八次之后，就可以获得正确的一个字节的数据。

3）软硬件联合调试

本任务的硬件电路设计虽比较简单，但是软件程序很复杂。由于只有一条数据线，所以时序非常重要，必须严格按照时序要求，合理设置延时时间。在读取温度数据时，需连续读取两个字节才可以获得温度数据，并且需注意 DS18B20 的温度数据是以二进制补码的形式存放，需要转换成原码之后再转换成后十进制数。在调试过程中，可借助仿真器通过增加断点、单步跟踪等方法逐步调试。

## 4.4 项目总结

在控制领域中，传感器和单片机的应用非常广泛。本项目利用单片机控制数字温度传感器，获取当前温度并实现报警提醒是一个典型应用。

项目中采用一种直接数字输出式温度传感器 DS18B20 实现了单片机控制的测温系统，对 DS18B20 的使用是本项目的重点，在设计过程中，以下几点需要重点把握：

(1) 单线总线的工作原理；

(2) DS18B20 的各种操作命令；

(3) 复位脉冲、应答脉冲、读写脉冲的时隙要求；

(4) 如何在程序中调用操作命令和通过延时实现各种时隙。

## 习　题

1. 阐述温度传感器的分类，并列出常见温度传感器。
2. 阐述单总线的含义。
3. 试说明 DS18B20 温度传感器的接口方式、测温范围、分辨率。
4. 说明 DS18B20 温度传感器的控制流程。

# 项目 5　简易数字电压表设计

## 5.1　项目要求

本项目通过设计数字电压表，旨在介绍 A/D 转换在控制系统中的应用。项目要求以 STC89C52 单片机为核心，设计一个简易数字电压表，要求对 0～5 V 的电压可以测量，电压显示采用液晶 LCD1602 显示，精度保留到小数点后两位。

项目重难点：

(1) A/D 转换原理；

(2) 单片机与 A/D 转换器接口电路设计；

(3) 单片机控制 A/D 转换器程序设计。

技能培养：

(1) 熟练掌握单片机与 A/D 转换芯片的接口电路设计方法；

(2) 熟练掌握 A/D 转换程序设计方法；

(3) 能够分析和解决 A/D 转换中遇到的问题。

## 5.2　理论知识

### 5.2.1　A/D 转换原理

A/D 转换(Analog-to-Digital Convert)就是把模拟量转变为数字量。将模拟量转换成数字量的电路集成封装起来就称为 A/D 转换器(Analog-to-Digital Convert)。需要转换的模拟量可以是电压、电流等电信号，也可以是压力、温度、湿度、位移、声音等非电信号。但在 A/D 转换前，输入到 A/D 转换器的输入信号必须经各种传感器把各种物理量转换成电压信号。A/D 转换后，输出的数字信号可以有 8 位、10 位、12 位和 16 位等，位数越多，转换精度越高。如图 5 - 1 所示，输出数字量 $D$ 正比于输入模拟量 $u_I$。

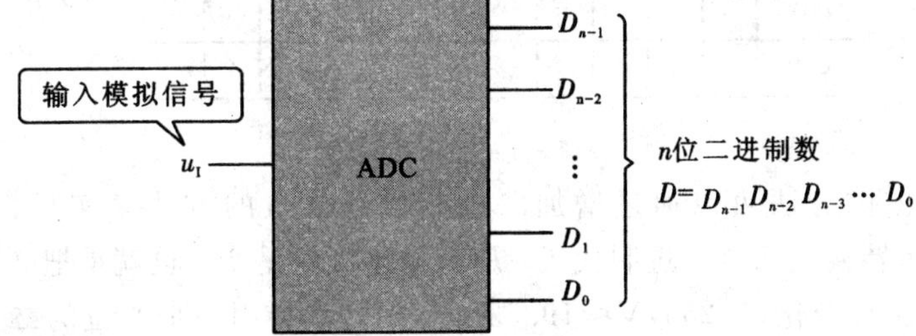


图 5 - 1　AD 转换框图

由于模拟量在时间和(或)数值上是连续的，而数字量在时间和数值上都是离散的，所以转换时要在时间上对模拟信号离散化(采样)，还要在数值上离散化(量化)，所以 A/D 转换一般有三个步骤：采样保持→量化→编码。

采样是指用每隔一定时间的信号样值序列来代替原来在时间上连续的信号，也就是在时间上将模拟信号离散化。如图 5-2 所示，通过一个周期脉冲信号序列对模拟信号进行采样。模拟信号的大小随时间不断变化，保持就是保持采样信号不变，使有充分时间转换为数字信号。

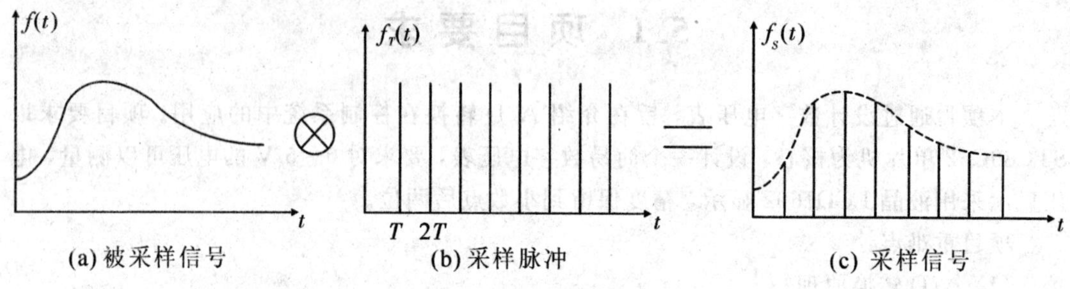


图 5-2 采样过程

量化是用有限个幅度值近似原来连续变化的幅度值，把模拟信号的连续幅度变为有限数量的有一定间隔的离散值。编码则是按照一定的规律，把量化后的值用二进制数字表示。

在 A/D 转换器中，将模拟电压转换成数字信号，其数字信号最低位 LSB=1 所对应的模拟电压的大小称为量化单位 S，S=(输入最大模拟电压值/输出最大数字量)，输入最大模拟电压值一般取参考电压。

假设需要把 0 V～+5 V 的模拟电压转换成三位二进制代码，我们知道三位二进制代码可以表示八种状态，也就是把 0 V～+5 V 分成八等分，称为量化级，那么量化单位就是 0.625 V，如图 5-3 所示。将采样点的模拟电压值转化为量化单位的整数倍，就可以得到这个采样点的数字量，也就是编码。但是一般被转换的模拟电压不可能正好是量化单位的整数倍，这个因素引起的误差称为量化误差。

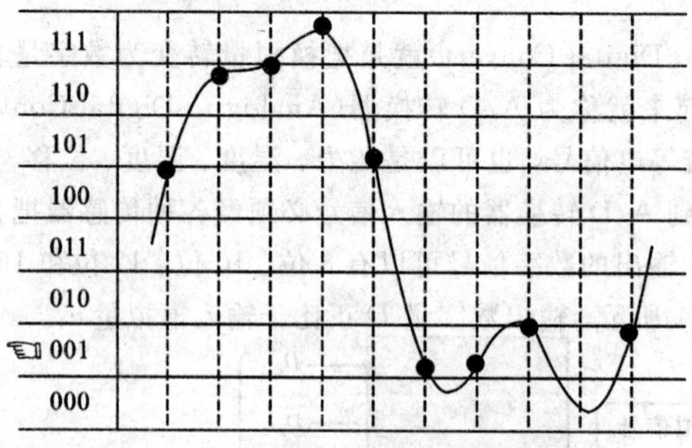


图 5-3 量化和编码

减少量化误差的方法可以通过增加二进制代码位数的方法来实现，如果把 0 V～+5 V的模拟电压转换成八位二进制代码，那么量化级就是 $2^8$，也就是把 0 V～+5 V 分成了 256 份，当电压每变化(5/256)V≈19.53 mV 时，就会用一个八位的二进制代码表示。当然减少量化误差的方法不止这一种，读者可以自行研究。

A/D转换的基本电路原理主要有积分型、逐次逼近型、并行比较型等，详细分类如表5-1所示。

**表5-1　A/D转换器分类**

<table>
<tr><td rowspan="12">A/D转换器</td><td rowspan="6">直接A/D转换器</td><td colspan="2">电荷再分配型A/D转换器</td></tr>
<tr><td rowspan="2">反馈比较型</td><td>逐次逼近式A/D转换器</td></tr>
<tr><td>跟踪计数式A/D转换器</td></tr>
<tr><td rowspan="3">非反馈比较型</td><td>串联方式A/D转换器</td></tr>
<tr><td>并联方式A/D转换器</td></tr>
<tr><td>串并联方式A/D转换器</td></tr>
<tr><td rowspan="6">间接A/D转换器</td><td rowspan="4">电压/时间变换型</td><td>单积分型A/D转换器</td></tr>
<tr><td>双积分型A/D转换器</td></tr>
<tr><td>多重积分型A/D转换器</td></tr>
<tr><td>脉宽调制积分型A/D转换器</td></tr>
<tr><td colspan="2">电压/频率变换型A/D转换器</td></tr>
<tr><td colspan="2">Σ—Δ式A/D转换器</td></tr>
</table>

双积分式A/D转换器具有转换精度高、灵敏度高、抑制干扰能力强，造价低等优点。其主要缺点是转换速度低。

逐次逼近式A/D转换器转换速度较快，转换精度较高。它与双积分式A/D转换器相比抗干扰能力较差，价格也较高。

并行比较式A/D转换器具有转换速度高的优点。其缺点是组成电路复杂，价格昂贵。

**1. 积分型A/D转换器**

积分型A/D转换器工作原理是将输入电压转换成时间(脉冲宽度信号)或频率(脉冲频率)，然后由定时器/计数器获得数字值。早期的A/D转换器大多采用积分型，比如TLC7135、MC14433、ICL7106、AD7555等芯片。

采用积分法原理的A/D转换器由电子开关、积分器、比较器和控制逻辑等部件组成，如图5-4所示。

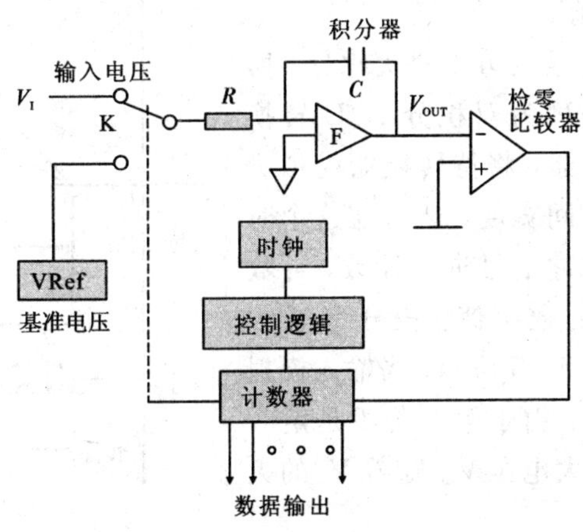


图5-4　积分型A/D转换结构

其转换过程分为两个阶段：

第一阶段——定时积分。

首先将开关接通道待转换的模拟量 $V_i$ 一侧，$V_i$ 采样输入到积分器，积分器从零开始对 $V_i$ 进行固定时间 $T_1$ 的正向积分，时间 $T_1$ 到后，积分器输出电压为：

$$V_{01} = \frac{1}{C}\int_0^{T_1}\left(\frac{V_i}{R}\right)\mathrm{d}t = \frac{T_1}{RC}V_i \tag{5-1}$$

可见积分器的输出 $V_{01}$ 与 $V_i$ 成正比。这一过程称为转换电路对输入模拟电压的采样过程。在采样开始时，逻辑控制电路将计数门打开，计数器计数。当计数器达到满量程 $N$ 时，计数器由全“1”复“0”，这个时间就是固定的积分时间 $T_1$。计数器复“ 0 ”时，同时给出一个溢出脉冲(即进位脉冲)使控制逻辑电路发出信号，令开关 K 转换至参考电压 $V_{REF}$ 一侧，采样阶段结束。

第二阶段——定值积分。

采样阶段结束后，积分器对与 $V_i$ 极性相反的参考电压 $V_{REF}$ 进行积分，计数器由 0 开始计数，当积分器输出电压变为零时，检零比较器输出信号给计数器，关闭计数器，此时经过了 $T_2$ 时间。积分器的输出电压为：

$$V_{o2} = V_{o1} + \left(-\frac{1}{RC}\right)\int_0^{T_2} V_{REF}\,\mathrm{d}t = V_{o1} - \frac{T_2}{RC}V_{REF} = 0 \tag{5-2}$$

将式(5-1)带入式(5-2)，得：

$$\frac{T_1}{RC}V_i = \frac{T_2}{RC}V_{REF}$$

即

$$V_i = \frac{T_2}{T_1}V_{REF} \tag{5-3}$$

由于 $V_{REF}$ 和 $T_1$ 均为固定值，则输入模拟电压正比于 $T_2$。若计数器的脉冲周期为 $T_S$，$T_1 = N_1 T_S$，$T_2 = N_2 T_S$，那么式(5-3)改写为：

$$N_2 = \frac{N_1}{V_{REF}}V_i \tag{5-4}$$

$T_1$ 为固定值，则 $N_1$ 也为固定值，此时 $N_2$ 即为输入模拟量 $V_i$ 对应的数字值。

可以发现整个转换过程经历了两次积分，所以积分型 A/D 转换器也称为双积分 A/D 转换器，它是一种间接性转换器，将待转换的模拟量先转换成与它成正比的时间宽度，然后在这个时间宽度内对固定频率的脉冲信号进行计数，计数的结果就是这个模拟量的数字值。积分型 A/D 转换器的工作波形图如图 5-5 所示，当输入模拟电压 $V_i$ 越大时，$V_{O1}$ 越大，由于第一阶段是定时积分，所以积分器输出最大电压 $V_{om}$ 随着 $V_i$ 的大小沿垂直虚线上下移动。

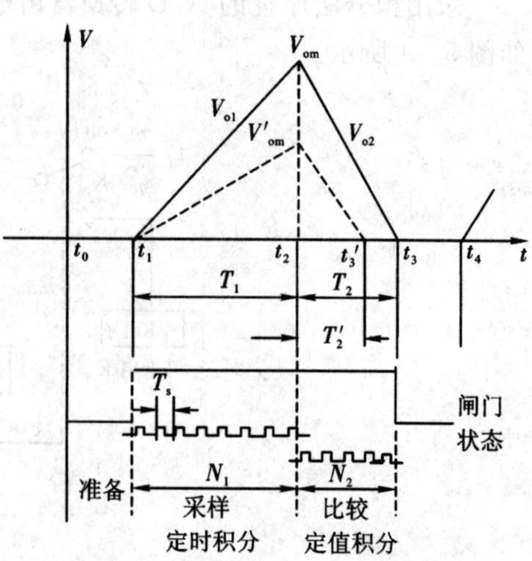


图 5-5 积分型 A/D 转换器工作波形图

**2. 逐次逼近式A/D转换器**

逐次逼近型A/D转换器有ADC0804/0808/0809系列、AD575、AD574等，其转换过程与用天平称物体质量的过程相似。比如用天平秤一个149 g的物体，天枰的砝码有128 g、64 g、32 g、16 g、8 g、4 g、2 g、1 g。首先将128 g的砝码放在托盘上，由于149 g＞128 g，所以砝码保留，相当于最高位数码D7记为1；再在托盘上加上64 g砝码，此时149 g＜(128＋64) g，64 g砝码舍弃，相当于D6记为0；然后再放上32 g砝码，149 g＜(128＋32) g，32 g砝码舍弃，D5记为0；按照这样的方法，直到砝码的总质量无限逼近或等于物体质量，依照放置砝码的次序，从高到低，保留的砝码记为“1”，舍弃的记为“0”，就可以得到物体的数字量。对于149 g的物体，最后留下的砝码是128 g、16 g、4 g、1 g，所以数字量为10010101，在放砝码时，要从大到小，逐个去试，慢慢逼近物体质量。

逐次逼近式A/D转换器包括电压比较器、DA转换器、控制电路、逐次逼近寄存器SAR和缓冲寄存器等。其原理框图如图5-6所示，转换过程为：(1) 首先发出“启动信号”信号S，当S由高变低时，“逐次逼近寄存器SAR”清0，DAC输出$V_o=0$，“比较器”输出1。当S变为高电平时，“控制电路”使SAR开始工作。

(2) SAR首先产生8位数字量的一半，即10000000B，试探模拟量的$V_i$大小，若$V_o>V_i$，“控制电路”清除最高位，若$V_o<V_i$，保留最高位。

(3) 在最高位确定后，SAR又以对分搜索法确定次高位，即以低7位的一半y1000000B(y为已确定位）试探模拟量$V_i$的大小。在bit6确定后，SAR以对分搜索法确定bit5位，即以低6位的一半yy100000B(y为已确定位）试探模拟量$V_i$的大小。重复这一过程，直到最低位bit0被确定。

(4) 在最低位bit0确定后，转换结束，“控制电路”发出“转换结束”信号EOC。该信号的下降沿把SAR的输出锁存在“缓冲寄存器”里，从而得到数字量输出。

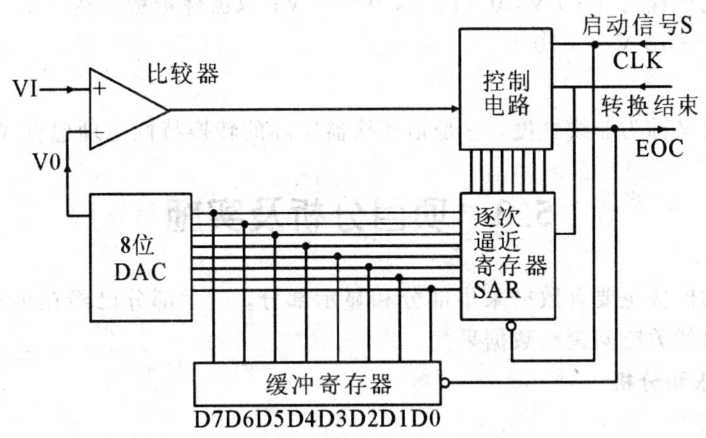


图5-6　逐次逼近型A/D转换器原理框图

### 5.2.2　A/D转换器的主要性能指标

**1. 分辨率**

分辨率是A/D转换器对输入量变化敏感程度的描述，与输出数字量的位数有关。使输出数字量最低有效位(LSB)变化一个字所需输入模拟电压的变化量就是分辨率，通常以数字信号的位数来表示。对于线性 A/D 转换器来说，其分辨率(Δ)与输出数字量输出的位数 $n$ 呈现下列关系：

$$\Delta=\frac{FS}{2^n}$$

式中，FS 为满刻度，表示可以输入的最大模拟电压，一般用参考电压来代替。

例如 12 位 ADC 的分辨率就是 12 位，或者说分辨率为满刻度 FS 的 $1/2^{12}$，若可以输入的最大模拟电压为 10 V，则能分辨输入电压变化的最小值是 10 V×$1/2^{12}$＝2.4 mV。

可见，A/D 转换器的输出位数越多，分辨率越高。

**2. 转换速率**

转换速率是指完成一次从模拟量到数字量转换所需的时间的倒数。积分型 A/D 转换器的转换时间是毫秒级，属低速 AD 转换器，逐次逼近型 A/D 转换器是微秒级，属中速 A/D 转换器。

**3. 误差(有绝对误差和相对误差两种)**

绝对误差等于实际转换结果与理论转换结果之差。也可以用数字量的最小有效位(LSB)的分数值表示。例如：±1LSB，±1/2LSB，±1/4 LSB 等。

相对误差是指数字量所对应的模拟输入量的实际值与理论值之差，用模拟电压满量程的百分比表示。例：10 位 A/D 芯片，输入满量程 10V，绝对精度 ± 1/2LSB (Δ＝9.77 mV)，则绝对精度为：1/2Δ(＝4.88mV)，相对精度为：4.88mV/10V＝0.048%。

**4. 量程**

量程指被转换的模拟输入电压范围，A/D 转换器输入模拟信号通常有以下几种电压范围，分单极性、双极性两种类型。

单极性常见量程为 0～5 V，0～10 V，0～20 V；双极性量程常为－2.5 V～＋2.5 V，－5 V～＋5 V，－10 V～＋10 V。

**5. 线性度**

线性度有时又称为非线性度，它是指转换器实际的转换特性与理想直线的最大偏差。

## 5.3 项目分析及实施

项目涉及的模块主要有数据采集部分和显示部分，显示部分已经在项目 2 中介绍过，所以完成本项目的关键问题是数据采集。

**1. 任务要求和分析**

1) 任务要求

设计一个可以对 0～5 V 模拟电压信号进行测量并通过数字显示的电压表，电压显示格式为："Voltage：*.**V"。

2) 任务分析

硬件电路设计方面，核心是如何将模拟电压量转换成数字量？我们知道单片机只能接收数字信号，对于模拟量是没有办法处理的。所以我们必须采用数据转换，把模拟量转换成数字量送给单片机，单片机对这些数字量进行处理之后，送去给显示器件显示。将模拟量转换成数字量，必须通过 A/D 转换芯片。目前有些单片机将部分外围器件集成到内部，降低了硬件电路设计的复杂性。比如 STC12CXXXXAD 系列，带有 8 位片上 A/D 转换，STC12C5XXXAD 系列，带有 10 位 A/D 转换。Cygnal 公司的 C8051FXXX 系列也带有片上 A/D 转换。由于这里我们使用的 STC89C51 单片机，它没有片上 A/D 转换，所以需要外接 A/D 转换芯片。

软件程序设计方面，重点是单片机如何控制 A/D 转换芯片，并将转换结果进行显示。

**2. 器件及设备选择**

在 A/D 芯片的选择上需要考虑的问题有：

(1) A/D 转换器应用的系统、输出数据的位数(分辨率)、系统要达到的精度和线性。

(2) 输入 A/D 转换器的输入信号范围、极性、信号的驱动能力。

(3) 对转换器输出的数字代码及其逻辑电平的要求。是否需要带输出锁存或三态门？是否通过计算机接口电路？是用外部时钟、内部时钟还是不用时钟？输出代码需要二进制码，还是 BCD 码？是串行，还是并行？

(4) 系统是在静态条件下还是在动态条件下工作？带宽要求如何？要求的转换时间为多少？采样速率为多少？是高速应用还是低速应用？

(5) 要求参考电压是内部的还是外加的？是固定的还是可调(或可变)的？

这里我们对 A/D 转换的分辨率没有特别要求，输入模拟信号的范围为 0～5 V，由于需要与单片机接口，所以最好是带有输出锁存，并且输出并行二进制码，我们设计的电压表只对一路模拟信号进行采样，基于以上几点我们选择 ADC0804 芯片。

由于需要显示的内容包含字符信息，所以选用 LCD1602 液晶屏作为显示器件。

ADC0804 是美国国家半导体公司生产的采用 CMOS 集成工艺制成的逐次逼近型模数转换芯片。主要特性有：

· 工作电压：+5 V，即 VCC=+5 V；

· 模拟输入电压范围：0～+5 V，即 0 V≤$V_{in}$≤+5 V；

· 分辨率：8 位，即分辨率为 1/28=1/256，转换值介于 0～255 之间；

· 转换时间：100 μs($f_{CK}$=640 kHz 时)；

· 转换误差：±1LSB；

· 参考电压：2.5 V，即 $V_{REF}$=2.5 V；

· 内含时钟发生器；

· 允许差分电压输入；

· 输出电平兼容 TTl 电平和 COMS 电平；

· 芯片内具有三态输出数据锁存器，可以直接与数据线相连。

双列直插式 ADC0804 芯片的引脚如图 5-7 所示。各引脚名称及功能如下：

$\overline{CS}$：芯片片选信号，低电平有效，即$\overline{CS}$=0，该芯片才能正常工作，在外接多个 ADC0804 芯片时，该信号可以作为选择地址使用，通过不同的地址信号选通不同的 ADC0804 芯片，从而可以实现多个

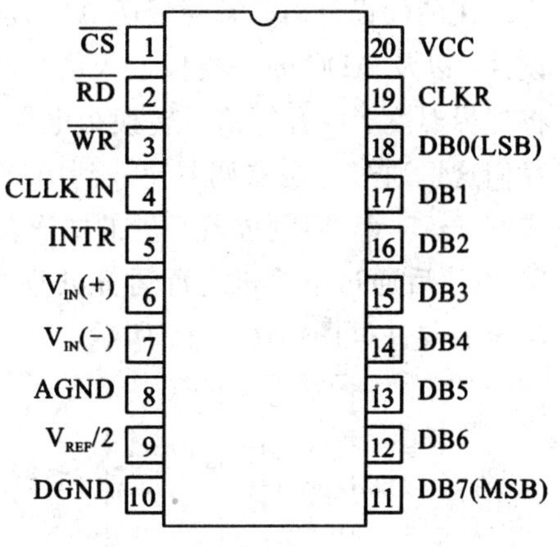

图 5-7　ADC0804 引脚图

ADC 通道的分时复用。

$\overline{WR}$：启动 ADC0804 进行 ADC 采样，该信号低电平有效，即$\overline{WR}$信号由高电平变成低电平再拉到高电平时，触发一次 ADC 转换。

$\overline{RD}$：低电平有效，即$\overline{RD}$=0 时，可以通过数据端口 DB0～DB7 读出本次的转换结果。

$V_{IN}$(+)和 $V_{IN}$(-)：模拟电压输入端，可以接收单极性、双极性和差模输入。当接单极性输入信号时，若输入电压变化范围从 0V～$V_{max}$，则输入电压接入 $V_{IN}$(+)端，$V_{IN}$(-)端接地。该芯片允许差动输入，在共模输入电压允许的情况下，输入电压范围可以从非 0V 开始，即 $V_{min}$～$V_{max}$，此时输入电压加到 $V_{IN}$(+)引脚，而 $V_{IN}$(-)引脚应该接入等于 $V_{min}$ 的恒值电压。

$V_{REF}/2$：参考电压接入引脚，该引脚可外接电压也可悬空，若外接电压，则 ADC 的参考电压为该外接电压的两倍，$V_{REF}/2$ 端电压值应是输入电压范围($V_{IN}$(+)～$V_{IN}$(-))的二分之一，所以输入电压的范围可以通过调整 $V_{REF}/2$ 引脚处的电压加以改变；如不外接，则 $V_{REF}$ 与 V CC共用电源电压，此时 ADC 的参考电压即为电源电压 V CC的值。

CLKR：时钟输入端，允许的时钟频率范围为 100 kHz～1460 kHz。

CLKIN：内部时钟发生器的外界电阻端，与 CLKR 配合可有芯片自身产生时钟脉冲，时钟频率 CLK = 1/(1.1RC)，一般要求频率范围 100 kHz～1.28 MHz；芯片手册上的典型值为 R=10 kΩ，C=150 pF；可得到时钟频率为 $f_{CLK}$=606 kHz。时钟频率的典型值为 $f_{CLK}$=640 kHz。

AGND 和 DGND：分别接模拟地和数字地。

$\overline{INTR}$：A/D 转换结束信号，低电平有效。当一次 A/D 转换完成后，将引起$\overline{INTR}$=0，实际应用时，该引脚应与微处理器的外部中断输入引脚相连(如 51 单片机的 INT0、INT1 脚)，当产生$\overline{INTR}$信号有效时，还需等待$\overline{RD}$=0 才能正确读出 A/D 转换结果，若 ADC0804 单独使用，则可以将$\overline{INTR}$引脚悬空。

DB0～DB7：输出 A/D 转换后的 8 位二进制结果。

V CC：芯片电源 5 V 输入。

**3. 任务实施**

1) 数字电压表硬件电路设计

在硬件设计时，需要考虑 ADC0804 与单片机的接口设计、显示器件 LCD1602 的接口设计，以及 ADC0804 模拟输入信号的来源。在一般嵌入式系统中，这个模拟信号是传感器将外界温度、声音等信号转换为电信号，再经过模拟电路处理之后送给 A/D 转换芯片的。我们这里通过电位器调节输入到 ADC0804 芯片的电压值(ADC0804 芯片的参考电压调节成 0 V～5 V，而电位器产生的电压范围也为 0 V～5 V，因此没有必要设计额外的模拟电路)，然后通过单片机进行运算处理得到这个输入电压值，最后再由 LCD1602 显示出来。电压表硬件框图如图 5-8 所示。

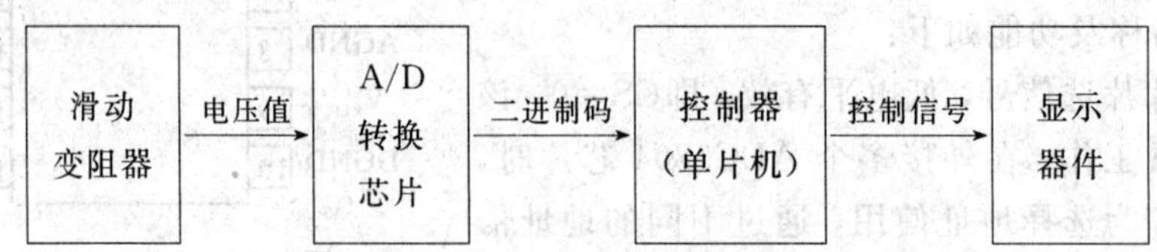


图 5-8 电压表硬件框图

在具体的硬件电路设计上，由于 ADC0804 自身带有三态输出锁存器，所以可以直接与单片机相接。LCD1602 与单片机的接口在项目 2 中也有介绍。数字电压表具体硬件原理图如图 5－9 所示。

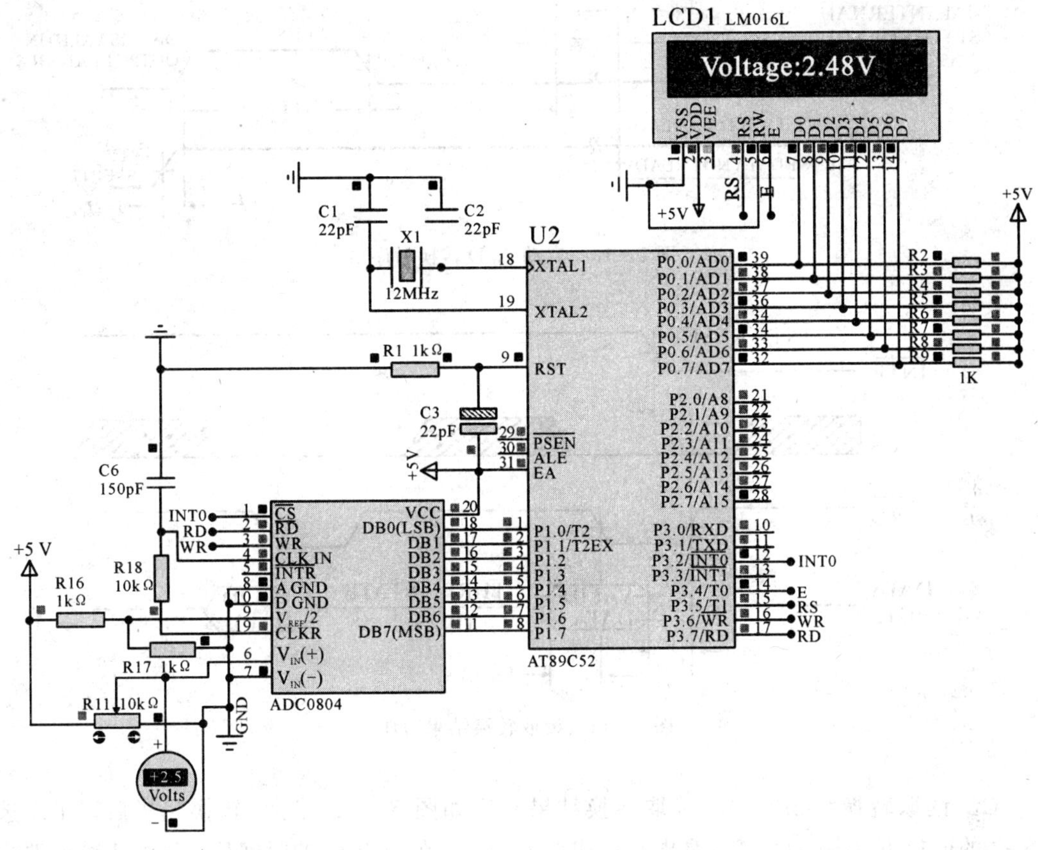


图 5－9 数字电压表硬件原理图

图 5－9 为加载软件程序后的运行效果，图中 ADC0804 的数字量输出端 DB0～DB7 与单片机 P1 口相接。$\overline{WR}$与引脚 P3.7($\overline{RD}$)相接、$\overline{RD}$与引脚 P3.6($\overline{WR}$)相接，片选引脚$\overline{CS}$与引脚 P3.2($\overline{INT0}$)相接。由于输入单极性正电压，$V_{IN}$(＋)接到电位器 R11 的中间抽头，所以 $V_{IN}$(－)接地。由于输入模拟电压范围为 0～5 V，故参考电压 $V_{REF}/2=2.5$ V，通过两个 1 kΩ 的电阻对 V CC分压后得到 $V_{REF}/2$。$\overline{CS}$接到单片机 P3.2 引脚。

2) 数字电压表软件程序设计

对于数字电压表的软件程序，我们这里的核心是单片机如何控制 ADC0804 实现模数转换，要对 ADC0804 编程控制，首先需要了解 ADC0804 的工作时序。

ADC0804 的工作分为两个过程：

(1) 启动转换时序。启动转换时序如图 5－10 所示。启动 A/D 转换时，在片选$\overline{CS}=0$的前提下，使$\overline{WR}$引脚由高电平变成低电平，经历 $t_{W(\overline{WR})_1}$ 的时间之后，再将$\overline{WR}$引脚拉到高电平，启动 A/D 转换。当经过 1 到 8 个 A/D 转换周期(1 个 A/D 转换周期为 $1/f_{CLK}$)加内部 $T_C$的时间之后，转换结果存入输出锁存器，同时$\overline{INTR}$引脚自动变成低电平，通知单片机转换结束。

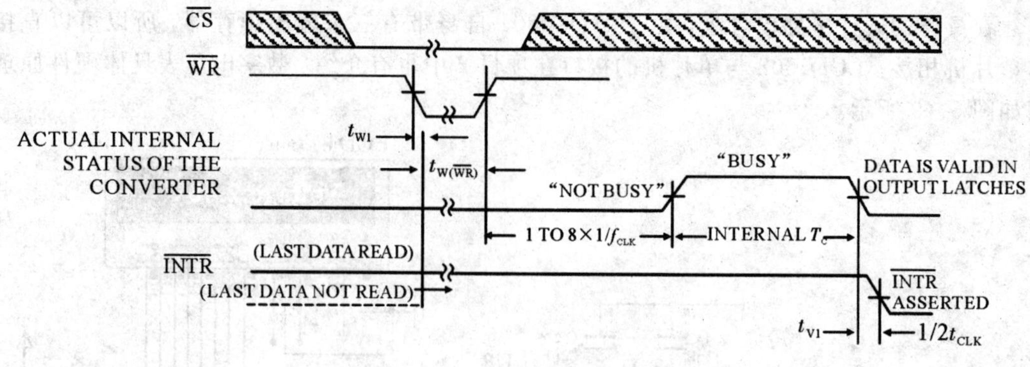


图 5－10　启动 A/D 转换时序

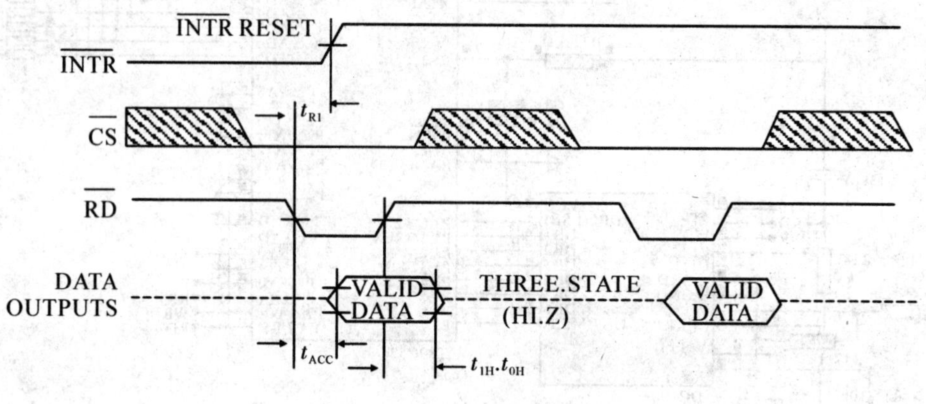


图 5－11　读取转换结果时序

(2) 读取转换结果时序。读取转换结果时序如图 5－11 所示。转换完毕后，在片选 $\overline{\mathrm{CS}}$＝0的前提下，将$\overline{\mathrm{RD}}$引脚由高电平拉成低电平后，在经历 $t_{R1}$ 的时间后，就可从输出端读出数据，之后再拉高$\overline{\mathrm{RD}}$引脚。$\overline{\mathrm{INTR}}$引脚在RD引脚由高变低 $t_{R1}$ 的时间之后，自动拉高，不需人为干涉。

注 1：时序图中涉及到的几个延时时间，可从 ADC0804 的芯片资料中查找。$t_{R1}$ 的典型值和最大值分别为 135 ns 和 200 ns。$t_{W(\overline{WR})L}$ 的最小值为 100 ns，内部 $T_C$ 的时间范围为 62～73 个 A/D 转换周期。

注 2：在程序控制中，如何读取 A/D 转换结果跟 ADC0804 与单片机的接口有关。若 ADC0804 的$\overline{\mathrm{INTR}}$引脚接单片机的中断引脚，则当$\overline{\mathrm{INTR}}$引脚出现低电平就可触发一次单片机的外中断(前提：单片机外中断打开)，单片机可以在中断处理程序中读取 ADC0804 的转换结果。若 ADC0804 的$\overline{\mathrm{INTR}}$未与单片机相接，则可以在启动 A/D 转换之后，经过适当的延时，置低$\overline{\mathrm{RD}}$引脚之后，再经过 $t_{R1}$ 的时间后，直接读取转换结果。

本任务的主控制流程图如图 5－12 所示。

本任务的软件程序主要有四个模块：主调函数 main( )模块；ADC0804 转换模块 adc0804()；转换结果处理模块 AD_IntToStr()；液晶显示模块。液晶显示模块在项目 2 的音乐盒设计中已经有写好，可以直接在本任务中使用。

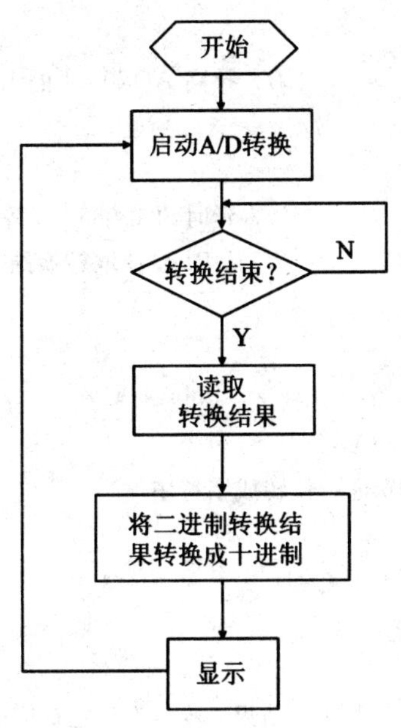


图 5-12　主控制流程图

具体软件程序如下：

```
# include "AT89X51. h"
# include "intrins. h"
# include "lcd. h"
# include "string. h"
# define uchar unsigned char
# define uint unsigned int
sbit adc0804_cs=P3^2;                 //ADC0804 的片选线
sbit adc0804_wr=P3^6;                 //ADC0804 的 WR 线
sbit adc0804_rd=P3^7;                 //ADC0804 的 RD 线
uint ad_result;                       //存放 AD 转换结果
uchar * volt_value;                   //用于液晶显示
uchar volt_str[20]="Voltage:" ;       //定义需要显示的字符串
/****************************************
* 函数名称：adc0804 ()
* 功能：ADC0804 转换函数
* 入口参数：无
****************************************/
void adc0804()
{  adc0804_wr=1;                     //拉高 ADC0804 的 WR 引脚
   _nop_();                          // 延时约 1.085μs
   adc0804_wr=0;                     // 拉低 ADC0804 的 WR 引脚
   _nop_();
   adc0804_wr=1;
   delayms(1);                       // 延时约 1ms
```

```
    P1=0xff;
    adc0804_rd=1;                    // 拉高 ADC0804 的 RD 引脚
    _nop_();
    adc0804_rd=0;
    _nop_();                         // 延时约 1.085 μs,等待转换结束
    ad_result=P1;                    //从 P1 口读取转换结果
    adc0804_rd=1;
}
/************************************************************
* 函数名称: AD_IntToStr ()
* 功能: AD 转换结果的 10 进制数转成字符串
* 入口参数: 无
************************************************************/
void AD_IntToStr()
    {       uchar ad_str[6];
            //将从 P1 口读来的转换结果，转换为与之对应的模拟电压值，并乘以 100
            ad_result= (ad_result * 5.0 * 100)/256;
            ad_str[0]=ad_result/100+'0';
                                   //分离出 ad_result 的前三位数据，并转换为字符
            ad_str[1]=(ad_result%100)/10+'0';
            ad_str[2]=ad_result%10+'0';
            ad_str[5]='0';
            ad_str[4]='V';                //添加电压单位
            ad_str[3]=ad_str[2];
            ad_str[2]=ad_str[1];
            ad_str[1]='.';                //添加小数点
            strcpy(volt_str,"Voltage:") ;  //将需要显示的提示信息复制到数组 volt_str[]中
            strcat(volt_str,ad_str);       //将转换的电压值连接到提示信息之后
}
/************************************************************
* 函数名称: main ()
* 功能: 控制 ADC0804 的工作，并调用显示函数
* 入口参数: 无
************************************************************/
main()
{
    init_lcd();                     //初始化液晶屏
    adc0804_cs=0;                   //选中 ADC0804
    while(1)
    {
    adc0804();                      //调用 A/D 转换函数
    AD_IntToStr();                  //调用数据处理函数
    volt_value=volt_str;            //将需要显示的字符串首地址赋给指针变量
```

```
    lcd_str(volt_value,0x40);            //调用液晶显示函数
    }
  }
/*****************************************/
```

程序分析：

(1) 本程序 adc0804()函数中，用到了_nop_()函数，这个函数是 C51 的一个库函数，包含在"intrins. h 头文件中。_nop_()函数的作用是延时一个机器周期。我们采用的晶振频率为 11.0592 MHz,一个机器周期的时间约为 1.085 μs。

(2) AD_IntToStr()函数的主要功能是将转换结果先计算成与之对应的模拟电压值，再转成字符串,方便液晶显示。在函数 adc0804()中从 P1 读回来的转换结果是模拟量转换成数字量之后的值，比如若输入模拟电压为 2.5 V，则得到的数字量就是 127,如果将这个结果直接送去显示,则不能直观的看到输入的模拟电压值。故需要将这个数字量换算成对应的模拟量。

语句"ad_result= (ad_result * 5.0 * 100)/256"就是数字量换算成模拟量,数字量与模拟量之间的关系是：

$$A = \frac{D}{2^n} \times V_{REF}$$

式中，A 代表模拟量；D 代表数字量；n 代表转换芯片的分辨率，$V_{REF}$代表参考电压。

这里乘以"100"是为了去掉小数点，方便后面显示时，将转换结果作为字符串处理。

(3) ad_str[0]=ad_result/100+'0'；

ad_str[1]=(ad_result%100)/10+'0'；

ad_str[2]=ad_result%10+'0'。

这三句的作用是将换算成模拟量的个、十、百位取出来，后面加字符'0'是为了转换成字符。

(4) ad_str[3]=ad_str[2]；

ad_str[2]=ad_str[1]；

ad_str[1]='.'；

这三句是将数组的第一个、第二个元素依次后移，为小数点留出位置，这里相当于除以 100。

(5) strcpy(volt_str,"Voltage:")；//将需要显示的提示信息复制到数组 volt_str[]中

strcat(volt_str,ad_str)；//将转换的电压值连接到提示信息之后

strcpy()、strcat()函数分别是字符串拷贝函数和字符串连接函数。这两个函数是 C 语言的标准库函数，包含在头文件"string. h"中。

**strcat()函数的格式为：**

**strcat(字符数组 1，字符数组 2)**

**功能：把字符数组 2 连到字符数组 1 后面**

**返值：返回字符数组 1 的首地址**

**说明：① 字符数组 1 必须足够大；② 连接前，两串均以'0'结束，连接后，串 1 的'0'取消，新串最后加'0'。**

**strcpy()函数的格式为：**

**strcpy(字符数组 1，字符串 2)**

**功能：将字符串 2 拷贝到字符数组 1 中去**

**返值：返回字符数组 1 的首地址**

**说明：① 字符数组 1 必须足够大；② 拷贝时'0'一同拷贝；③ 不能使用赋值语句为一个字符数组赋值。**

3）软硬件联合调试

当写好的软件程序下载到单片机中之后，调节电位器，使输入模拟电压发生变化，显示屏上显示的电压值也会跟随变化。可以使用万用表测试输入的模拟电压值，然后与显示电压值进行比较，如果误差很大，说明转换结果错误，需要从硬件电路的设计和软件程序编写两方面查找原因。

# 5.4 项目拓展

## 5.4.1 常见 A/D 转换芯片 ADC0809

ADC0809 是美国国家半导体公司生产的 CMOS 工艺 8 通道，8 位逐次逼近式 A/D 模数转换器，是目前国内应用最广泛的 8 位通用 A/D 芯片之一。其内部有一个 8 通道多路开关，它可以根据地址码锁存译码后的信号，只选通 8 路模拟输入信号中的一个进行 A/D转换。

**1. ADC0809 的主要特性**

(1) 8 路输入通道，8 位 A/D 转换器，即分辨率为 8 位；

(2) 具有转换起停控制端；

(3) 转换时间为 100 μs(时钟为 640 kHz 时)，130 μs(时钟为 500 kHz 时)；

(4) 单个+5 V 电源供电；

(5) 模拟输入电压范围 0～+5 V，不需零点和满刻度校准；

(6) 工作温度范围为(−40～+85)℃；

(7) 低功耗，约 15 mW。

**2. 内部结构及引脚功能**

ADC0809 的内部结构如图 5-13 所示，它由 8 路模拟开关、地址锁存与译码器、比较器、8 位开关树型 A/D 转换器、逐次逼近寄存器、逻辑控制和定时电路组成。引脚图如图 5-14所示。

双列直插封装的 ADC0809 芯片有 28 条引脚，各引脚功能如下。

IN7～IN0：模拟量输入通道。0809 对输入模拟量的要求主要有：信号单极性，电压范围 0～5V(VCC=+5V)。另外，模拟量输入在 A/D 转换过程中其值不应变化，因此对变化速度快的模拟量，在输入前应增加采样保持电路。

ADDA、ADDB、ADDC：地址线。ADDA 为低位地址，ADDC 为高位地址，用于对模拟量输入通道进行选择，其地址状态与通道对应关系见表 5-2 所示。

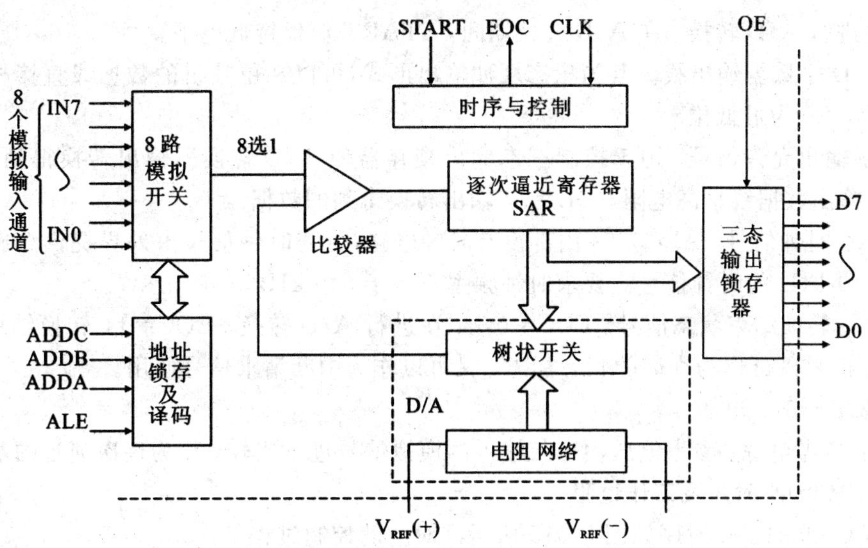


图 5-13　ADC0809 内部结构

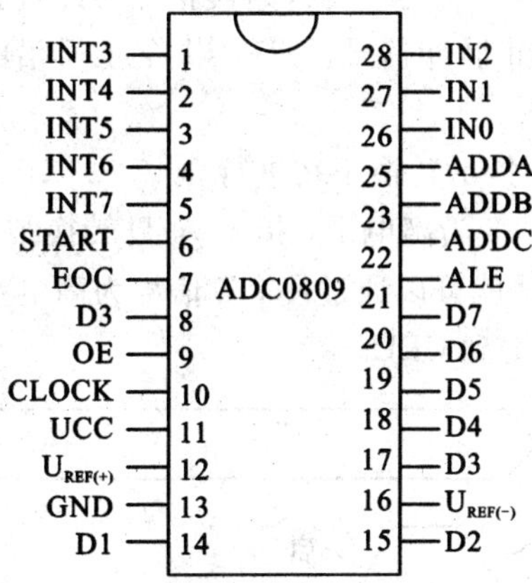


图 5-14　ADC0809 引脚图

**表 5-2　ADC0809 通道选择表**

| C(ADDC) | B(ADDB) | A(ADDA) | 选择的通道 |
|---|---|---|---|
| 0 | 0 | 0 | IN0 |
| 0 | 0 | 1 | IN1 |
| 0 | 1 | 0 | IN2 |
| 0 | 1 | 1 | IN3 |
| 1 | 0 | 0 | IN4 |
| 1 | 0 | 1 | IN5 |
| 1 | 1 | 0 | IN6 |
| 1 | 1 | 1 | IN7 |

ALE：地址锁存允许信号，高电平有效。对应 ALE 上跳沿，ADDA、ADDB、ADDC 地址状态送入地址锁存器中。

START：转换启动信号。START 上跳沿时，所有内部寄存器清 0；START 下跳沿时，开始进行 A/D 转换；在 A/D 转换期间，START 应保持低电平。

D7～D0：数据输出线。其为三态缓冲输出形式，可以和单片机的数据线直接相连。D7 为最高位，D0 为最低位。

OE：输出允许信号，用于控制三态输出锁存器使 A/D 转换器输出转换得到的数据。OE＝0，输出数据线呈高电阻；OE＝1，输出转换得到的数据。

CLK：时钟信号。ADC0809 内部没有时钟电路，所需时钟信号由外界提供。通常使用频率为 500 kHz 的时钟信号。要求时钟频率不高于 640 kHz。

EOC：转换结束状态信号。EOC＝0，正在进行 A/D 转换；EOC＝1，转换结束。使用时该状态信号既可作为查询的状态标志，又可以作为中断请求信号使用。

V CC：＋5 V 电源。

VR：参考电源。参考电压用来与输入的模拟信号进行比较，作为逐次逼近的基准。

**3. ADC0809 时序及工作过程**

ADC0809 的工作时序如图 5－15 所示。对应的控制过程是：

(1) 首先确定 ADDA、ADDB、ADDC 三位地址，决定选择哪一路模拟信号；

(2) 使 ALE 端接受一正脉冲信号，使该路模拟信号经选择开关到达比较器的输入端；

(3) 使 START 端接受一正脉冲信号，START 的上升沿将逐次逼近寄存器复位，下降沿启动 A/D 转换；

(4) EOC 输出信号变低，指示转换正在进行。

(5) A/D 转换结束，EOC 变为高电平，指示 A/D 转换结束。此时，数据已保存到 8 位三态输出锁存器中。此时 CPU 就可以通过使 OE 信号为高电平，打开 ADC0809 三态输出，由 ADC0809 输出的数字量传送到 CPU。

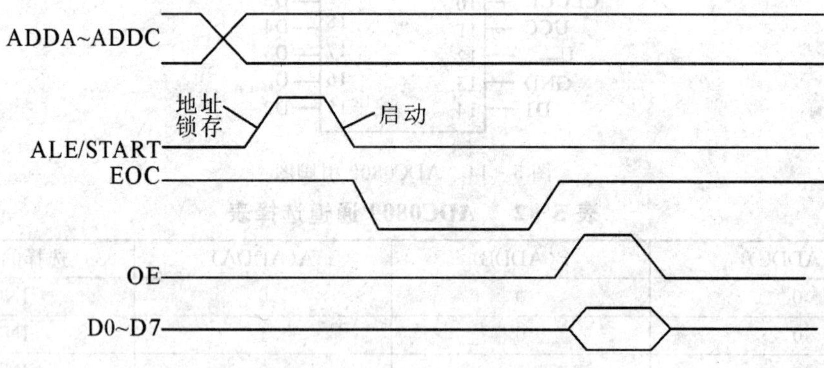


图 5－15 ADC0809 时序图

**4. ADC0809 与单片机接口电路**

ADC0809 与单片机的接口方式决定了 CPU 读取转换结果的方式，主要有三种方式：

(1) 查询方式：把转换结束信号 EOC 作为状态信号送到 CPU 的数据总线的某一位上。CPU 启动 ADC0809 开始转换后，就不断地查询这个状态位，当 EOC 有效时，便读取转换结果。其接口如图 5－16 所示。模拟通道选择信号 A、B、C 分别接最低三位地址 A0、A1、A2 即(P0.0、P0.1、P0.2)，而地址锁存允许信号 ALE 由 P2.0 控制，通道地址选择以 $\overline{WR}$作写选通信号。

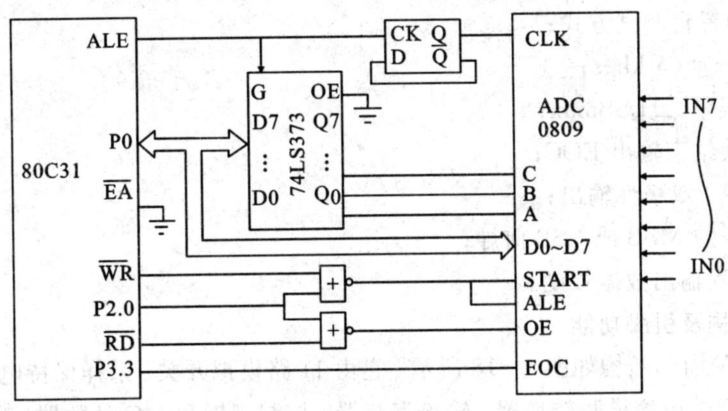


图 5-16 查询方式 ADC0809 与单片机口电路

(2) 延时方式：在这种方式下，不使用转换结束信号 EOC。CPU 启动 A/D 转换后，延时一段时间(略大于 A/D 转换时间)，此时转换已经结束，可以读取转换结果。这种方式，通常采用软件延时的方法(也可以采用硬件延时电路)，无须硬件连线，但要占用主机大量时间，多用于主机处理任务较少的系统中。

(3) 中断方式：把转换结束信号 EOC 作为中断请求信号接到 CPU 的中断请求线上。ADC0809 转换结束，向 CPU 申请中断。CPU 响应中断请求后，在中断服务程序中读取转换结果。这种方式 ADC0809 与 CPU 并行工作，适用于实时性较强和参数较多的数据采集系统。中断方式下 ADC0809 与单片机的接口电路如图 5-17 所示。

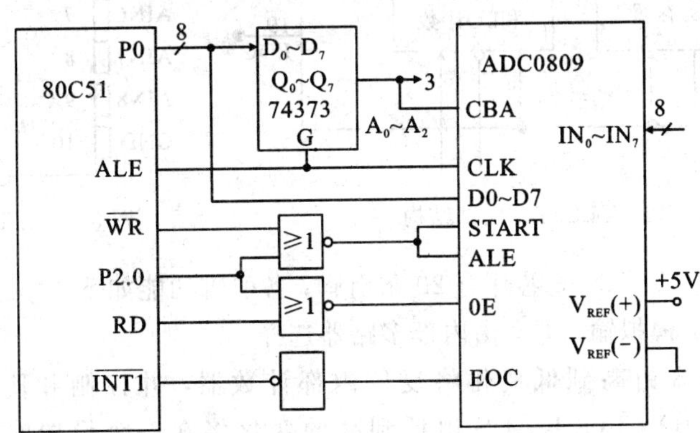


图 5-17 中断方式 ADC0809 与单片机接口电路

## 5.4.2 串行 A/D 转换芯片 TLC2543

TLC2543 是 TI 公司的 12 位串行 A/D 数转换器，使用开关电容逐次逼近技术完成 A/D转换过程。由于是串行输入结构，能够节省 51 系列单片机 I/O 资源，且价格适中，分辨率较高，因此在仪器仪表中有较为广泛的应用。

**1. 主要特性**

(1) 12 位分辨率 A/D 转换器；

(2) 在工作温度范围内 10μs 转换时间；

(3) 11 个模拟输入通道；

(4) 3 路内置自测试方式；

(5) 采样率为 66 kb/s；

(6) 线性误差±1LSBmax；

(7) 有转换结束输出 EOC；

(8) 具有单、双极性输出；

(9) 可编程的 MSB 或 LSB 前导；

(10) 可编程输出数据长度。

**2. 内部结构及引脚功能**

TLC2543 的内部结构如图 5－18 所示，它由 11 路模拟开关、采样保持电路、输入地址寄存器、12 位开关电容模数转换器、输出寄存器、控制逻辑和 I/O 计数器、12 位并串转换器组成。双列直插封装的引脚图如图 5－19 所示。

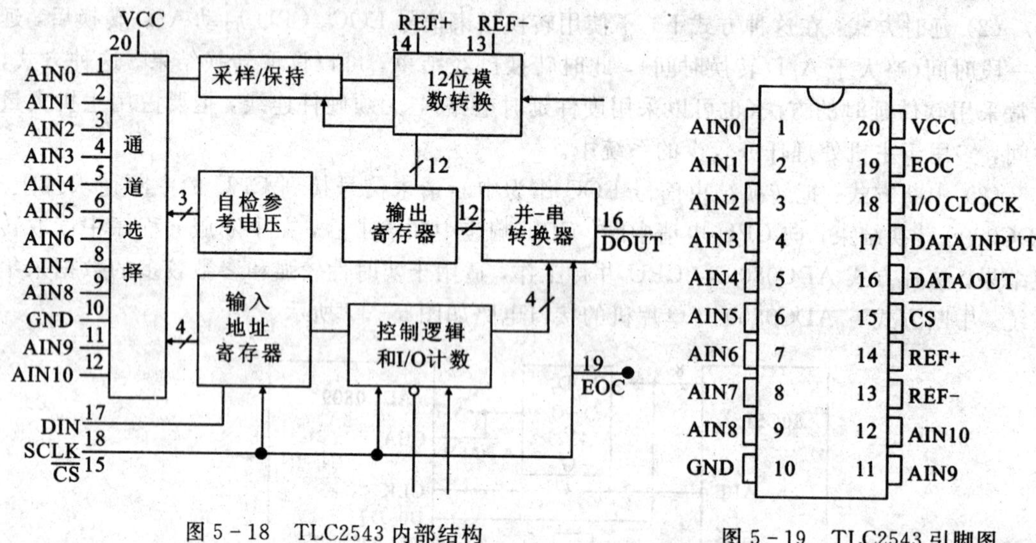


图 5－18　TLC2543 内部结构

图 5－19　TLC2543 引脚图

双列直插封装的 TLC2543 芯片有 20 条引脚，各引脚功能如下。

AIN0～AIN10：模拟输入端，由内部多路器选择。

CS：片选端，CS 由高到低变化将复位内部计数器，并控制和使能 DATA OUT、DATA INPUT 和 I/O CLOCK。CS 由低到高的变化将在一个设置时间内禁止 DATA INPUT和 I/O CLOCK。

DATA INPUT：串行数据输入端，串行数据以 MSB 为前导并在 I/O CLOCK 的前 4 个上升沿移入 4 位地址，用来选择下一个要转换的模拟输入信号或测试电压，之后 I/O CLOCK 将余下的几位依次输入。

DATA OUT：A/D 转换结果三态输出端，在 CS 为高时，该引脚处于高阻状态；当 CS 为低时，该引脚由前一次转换结果的 MSB 值置成相应的逻辑电平。

EOC：转换结束端。在最后的 I/O CLOCK 下降沿之后，EOC 由高电平变为低电平并保持到转换完成及数据准备传输。

VCC、GND：电源正端、地。

REF＋、REF－：正、负基准电压端。通常 REF＋接 VCC，REF－接 GND。最大输入

电压范围取决于两端电压差。

I/O CLOCK：时钟输入/输出端。I/O CLOCK 接收串行输入信号，并完成以下四个功能：

（1）在 I/O CLOCK 的前 8 个上升沿，8 位输入数据存入输入数据寄存器。

（2）在 I/O CLOCK 的第 4 个下降沿，被选通的模拟输入电压开始向电容器充电，直到 I/OCLOCK 的最后一个下降沿为止。

（3）将前一次转换数据的其余 11 位输出到 DATA OUT 端，在 I/O CLOCK 的下降沿时数据开始变化。

（4）I/O CLOCK 的最后一个下降沿，将转换的控制信号传送到内部状态控制位。

**3. TLC2543 的控制字**

TLC2543 为串行 A/D 转换芯片，对于输入通道的选择由“DATA INPUT”引脚送入控制字来完成，其控制字格式如表 5 - 3 所示。

**表 5 - 3　TLC2543 控制字**

| 功　能 | 控　制　字 | | | | | | | |
|---|---|---|---|---|---|---|---|---|
| | 地　址 | | | | L1 | L2 | LSBF | BIP |
| | D7 | D6 | D5 | D4 | D3 | D2 | D1 | D0 |
| AIN0 | 0 | 0 | 0 | 0 | | | | |
| AIN1 | 0 | 0 | 0 | 1 | | | | |
| AIN2 | 0 | 0 | 1 | 0 | | | | |
| AIN3 | 0 | 0 | 1 | 1 | | | | |
| AIN4 | 0 | 1 | 0 | 0 | | | | |
| AIN5 | 0 | 1 | 0 | 1 | | | | |
| AIN6 | 0 | 1 | 1 | 0 | | | | |
| AIN7 | 0 | 1 | 1 | 1 | | | | |
| AIN8 | 1 | 0 | 0 | 0 | | | | |
| AIN9 | 1 | 0 | 0 | 1 | | | | |
| AIN10 | 1 | 0 | 1 | 0 | | | | |
| 选择自检电压为：[$(V_{NEF}+)-(V_{NEF}-)$]/2 | 1 | 0 | 1 | 1 | | | | |
| 选择自检电压为：$V_{REF}-$ | 1 | 1 | 0 | 0 | | | | |
| 选择自检电压：$V_{REF}+$ | 1 | 1 | 0 | 1 | | | | |
| 软件断电模式 | 1 | 1 | 1 | 0 | | | | |
| 输出 8 位二进制 | | | | | 0 | 1 | | |
| 输出 12 位二进制 | | | | | X | 0 | | |
| 输出 16 位二进制 | | | | | 1 | 1 | | |
| 输出数据高位在前 | | | | | | | 0 | |
| 输出数据低位在前 | | | | | | | 1 | |
| 无极性输出 | | | | | | | | 0 |
| 双极性输出 | | | | | | | | 1 |

控制字的前四位(D7～D4)代表 11 个模拟通道的地址；当其为 1100～1110 时，选择片内检测电压；当其为 1111 时，为软件选择的断电模式，此时，AD 转换器的工作电流只有 25 μA。

控制字的第 3 位和第 4 位(D3～D2)决定输出数据的长度，01 表示输出数据长度为 8 位；11 表示输出数据长度为 16 位；X1 表示输出数据长度为 12 位，X 可以为 1 或 0。

控制字的第 2 位(D1)决定输出数据的格式，0 表示高位在前，1 表示低位在前。

控制字的第 1 位(D0)决定转换结果输出的格式。当其为 0 时，为无极性输出(无符号二进制数)，即输入模拟电压等于 $V_{REF}$＋时，转换的结果为 0FFFH；输入模拟电压等于 $V_{REF}$－时，转换的结果为 0000H；输入模拟电压等于[($V_{REF}$＋)－($V_{REF}$－)]/2 时，转换结果为 0800H。当其为 1 时，为有极性输出(有符号二进制数)，即模拟电压高于[($V_{REF}$＋)－($V_{REF}$－)]/2 时符号位为 0；模拟电压低于[($V_{REF}$＋)－($V_{REF}$－)]/2 时符号位为 1。输入模拟电压等于 $V_{REF}$＋时，转换的结果为 03FFH；输入模拟电压等于 $V_{REF}$－时，转换的结果为 0800H。输入模拟电压等于[($V_{REF}$＋)－($V_{REF}$－)]/2 时，转换的结果为 0000H。

**4. TLC2543 时序及工作过程**

TLC2543 的工作时序跟输出的数据位数与是否使用 CS 有关。使用 CS，数据输出数据宽度为 12 位，MSB 做前导的时序图如图 5－20 所示。

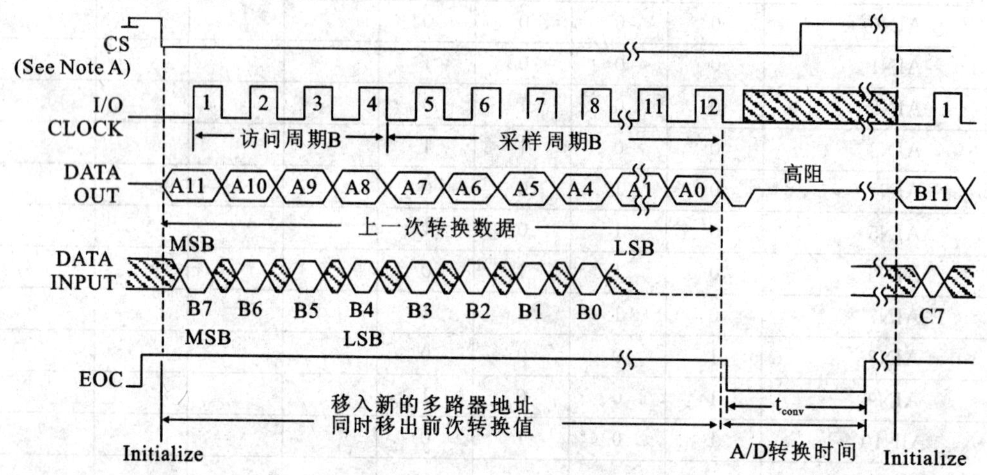


图 5－20　TLC2543 时序图

其工作过程为：

(1) 上电时，EOC＝“1”，CS＝“1”；

(2) 使 CS 下降，前次转换结果的 MSB,即 A11 位数据输出到 DOUT 供读数。

(3) 将输入控制字的 MSB 位，即 C7 送到 DIN，在 CS 下降 $t_{us} \geqslant 1.425\mu s$ 后，使 CLK 上升，将 Din 上的数据移入输入寄存器。

(4) 在第 1 个 CLK 下降沿，转换结果的 A10 位输出到 DOUT 供读数。

(5) 在第 4 个 CLK 下降沿，由前 4 个 CLK 上升沿移入寄存器的四位通道地址被译码，相应模入通道接通，其模入电压开始时对内部开关电容充电。

(6) 在第 8 个 CLK 上升沿，将 DIN 脚的输入控制字 C0 位移入输入寄存器后，DIN 脚即无效。

(7) 在第11个CLK下降沿，上次A/D结果的最低位A0输出到DOUT供读数。至此，I/O数据已全部完成，但为实现12位同步，仍用第12个CLK脉冲，且在其第12个CLK下降沿时，模入通道断开，EOC下降，本周期设置的A/D转换开始，此时使CS上升。

(8) 经过时间 $t_{conv} \leqslant 10\mu s$，转换完毕，EOC上升。

以后总是重复(1)～(8)的过程。

**5. TLC2543与单片机的接口电路**

TLC2543为串行输出方式，与单片机的接口电路较为简单，如图5-21所示。

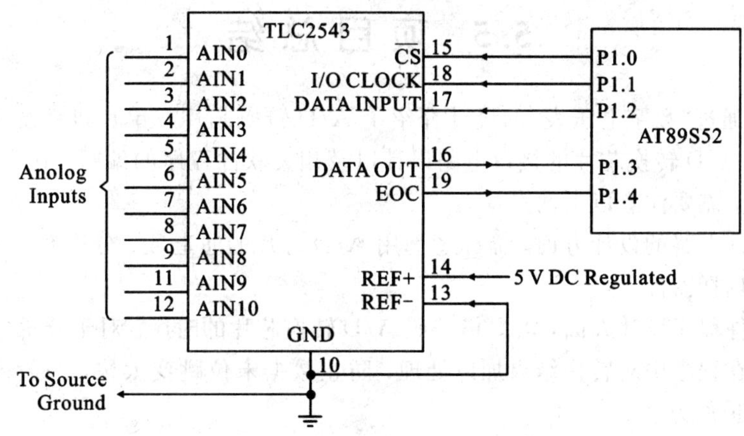


图5-21 TLC2543与单片机的接口

TLC2543转换器的程序设计如下：

```
/ * * * * * * * * * * * * * * * * * * * * * * * * * * * * * * * * * * * * * * *
      ad2543()：tlc2543转换函数
      入口参数：chan_select—通道号及精度配置
      返回值：AD_result—转换结果 * * * * * * * * * * * * * *
* * * * * * * * * * * * * * * * * * * * * * * * * * * * * * * * * * * * * * * * /
uint ad2543(uchar chan_select)
   { uint AD_result, j;
     uchar ad_cont_word,i;
     AD_result=0;
     ad_cont_word = ad_chan_sel[chan_select];
     for(j=0;j<100;j++);            //延时大于1 μs.
     AD_CLOCK=0;
     AD_CS=0;
     for(i=0;i<12;i++)
     {     if(ad_cont_word&0x80)         Data_IN=1; //写入控制字
           else                          Data_IN=0;
           AD_CLOCK=1;
           ad_cont_word<<=1;
           AD_result<<=1;
```

```
    —        if(Data_OUT==1)
                   AD_result|=0x0001; // 读 ad 转换结果，如果是 1，则与 0x0001 或
             AD_CLOCK=0;
         }
         AD_CS=1;
         for(j=0;j<100;j++);                  //延时大于 1 μs.
         return(AD_result);
    }
```

## 5.5 项目总结

本章主要通过“数字电压表”的设计介绍了 A/D 转换芯片在单片机系统中的应用，51 单片机与典型 A/D 转换芯片的接口电路设计以及相关软件程序的编写。在有关 A/D 转换芯片的系统中，需要注意以下两点：

(1) 在硬件电路的设计方面，需注意选用 A/D 芯片的通道数、分辨率、转换时间等性能参数，合理选择器件。

(2) 在软件程序设计方面，需严格按照 A/D 转换芯片的时序。对于分辨率较高的 A/D 转换器，需要在程序中对转换结果加以处理，防止数据末位跳变太快，一般采用对多次转换结果取平均值的方法。

## 习　题

1. A/D 转换一般需要几个步骤完成？每个步骤的作用是什么？
2. A/D 转换器芯片的分辨率指什么？
3. 逐次逼近 A/D 转换的工作原理是怎样的？
4. 完成 ADC0809 与 51 单片机的详细接口电路设计，并编写 A/D 转换程序。

# 项目6 简易信号发生器设计

## 6.1 项目要求

在计算机应用领域，尤其是在实时控制系统中，经常需要将计算机计算结果的数字量转换为连续变化的模拟量，用来控制、调节一些电路，实现对被控对象的控制。能够实现数字量转为模拟量的器件通常称作数/模(D/A)转换器。

本项目通过信号发生器设计，介绍D/A转换器在单片机控制系统中的应用，项目要求以STC89C52单片机为核心，设计一个简易信号发生器，此信号发生器可以输出正弦波、三角波、方波、锯齿波。

项目重难点：

(1) D/A转换器的相关技术指标；

(2) D/A转换器与51单片机的接口电路设计；

(3) 51单片机控制D/A转换器程序设计。

技能培养：

(1) 熟练掌握单片机与常见D/A转换器的接口电路设计方法；

(2) 熟练掌握常见D/A转换程序设计方法；

(3) 能够分析和解决D/A转换中遇到的问题。

## 6.2 理论知识

D/A转换的功能就是将数字量转换成模拟量。D/A转换器是单片机系统中常用的模拟输出电路，基本的D/A转换器由电压基准或电流基准、精密电阻网络、电子开关及全电流求和电路构成。

### 6.2.1 D/A转换器的基本原理

**1. D/A转换器的分类**

D/A转换器按工作方式可分为并行D/A转换器、串行D/A转换器和间接D/A转换器等。在并行D/A转换器中，又分为权电阻D/A转换器和R－2R T型D/A转换器。

D/A转换器按模拟量输出方式可分为电流输出D/A转换器和电压输出D/A转换器。

D/A转换器按D/A转换的分辨率可分为低分辨率D/A转换器、中分辨率D/A转换器和高分辨率D/A转换器。

D/A转换器按模拟电子开关电路的不同可分为CMOS开关型D/A转换器(速度要求

不高)、双极型开关 D/A 转换器、电流开关型(速度要求较高)和 ECL 电流开关型(转换速度更高)。

**2. D/A 转换器的组成**

D/A 转换器由数码寄存器、模拟电子开关电路、解码网络、求和电路及基准电压等几部分组成。

以 R－2R T 型 D/A 转换器为例，其由基准电压 $V_{REF}$、T 型(R－2R)电阻网络、位切换开关和运算放大器组成。

**3. D/A 转换器的工作原理**

数字量是用代码按数位组合起来表示的，对于有权码，每位代码都有一定的位权。为了将数字量转换成模拟量，必须将每 1 位的代码按其位权的大小转换成相应的模拟量，然后将这些模拟量相加，即可得到与数字量成正比的总模拟量，从而实现了数字—模拟转换。这就是 D/A 转换器的基本指导思想。

数字量以串行或并行方式输入、存储于数码寄存器中，数字寄存器输出的各位数码，分别控制对应位的模拟电子开关，使数码为 1 的位在位权网络上产生与其权值成正比的电流值，再由求和电路将各种权值相加，即得到数字量对应的模拟量。

我们以 R－2R T 型 D/A 转换器为例简要介绍 D/A 转换器的工作原理。如图 6－1 所示为 R－2R T 型 D/A 转换器原理电路。

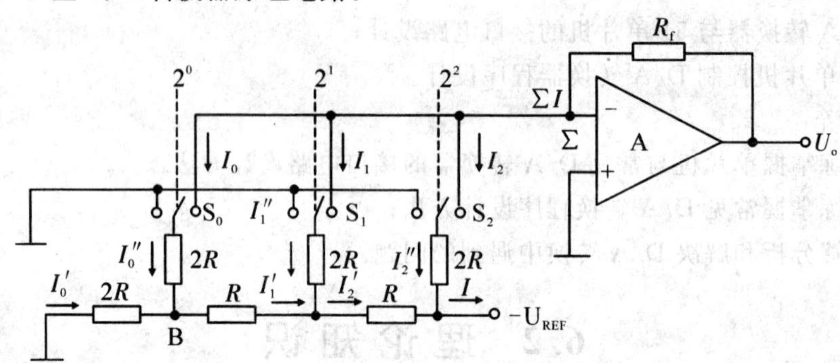


图 6－1 R－2R T 型 D/A 转换器原理电路

图 6－1 所示的电路是一个 3 位二进制数的 D/A 转换电路，每位二进制数控制一个开关 S。当第 $i$ 位的数码为“0”时，开关 $S_i$ 打在左边；当第 $i$ 位的数码为“1”时，开关 $S_i$ 打在右边。当 $S_0$ 接通时，由图可知：

$$I_0' = I_0'' = I_0$$

$$I_1' = I_0' + I_0'' = 2I_0$$

由于 B 点对地电阻相当于两个 $2R$ 的并联即等于 $R$，所以：

$$I_1' = I_1'' = I_1,\ I_2' = 2I_1$$

同理可以推出：

$$I_2' = I_2'' = I_2,\ I = 2I_2$$

则可以推出：

$$I_0 = \frac{I}{8},\ I_1 = \frac{I}{4},\ I_2 = \frac{I}{2}$$

$$\sum I = I_0 + I_1 + I_2 = \left(\frac{1}{8} + \frac{1}{4} + \frac{1}{2}\right) I$$

$$= -U_{REF} \frac{\left(\frac{1}{8} + \frac{1}{4} + \frac{1}{2}\right)}{R}$$

将上式推广到 $n$ 位二进制数的转换，可得一般表达式：

$$\sum I = -U_{REF} \cdot \frac{\frac{a_0}{2^n} + \frac{a_1}{2^{n-1}} + \cdots + \frac{a_{n-1}}{2^1} + \frac{a_n}{2^0}}{R}$$

则输出电压为：

$$U_o = (\sum I) R_f = -U_{REF} \cdot \frac{\left(\frac{a_0}{2^n} + \frac{a_1}{2^{n-1}} + \cdots + \frac{a_{n-1}}{2^1} + \frac{a_n}{2^0}\right) R_f}{R}$$

输出电压会因器件误差、集成运放的非理想特性而产生一定的转换误差。

一般 D/A 转换器用如图 6－2 所示的框图表示。图中输入量与输出量的关系为

$$U_{OUT} = B \times U_r$$

式中，$U_r$ 为常量，由参考 $U_{REF}$ 决定。$B$ 为输入数字量，常为一个二进制数。$B$ 的位数一般为 8 位、12 位、16 位等，由 DAC 芯片型号决定。当 $B$ 为 $n$ 位时，其通式为：

$$B = b_{n-1} b_{n-2} \cdots b_1 b_0 = b_{n-1} \times 2^{n-1} + b_{n-2} \times 2^{n-2} + \cdots + b_1 \times 2^1 + b_0 \times 2^0$$

式中，$b_{n-1}$ 为最高位；$b_0$ 为最低位。

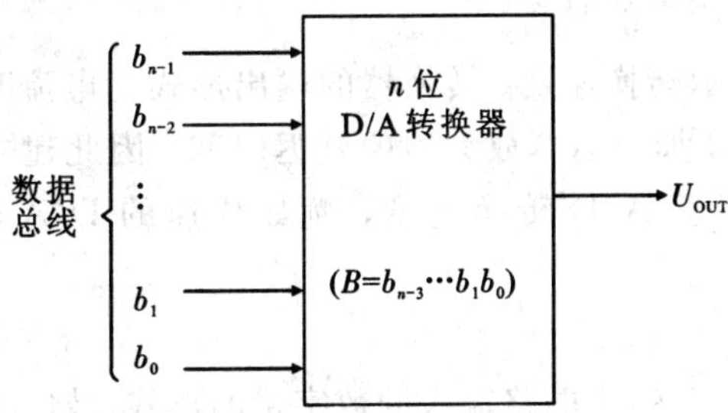


图 6－2　D/A 转换器框图

## 6.2.2　D/A 转换器的技术性能指标

D/A 转换器(DAC)输入的是数字量，经 D/A 转换后输出的是模拟量。有关 D/A 转换器的技术性能指标很多，例如，绝对精度、相对精度、线性度、输出电压范围、温度系数、输入数字代码种类(二进制或 BCD 码)等。下面介绍几个与 D/A 转换器接口有关的技术性能指标。

**1. 分辨率**

分辨率是 D/A 转换器对输入量变化敏感程度的描述，与输入数字量的位数有关。如果数字量的位数为 $n$，则 D/A 转换器的分辨率为 $1/2^n$。这就意味着数/模转换器能对满刻度的 $1/2^n$ 输入量作出反应。即：

分辨率＝输出模拟量的满量程值/$2^n$

例如 8 位数的分辨率为 1/256，10 位数分辨率为 1/1024 等。

通常用D/A转换器输入数字量的位数来表示分辨率。例如，能对8位二进制数进行D/A转换的D/A转换器的分辨率是8位的，它能对1/256的输出模拟量满量程值做出反应。又如能对10位二进制数进行D/A转换的D/A转换器的分辨率是10位的，它能对1/1024的输出模拟量满量程值做出反应。因此，D/A转换器能转换的数字量的位数越多，其分辨率也就越高。使用时，应根据分辨率的需要来选定D/A转换器的位数。DAC常可分为8位、10位、12位三种。

**2. 精度**

如果不考虑D/A的转换误差，D/A转换的精度为其分辨率的大小。因此，要获得一定精度的D/A转换结果，首要条件是选择有足够分辨率的D/A转换器。当然，D/A转换的精度不仅与D/A转换器本身有关，也与外电路以及电源有关。

**3. 转换速度**

转换速度是DAC每秒可以转换的次数，其倒数为转换时间。转换时间是指从输入数字量到转换为模拟量输出所需的时间。当D/A转换器的输出形式为电流时，转换时间较短；当D/A转换器的输出形式为电压时，由于转换时间还要加上运算放大器的延迟时间，因此转换时间要长一点，一般在几十微秒内。

**4. 建立时间**

建立时间是描述D/A转换速度快慢的一个重要指标，指从输入数字量变化到输出达到终值误差±(1/2)LSB(最低有效位)时所需的时间，即输入的数字量变化后，输出模拟量稳定到相应的数字范围内所需的时间。

通常以建立时间来表示转换速度。转换器的输出形式为电流时建立时间较短；而当输出形式为电压时，由于还要加上运算放大器的延迟时间，因此建立时间要长一点。但总的来说，D/A转换速度远高于A/D转换速度，例如快速的D/A转换器的建立时间只需1 μs。

**5. 输入编码形式**

输入编码形式是指D/A转换电路输入的数字量的形式。如二进制码、BCD码等。

**6. 线性度**

线性度是指D/A转换器的实际转移特性与理想直线之间的最大误差或最大偏移。通常给出在一定温度下的最大非线性度，一般为0.01%～0.03%。

**7. 输出电平**

不同型号的D/A转换芯片，输出电平相差很大。大部分D/A转换芯片是电压型输出，一般为5～10 V；也有高压输出型的，为24～30 V。也有一些是电流型的输出，低者为20 mA左右，高者可达3 A。

**8. 尖峰**

尖峰是输入的数字量发生变化时产生的瞬时误差。通常尖峰的转换时间很短，但幅度很大。在许多场合是不允许有尖峰存在的，应采取措施予以消除。

正确了解D/A转换器件的技术性能参数，对于合理选用转换芯片、正确设计接口电路十分重要。但要注意的是目前各器件生产厂家对同一参数给出不同的定义，使用时要注意。

其实在选择D/A转换器时，不仅要考虑上述性能指标，还要考虑D/A转换芯片的如下的一些结构特性和应用特性。

(1) 数字输入特性：串行输入或并行输入以及逻辑电平等。

(2) 模拟输出特性：电流输出或电压输出以及输出的范围等。

(3) 锁存特性及转换特性：是否具有锁存功能，是单缓冲还是双缓冲，如何启动转换等。

(4) 参考电压：是内部参考电压还是外部参考电压以及其大小和极性等。

(5) 电源：功耗的大小，是否具有低功耗的模式，正常工作时需要几组电源及电压的高低等。

## 6.3 项目分析及实施

单片机与D/A转换芯片连接可以产生各种各样的模拟信号，用来控制电路所需要的模拟量。我们在本项目中首先通过一个灯光亮度调节器说明D/A转换芯片的简单实用，再完成信号发生器的设计。

任务1——灯光亮度调节器设计；

任务2——信号发生器设计。

### 6.3.1 任务1——灯光亮度调节器设计

**1. 任务要求和分析**

1) 任务要求

利用单片机控制一个发光二极管，使发光二极管的亮度逐渐变暗，再逐渐变亮，不断循环。

2) 任务分析

我们用一只电阻和发光二极管串联，发光二极管的正极接电源，负极接地就可以点亮发光二极管。当其限流电阻固定时，改变电源的电压值就可以改变LED灯的亮度。改变电源电压值实质上是通过改变电压达到改变电流的目的。也就是若要改变发光二极管的亮度，必须改变通过发光二极管的电流，因为发光二级管是电流驱动的，电流连续的变化时，发光二极管的亮度也会逐渐变化。但是单片机输出的是数字量，因此必须将这个数字量转换成模拟量之后，再去控制流过发光二极管的电流，就能制作成一个灯光亮度调节器。这里我们需要D/A转换芯片完成数字量到模拟量的转换任务。

**2. 器件及设备选择**

集成的D/A转换器我们称为DAC芯片，有多种型号。根据DAC芯片是否可采用总线形式与单片机直接接口，可以分为两类：一类在芯片内部只有完成D/A转换功能的基本电路，不带数据锁存器(如DAC0808)，这类DAC芯片内部结构简单，价格较低，但是与单片机连接时不太方便，为了保存来自单片机的转换数据，接口时需要另外加锁存器；另一类在芯片内部除了有完成D/A转换功能的基本电路外，还带有数据锁存器(如DAC0832)，带锁存器的D/A转换器可以看作一个输出口，可直接连接在数据总线上，不需要另外加锁存器，目前这类DAC芯片应用比较广泛。

目前单片机系统常用的D/A转换器的转换精度有8位、10位、12位等，与单片机的接口方式有并行接口，也有串行接口。这里我们选用 DAC0832 转换器。

1) DAC0832 芯片介绍

DAC0832 由美国国家半导体公司研制，同系列芯片还有 DAC0830 和 DAC0831，它们都是 8 位 D/A 转换器，可以互换。DAC0832 是采用 COMS/Si－Cr 工艺制成的双列直插式单片 8 位 D/A 转换器。它可以直接与 CPU 相连，也可以同单片机相连，以电流形式输出。当需要转换为电压输出时，可外接运算放大器。其主要特性有：

(1) 输出电流线性度可在满量程下调节；

(2) 转换时间(电流建立时间)为 1 μs；

(3) 数据输入可采用双缓冲、单缓冲或直通方式；

(4) 增益温度补偿为 0.02%FS/℃；

(5) 每次输入数字为 8 位二进制数；

(6) 低功耗，20 mW；

(7) 逻辑电平输入与 TTL 兼容；

(8) 基准电压的范围为±10 V；

(9) 单电源供电，可在＋5～＋15 V 内正常工作。

DAC0832 可以直接接收从单片机输入的数字量，并经一定的方式转换成模拟量。D/A 转换器输出的模拟量与输入的数字量是成正比关系的。

DAC0832 的工作原理很简单，它将数字量的每一位按权值分别转换成模拟量，再通过运算放大器求和相加，因此 D/A 转换器内部有一个解码网络，以实现按权值分别进行D/A转换。

DAC0832 由两个数据锁存器、一个 8 位 D/A 转换器和控制电路等组成。DAC0832 的内部结构如图 6－3 所示。

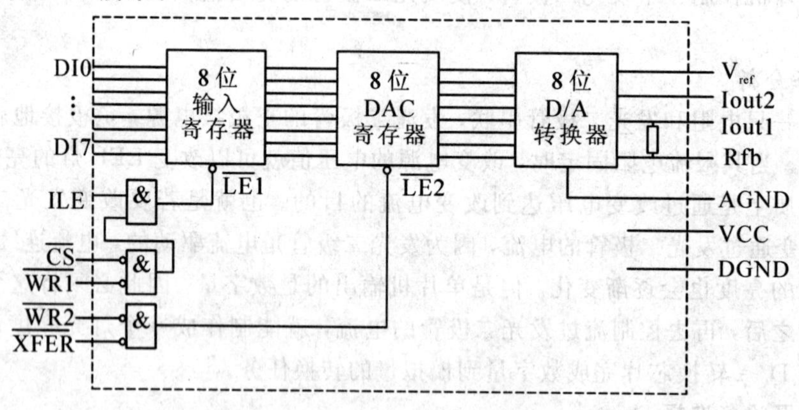


图 6－3　DAC0832 的内部结构图

8 位输入寄存器由 8 个 D 锁存器组成。它的 8 条输入线可以直接和单片机的数据总线相连。LE1 为其控制输入端，当 LE1＝1 时，8 位输入寄存器处于送数状态；当 LE1＝0 时，为锁存状态。

8 位 DAC 寄存器也由 8 个 D 锁存器组成。8 位输入数据只有经过 DAC 寄存器才能送到 D/A 转换器进行转换。它的控制端为 LE2，当 LE2＝1 时，8 位 DAC 寄存器处于送数状态；当 LE2＝0 时，为锁存状态。DAC 寄存器的输出数据直接送到 8 位 D/A 转换器进行数模转换。

8 位 D/A 转换器是采用一个 R－2R 的 T 型电阻网络的 D/A 转换电路，其输出是与数字量成比例的电流。为了得到电压信号还需外接运算放大器。控制逻辑部分接收外来的控制信号以控制 DAC0832 的工作。当 ILE、$\overline{CS}$、$\overline{WR1}$都有效时，8 位输入寄存器处于送数状态，数据由 8 位输入寄存器的输入端传送到其输出端。当$\overline{XFER}$、$\overline{WR2}$都有效时，DAC 寄存器处于送数状态，数据由 DAC 寄存器的输入端传送到其输出端，并进行 D/A 转换。

双列直插式封装的 DAC0832 的引脚排列如图 6－4 所示。

DAC0832

| 引脚 | 名称 | 名称 | 引脚 |
|---|---|---|---|
| 1 | $\overline{CS}$ | VCC | 20 |
| 2 | $\overline{WR1}$ | ILE | 19 |
| 3 | AGND | $\overline{WR2}$ | 18 |
| 4 | DI3 | $\overline{XFER}$ | 17 |
| 5 | DI2 | DI4 | 16 |
| 6 | DI1 | DI5 | 15 |
| 7 | ISBDI0 | DI6 | 14 |
| 8 | $V_{REF}$ | MSBDI7 | 13 |
| 9 | $R_{fb}$ | Iout2 | 12 |
| 10 | DGND | Iout1 | 11 |

图 6－4　DAC0832 的引脚

各引脚名称及功能如下：

V CC：电源线。DAC0832 的电源可以在＋5～＋15 V 内变化。典型使用时用＋15 V 电源。

AGND 和 DGND：AGND 为模拟量地线，DGND 为数字量地线。使用时，这两个接地端应始终连在一起。

$\overline{CS}$：片选输入信号，低电平有效。只有当$\overline{CS}$＝0 时，这片 DAC0832 才被选中。

DI0～DI7：8 位数字量输入端。应用时，如果数据不足 8 位，则不用的位一般接地。

ILE：输入锁存允许信号，高电平有效。只有当 ILE＝1 时，输入数字量才可能进入 8 位输入寄存器。

$\overline{WR1}$：写信号 1，低电平有效，控制输入寄存器的写入。ILE 和$\overline{WR1}$信号控制输入寄存器是数据直通方式还是数据锁存方式：当 ILE＝1 且$\overline{WR1}$＝0 时，为输入寄存器直通方式；当 ILE＝1 且$\overline{WR1}$＝1时，为输入寄存器锁存方式。

$\overline{WR2}$：写信号 2，低电平有效，控制 DAC 寄存器的写入。

$\overline{XFER}$：数据传送控制输入信号，低电平有效，控制数据从输入寄存器到 DAC 寄存器的传送。$\overline{WR2}$和$\overline{XFER}$信号控制 DAC 寄存器是数据直通方式还是数据锁存方式：当$\overline{WR2}$＝0且$\overline{XFER}$＝0 时，为 DAC 寄存器直通方式；当$\overline{WR2}$＝1 或$\overline{XFER}$＝1 时，为 DAC 寄存器锁存方式。

$V_{REF}$：参考电压线。$V_{REF}$接外部的标准电源，与芯片内的电阻网络相连接，该电压可正可负，范围为－10～＋10 V。

Iout1 和 Iout2：电流输出端。Iout1 为 DAC 电流输出 1，当 DAC 寄存器中的数据为 0xFF 时，输出电流最大，当 DAC 寄存器中的数据为 0x00 时，输出电流为 0。

Iout2 为 DAC 电流输出 2。DAC 转换器的特性之一是 Iout1＋Iout2＝常数。在实际使

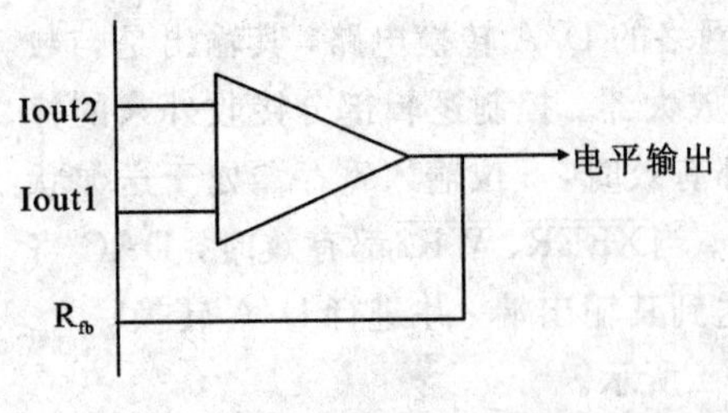

图 6－5　运算放大器的接法

用时，总是将电流转为电压来使用，即将 Iout1 和 Iout2 加到一个运算放大器的输入端。

$R_{fb}$：运算放大器的反馈电阻端，电阻(15kΩ)已固化在芯片中。因为 DAC0832 是电流输出型D/A转换器，为得到电压的转换输出，使用时需在两个电流输出端接运算放大器，$R_{fb}$即为运算放大器的反馈电阻。运算放大器的接法如图 6－5 所示。

**注意：DAC0832 对于写信号(WR1 或 WR2)的宽度，要求不小于 500 ns，若 V CC＝＋15 V，则可为 100 ns。对于输入数据的保持时间亦不应小于 100 ns。这在与单片机接口时都不难得到满足。**

2）DAC0832 的输出

DAC0832 是电流输出型 D/A 转换器，为了得到电压输出，在使用时需要在两个电流输出端连接运算放大器。根据运放和 DAC0832 的连接方法，运放的输出可以分为单极性输出和双极性输出两种。图 6－6 是一种单极性输出电路。

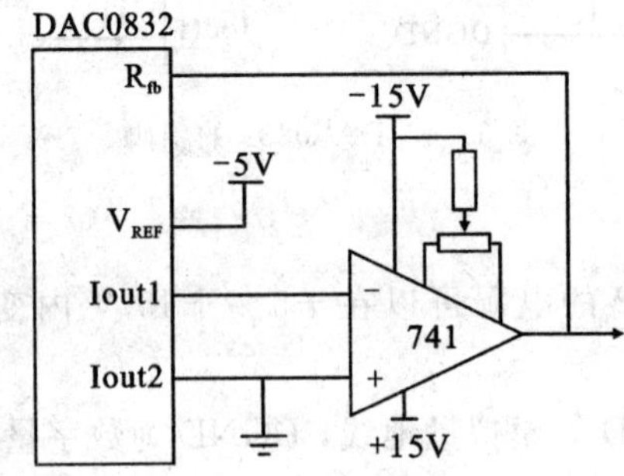

图 6－6　DAC0832 单极性电压输出电路

在图 6－4 中 DAC0832 的 Iout2 被接地，Iout1 输出的电流经运放器 741 输出一个单极性电压。运放的输出电压为

$$\text{Vout} = -\text{Iout1} \times R_{fb} = -B \times \frac{V_{REF}}{256}$$

式中，B 为 DAC0832 的输入数字量。由于 $V_{REF}$ 接－5 V 的基准电压，所以单极性电压的范围为 0～＋5 V。

如果在单极性输出的电路中再加一个加法器，便构成双极性输出电路。图 6－7 是一种双极性电压输出电路。

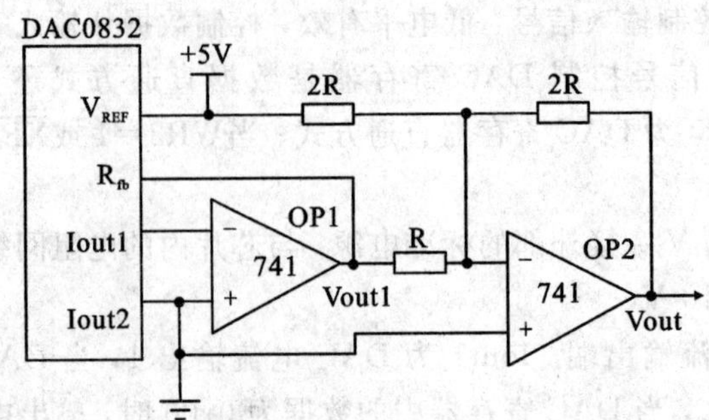

图 6－7　DAC0832 双极性电压输出电路

由以上运放的连接方法，可以导出输出电压与输入数据的关系。假设运放 OP1 的输出为 Vout1，OP2 的输出为 Vout，则

$$\text{Vout}=-\left(\frac{\text{Vout1}}{R}+\frac{V_{REF}}{2R}\right)\times 2R=-2\text{Vout1}-V_{REF}=2B\times\frac{V_{REF}}{256}-V_{REF}$$

$$=B\times\frac{V_{REF}}{128}-V_{REF}=V_{REF}\times\frac{B-128}{128}$$

根据上式，当 $V_{REF}$ 为正，数字量在 0x01～0x7F 之间变化时，Vout 为负值；当数字量在 0x80～0xFF 之间变化时，Vout 为正值。

3) DAC0832 与 51 单片机的接口方式

DAC0832 由输入寄存器和 DAC 寄存器构成两级数据输入锁存，也就是可以实现两次缓冲，即在输出的同时，还可以存放一个带转换的数字量，这就提高了转换速度。当多芯片同时工作时，可用同步信号实现各模拟量同时输出。所以 DAC0832 有三种工作方式：直通方式、单缓冲方式和双缓冲方式。直通方式是数据直接输入（两级直通）的形式，单缓冲方式是单级锁存（一级锁存，一级直通）形式，双缓冲方式的数据输入可以采用两级锁存（双锁存）的形式。在 3 种不同的工作方式下，DAC0832 与单片机的接口也不同。

（1）直通方式下的接口电路。在直通方式下，两个 8 位数据寄存器都处于数据接收状态，即 LE1 和 LE2 都为 1。为此，ILE=1，而 $\overline{\text{WR1}}$、$\overline{\text{WR2}}$、$\overline{\text{CS}}$ 和 $\overline{\text{XFER}}$ 均为 0。输入数据直接送到内部 D/A 转换器去转换。

直通方式下 51 单片机与 DAC0832 的接口电路如图 6-8 所示。

用指令"P1= 0xFF；"就可以将一个数字量(0xFF)转换为模拟量。

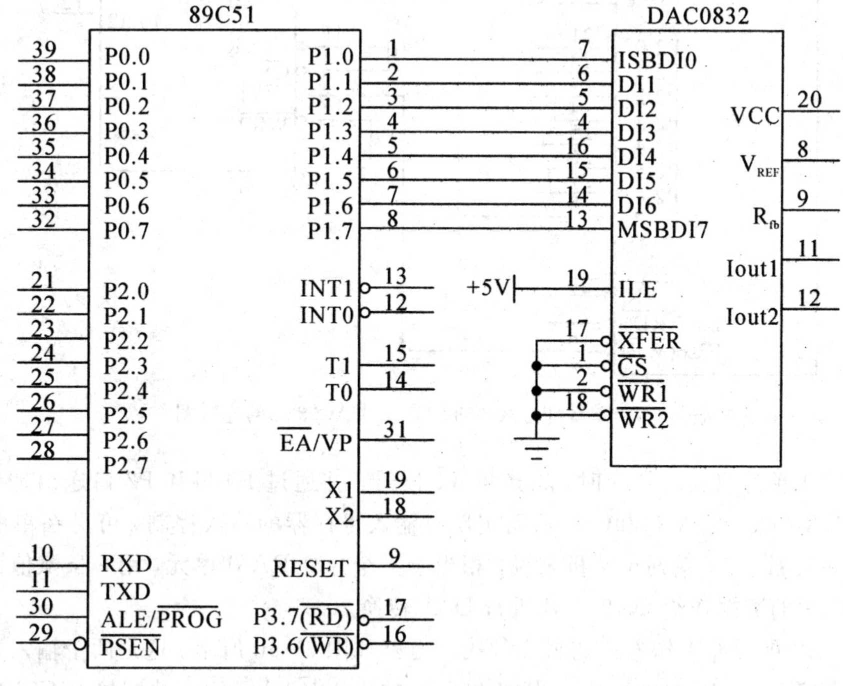


图 6-8 直通方式下 89C51 与 DAC0832 的连接图

(2) 单缓冲方式下的接口电路。所谓单缓冲方式，就是使 DAC0832 的两个 8 位数据寄存器中有一个处于直通方式，而另一个处于受控的锁存方式，或者两个 8 位数据寄存器处于同时受控的方式，即同时送数，同时锁存。在实际应用中，如果只有一路模拟量输出或虽有几路模拟量但并不要求同步输出的情况，就可采用单缓冲方式。

例如，在单缓冲工作方式下，可以将 8 位 DAC 寄存器置于直通方式。为此，应将$\overline{\text{WR2}}$和$\overline{\text{XFER}}$接地，而输入寄存器的工作状态受单片机的控制。单缓冲方式下 51 单片机与 DAC0832 的一种接口电路如图 6-9 所示。

当单片机的$\overline{\text{WR}}$和 P2.7 都为 0 时，DAC0832 的 8 位输入寄存器处于送数状态，如果将未使用到的地址线都置为 1，则可以得到 DAC0832 的地址为 0x7FFF，用以下两条语句就可以将一个数字量(如 0x08)转换为模拟量：

```
# define DAC0832 XBYTE[0x7FFF]
DAC0832=0x08;
```

或

```
output(0x7FFF, 0x08);
```

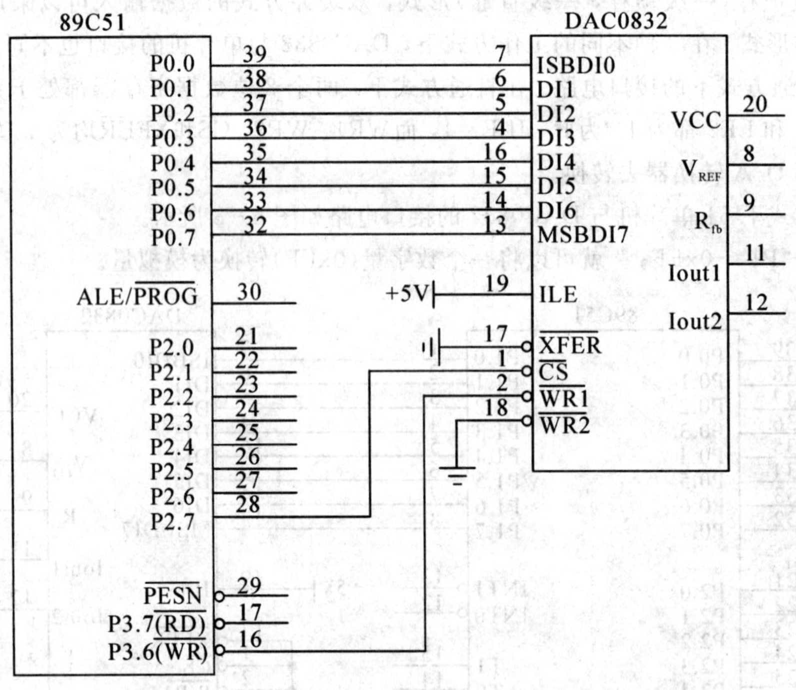


图 6-9　单缓冲方式下 89C51 与 DAC0832 的连接图一

当 89C51 单片机执行指令时，将产生$\overline{\text{WR}}$信号，并通过 P0 口和 P2 口送出地址码，以此来控制 DAC0832 的$\overline{\text{WR1}}$和$\overline{\text{CS}}$，从而实现对输入寄存器的写入控制。可见在单缓冲方式下，DAC 芯片对于 51 系列单片机来说，相当于一个片外 RAM 单元，用一条赋值语句就可以将单片机中的数据送给 DAC 芯片进行 D/A 转换。

DAC0832 单缓冲工作方式的另一种接口电路如图 6-10 所示。这是两个输入寄存器同时受控的连接方法，$\overline{\text{WR1}}$和$\overline{\text{WR2}}$一起接 89C51 的$\overline{\text{WR}}$，$\overline{\text{CS}}$和$\overline{\text{XFER}}$共同接 89C51 的 P2.7，因此两个寄存器的地址相同。

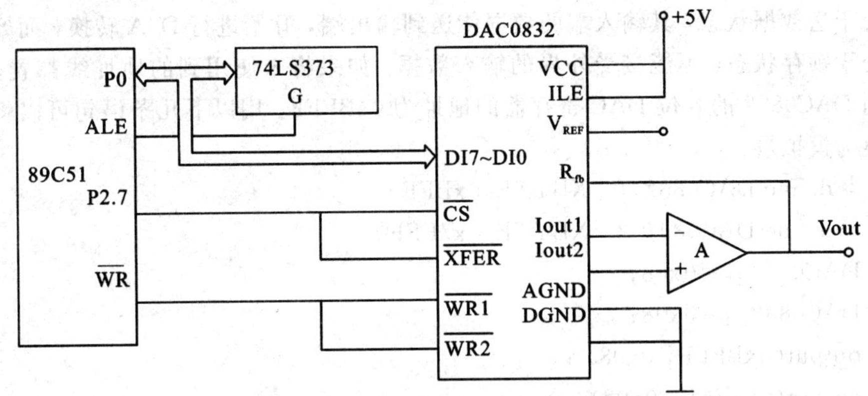


图 6-10　单缓冲方式下 89C51 与 DAC0832 的连接图二

（3）双缓冲方式下的接口电路。所谓双缓冲方式，就是把 DAC0832 的两个锁存器都接成受控锁存方式。DAC0832 的 $\overline{WR1}$、$\overline{WR2}$、$\overline{CS}$和$\overline{XFER}$都受单片机送来的信号的控制。双缓冲方式下 51 单片机与两片 DAC0832 的接口电路如图 6-11 所示。

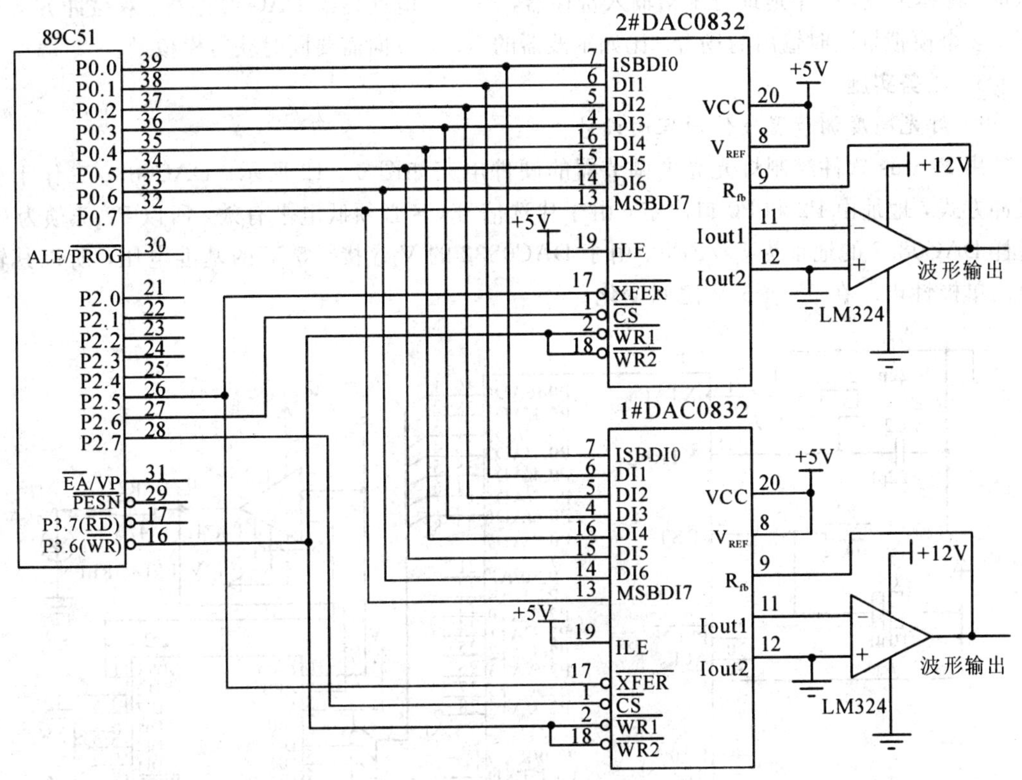


图 6-11　双缓冲方式下 89C51 与两片 DAC0832 的连接图

当 89C51 的$\overline{WR}$和 P2.7 为 0、P2.6 为 1 时，DAC0832 的 8 位输入寄存器处于送数状态，输入端数据送到其输出端，而 8 位 DAC 寄存器处于锁存状态，故不能对输入的数据进行 D/A 转换。如果将未使用到的地址线都置为 1，则可以得到 DAC0832 的 8 位输入寄存器的地址为 0x7FFF；当 89C51 的$\overline{WR}$和 P2.6 为 0、P2.7 为 1 时，DAC0832 的 8 位 DAC

寄存器处于送数据状态，其输入端的数据传送到输出端，开始进行 D/A 转换，而 8 位输入寄存器处于锁存状态，不能接受外界的输入数据。如果将未使用到的地址线都置为 1，则可以得到 DAC0832 的 8 位 DAC 寄存器的地址为 0xBFFF。用以下几条语句可以将一个数字量转换为模拟量：

```
#define DAC0832_1   XBYTE[0xBFFF]
#define DAC0832_2   XBYTE[0x7FFF]
DAC0832_1=0x08;
DAC0832_2=0x08;
```

或

```
output(0xBFFF, 0x08) ;
output(0x7FFF, 0x08) ;
```

由此可见，在双缓冲方式下，单片机必须送两次写信号才能完成一次 D/A 转换。第一次写信号，将数据送入输入寄存器中锁存，第二次写信号才将此数据送入 DAC 寄存器锁存并输出进行D/A 转换。这时 DAC0832 被看作是片外 RAM 的两个单元而不是一个单元。所以应分配给 DAC0832 两个 RAM 地址，然后使用两条赋值语句，才能将一个数字量转换成模拟量。具体来说，一个地址分配给输入寄存器，另一个地址是给 DAC 寄存器。双缓冲方式适用于多个模拟量同时输出的场合。比如示波器的 X、Y 方向需要同时获得模拟量。

**3. 任务实施**

1）灯光亮度调节器硬件原理图设计

用 Protus 软件绘制灯光亮度调节器的硬件电路如图 6－12 所示。DAC0832 工作于单缓冲方式，地址由 P2 和 P0 口决定，由于片选信号 CS 必须低电平有效，所以 P2.7 须为 0，这样 DAC0832 的地址为 0x7FFF。由于 DAC0832 的 $V_{REF}$ 接－5 V 的基准电压，所以其输出的单极性电压在 0～＋5 V 之间变化。

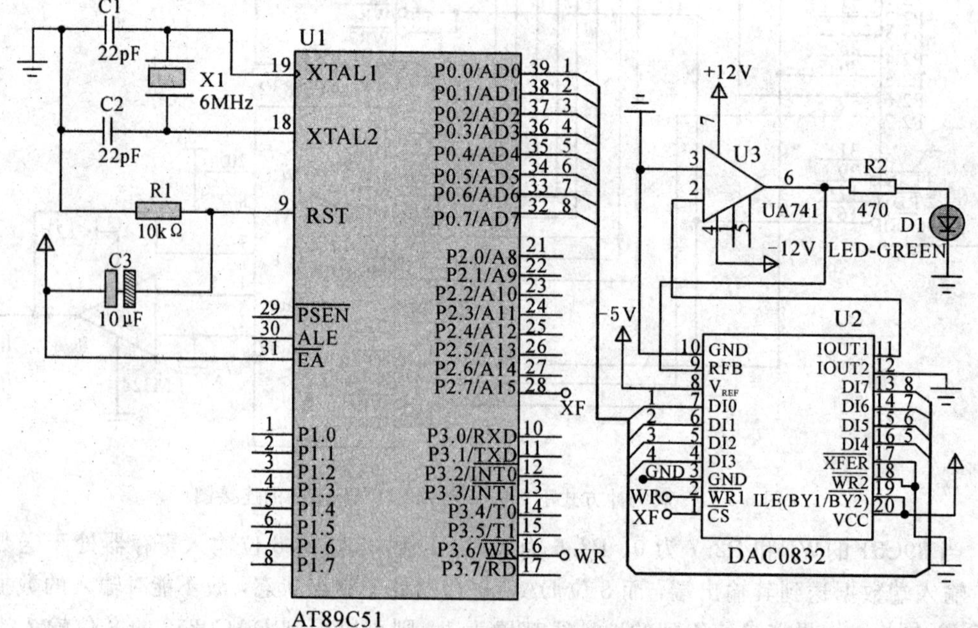

图 6－12 灯光亮度调节器硬件电路图

2) 灯光亮度调节器软件程序设计

根据任务的要求，依次从单机 PI 口送出 0xFF 到 0x00 数字量给 DAC0832，经过D/A 转换后输出的模拟量就可以使发光二极管由亮变暗，反之由暗变亮。

源程序如下：

```
# include <reg51.h>
# include <absacc.h>
# define uint unsigned int
# define uchar unsigned char
# define DAC0832 XBYTE[0x7FFF]
void DelayMS(uint x)
{ uchar t;
while(x--) for(t=0;t<120;t++);
}
void main()
{uchar i;
  while(1)
    {for(i=255;i>0;i--)
      {AC0832=i;
      DelayMS(1);}
    for(i=0;i<256;i++)
      {AC0832=i;
      DelayMS(1);}
    }
}
```

程序分析：

DAC0832 的地址为 0x7FFF，在程序的开始就定义好，这样只要将传送的数字信号送给该地址就可以了。首先将 i=255 送入 DAC0832，转换出的电压就是+5 V，LED 处于最亮的状况，逐渐减小 i 值，则输出的电压也逐渐减小，LED 由亮逐渐变暗，每一次改变 i 值延时 1 ms，当 i 值减到 0 后又逐渐增加，输出的电压也逐渐增大，LED 又由暗逐渐变亮，用 while(1)反复执行。

3) 软硬件联合调试

在 Protus 环境下，将编译好的软件下载到单片机中运行，可以看到 LED 灯如任务要求的一样先由亮逐渐变暗，再由暗逐渐变亮。

### 6.3.2　任务 2 ——信号发生器的设计

**1. 任务要求和分析**

1) 任务要求

用单片机 AT89C51 和 D/A 转换芯片 DAC0832 设计简易信号发生器，输出锯齿波、三角波、方波或正弦波。

2）任务分析

锯齿波、三角波和方波的生成比较简单，向DAC0832反复送入0x00～0xFF数据，就会生成幅度为0 V～+5 V的锯齿波，而向DAC0832反复送入0x00～0xFF和0xFF～0x00数据，就会生成幅度为0 V～+5 V的三角波，若向DAC0832送入一定时长的0x00和一定时长的0xFF，则会生成幅度为0 V～+5 V的方波，其周期与单片机的机器周期和程序中的延时长短相关。

正弦波的生成相对复杂一些。如果把正弦信号按等时间间隔进行分割，计算出分割时刻的信号幅值，将这些幅值对应的数字量存储到ROM中，然后用查表的方法取出这些取样值，送到DAC0832转换后输出，那么输出信号就是正弦波形。比如要产生频率为50Hz的正弦波信号，波形如图6-13所示。如果将正弦波信号以5°作为1个阶梯，则共分割成360°/5°=72份，则时间间隔应该为20 ms/72=0.278 ms。当参考电压为-5 V时，72个采样值、输出电压值、正弦值、角度如表6-1所示。

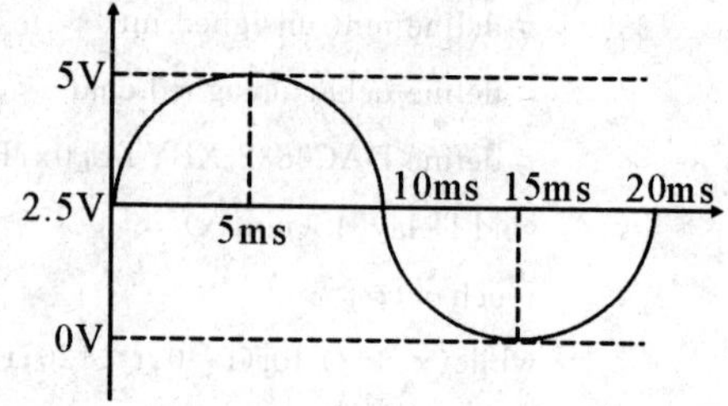


图6-13　频率为50 Hz的正弦波信号

**表6-1　正弦波数据表**

| X | sinX | 输出电压 | 输入数字量 | | | |
|---|---|---|---|---|---|---|
| | | | 0°～90° | 90°～180° | 180°～270° | 270°～360° |
| 0° | 0.0000 | 2.500V | 0x7F | 0xFF | 0x7F | 0x00 |
| 5° | 0.0872 | 2.718V | 0x8A | 0xFE | 0x75 | 0x01 |
| 10° | 0.1736 | 2.934V | 0x95 | 0xFD | 0x6A | 0x02 |
| 15° | 0.2588 | 3.147V | 0xA0 | 0xFA | 0x5F | 0x04 |
| 20° | 0.3420 | 3.355V | 0xAB | 0xF7 | 0x54 | 0x07 |
| 25° | 0.4226 | 3.557V | 0xB5 | 0xF3 | 0x4A | 0x0C |
| 30° | 0.5000 | 3.750V | 0xBF | 0xED | 0x40 | 0x11 |
| 35° | 0.5736 | 3.934V | 0xC8 | 0xE7 | 0x36 | 0x17 |
| 40° | 0.6428 | 4.107V | 0xD1 | 0xE1 | 0x2D | 0x1E |
| 45° | 0.7071 | 4.268V | 0xD9 | 0xD9 | 0x25 | 0x25 |
| 50° | 0.7660 | 4.415V | 0xE1 | 0xD1 | 0x1E | 0x2D |
| 55° | 0.8192 | 4.548V | 0xE7 | 0xC8 | 0x17 | 0x36 |
| 60° | 0.8660 | 4.665V | 0xED | 0xBF | 0x11 | 0x40 |
| 65° | 0.9093 | 4.773V | 0xF3 | 0xB5 | 0x0C | 0x4A |
| 70° | 0.9397 | 4.849 V | 0XF7 | 0xAB | 0x07 | 0x54 |
| 75° | 0.9659 | 4.915V | 0xFA | 0xA0 | 0x04 | 0x5F |
| 80° | 0.9848 | 4.962V | 0xFD | 0x95 | 0x02 | 0x6A |
| 85° | 0.9962 | 4.991V | 0xFE | 0x8A | 0x01 | 0x75 |
| 90° | 1.0000 | 5.000V | 0xFF | 0x7F | 0x00 | 0x7F |

**2. 器件及设备选择**

我们运用实验板中的 D/A 转换部分就可以设计简易的信号发生器，其中用到的主要器件就是 AT89C51、DAC0832、UA741 等，输出波形可以通过示波器来观察。

**3. 任务实施**

1）简易信号发生器硬件原理图设计

信号发生器的硬件电路如图 6－14 所示。DAC0832 工作于单缓冲方式，地址为 0x7FFF。由于 DAC0832 的 $V_{REF}$ 接－5 V 的基准电压，用 UA741 运放将电流转换为电压，因此其输出的单极性电压在 0～＋5 V 之间变化。在电压输出端加入一只虚拟示波器和一只电压表用于观察结果。

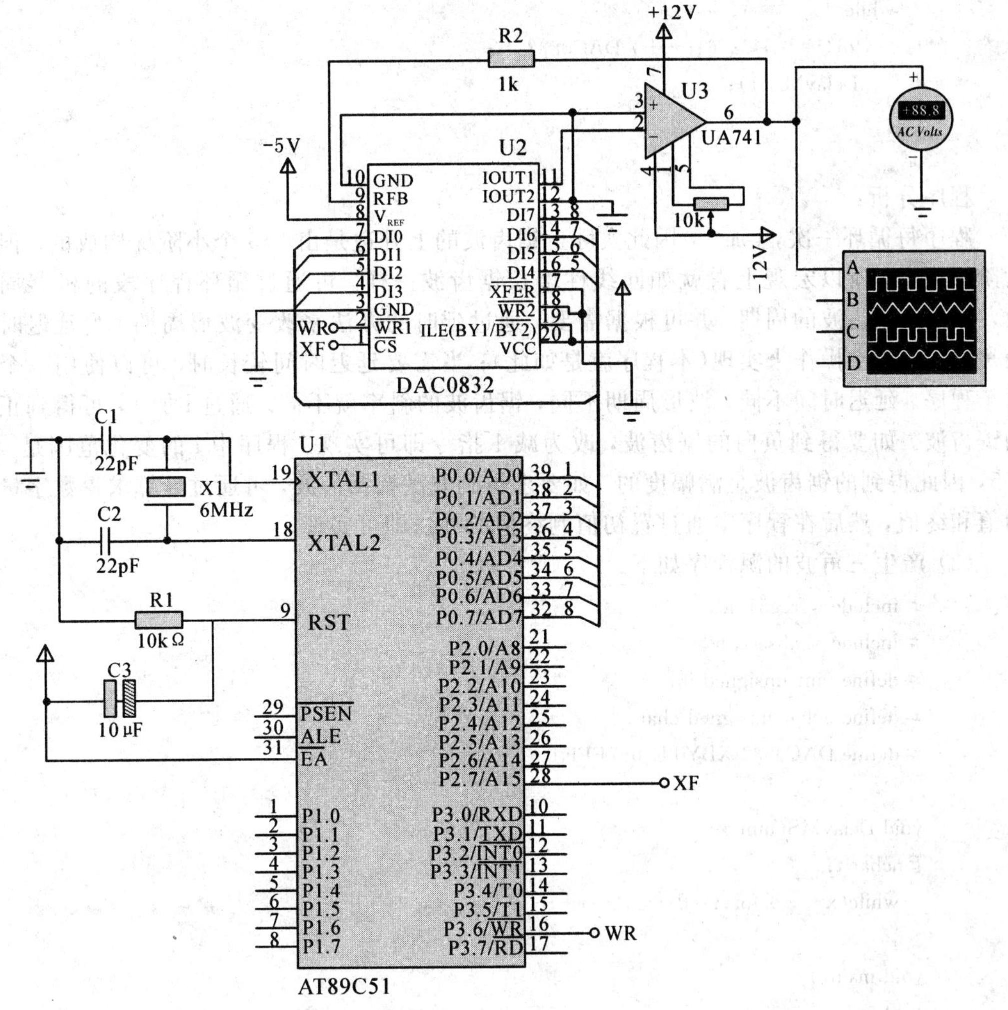


图 6－14　信号发生器的硬件电路

2）简易信号发生器软件程序设计

任务要求的波形不同，程序就有所区别，我们分别加以介绍。

(1) 产生锯齿波的源程序如下：

```
#include <reg51.h>
```

```
#include <absacc.h>
#define uint unsigned int
#define uchar unsigned char
#define DAC0832 XBYTE[0x7FFF]
void DelayMS(uint x)
{uchar t;
  while(x--) for(t=0;t<120;t++);
}
void main()
{uchar i;
  while(1)
    {for(i=0;i<256;i++) DAC0832=i;
     DelayMS(1);
    }
}
```

程序分析：

程序每循环一次，i 加 1，因此实际上锯齿波的上升边是由 255 个小阶梯构成的。但因为阶梯很小，所以宏观上看就如同线性增长锯齿波一样。可通过循环程序段的机器周期数，计算出锯齿波的周期。并可根据需要，通过延时的办法来改变波形周期。当延迟时间较短时，可用空操作来实现(本程序就是如此)；当需要延迟时间较长时，可以使用一个延时子程序。延迟时间不同，波形周期不同，锯齿波的斜率就不同。通过 i 加 1，可得到正向的锯齿波。如要得到负向的锯齿波，改为减 1 指令即可实现。程序中 i 的变化范围是 0～255，因此得到的锯齿波是满幅度的。如要求得到非满幅锯齿波，可通过计算求得数字量的初值和终值，然后在程序中通过置初值判终值的办法即可实现。

(2) 产生三角波的源程序如下：

```
#include <reg51.h>
#include <absacc.h>
#define uint unsigned int
#define uchar unsigned char
#define DAC0832 XBYTE[0x7FFF]

void DelayMS(uint x)
{ uchar t;
  while(x--) for(t=0;t<120;t++);
  }
void main()
{uchar i;
  while(1)
     {for(i=0;i<256;i++) DAC0832=i;
    for(i=254;i>0;i--) DAC0832=i;
    DelayMS(1);
    }
}
```

程序分析：

程序中将数字从 0～255 逐个增大送给 DAC0832 转换，输出的电压会从 0～+5 V 上升，之后又将数字从 255～0 逐个减小给 DAC0832 转换，输出的电压会从+5 V ～0 下降，形成三角波。

(3) 产生正弦波的源程序如下：

```
#include <reg51.h>
#include <absacc.h>
#define uint unsigned int
#define uchar unsigned char
#define DAC0832 XBYTE[0x7FFF]
uchar code data[ ]={0x7F, 0x8A, 0x95, 0xA0, 0xAB, 0XB5, 0xBF, 0xC8, 0xD1, 0xD9,
                    0xE1, 0xE7, 0xED, 0xF3, 0xF7, 0xFA, 0xFD, 0xFE, 0xFF, 0xFE,
                    0xFD, 0xFA, 0xBF, 0xF3, 0xED, 0xE7, 0xE1, 0xD9, 0xD1, 0xC8,
                    0xBF, 0xB5, 0xAB, 0xA0, 0x95, 0x8A, 0x7F, 0x75, 0x6A, 0x5F, 0x54,
                    0x4A, 0x40, 0x36, 0x2D, 0x25, 0x1E, 0x17, 0x11, 0x0C, 0x07, 0x04,
                    0x02, 0x01, 0x00, 0x01, 0x02, 0x04, 0x07, 0x0C, 0x11, 0x17, 0x1E,
                    0x25, 0x2D, 0x36, 0x40, 0x4A, 0x54, 0x5F, 0x6A, 0x75};
void DelayMS(uint x)
{uchar t;
  while(x--) for(t=0;t<120;t++);
}

void main()
{ uchar i;
   while(1)
    {for(i=0;i<72;i++)
       DAC0832= data[i];
     DelayMS(1);
     }
}
```

程序分析：

我们把表 6-1 中计算好的正弦波各点的数值存放在数组 data[72]中，这样在程序中只要将这一个周期的数值反复送入 DAC0832 转换，就可以得到连续的正弦波信号。

3) 软硬件联合调试

将上面相应波形的程序编译为 *.hex 文件后，加载到单片机中运行，在虚拟示波器上可以看到对应的波形图。在 Proteus 仿真运行过程中可能会提示 CPU 过载，这时虚拟示波器可能会无法实时显示波形，可将虚拟示波器通道 A 中指向 1 的黄色旋钮从 1 开始先正向旋转一圈，再反向旋转一圈，这样会使虚拟示波器尽快刷新显示波形。

如果是将程序下载到实验板中，可以用示波器检测 UA741 输出的实际波形。

## 6.4　项 目 拓 展

TLC5615 是一个串行 10 位 DAC 芯片，性能比早期电流型输出的 DAC 要好。只需要通过 3 根串行总线就可以完成 10 位数据的串行输入，易与工业标准的微处理器或微控制器(单片机)接口，适用于电池供电的测试仪表、移动电话，也适用于数字失调与增益调整以及工业控制场合。

**1. TLC 5615 主要特性**

(1) 5V 单电源供电；

(2) 10 位 CMOS 电压输出；

(3) 与 CPU3 线串行接口；

(4) 高阻抗基准输入端；

(5) DAC 的最大输出电压为基准输入电压的 2 倍；

(6) 上电时内部自动复位；

(7) 低功耗，最大功耗为 1.75 mW；

(8) 转换速率快，更新率为 1.21 MHz，建立时间 12.5 μs。

小型(D)封装 TLC5615CD 和塑料 DIP(P)封装 TLC5615CP 的工作温度范围均为 0℃ ～70℃；而小型(D)封装 TLC5615ID 和塑料 DIP(P)封装 TLC5615IP 的工作温度在 −40℃ ～85℃范围内。

**2. TLC5615 内部结构及引脚**

TLC5615 的内部功能框图如图 6 - 15 所示，它主要由以下几部分组成：

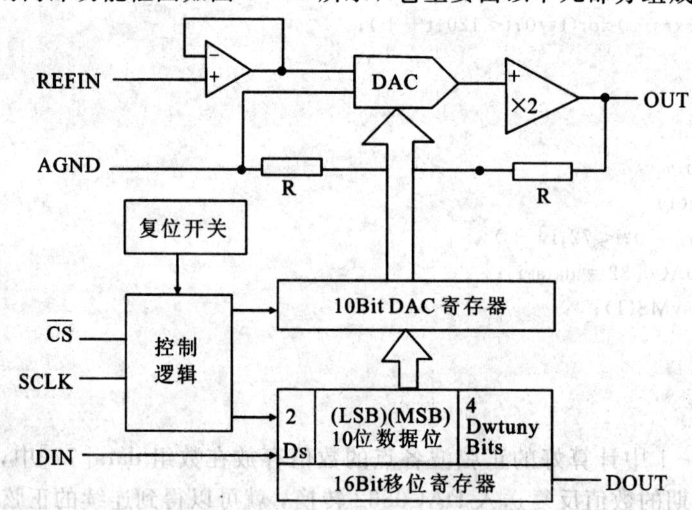


图 6 - 15　TLC5615 的内部功能框图

(1) 10 位 DAC 电路；

(2) 一个 16 位移位寄存器，接受串行移入的二进制数。并且有一个级联的数据输出端 DOUT；

(3) 并行输入/输出的 10 位 DAC 寄存器，为 10 位 DAC 电路提供待转换的二进制数据；

(4) 电压跟随器为参考电压端 REFIN 提供很高的输入阻抗，大约 10 MΩ；

(5) ×2 电路提供最大值为 2 倍于 REFIN 的输出；

(6) 上电复位电路和控制电路。

8 脚直插式 TLC5615 的引脚分布如图 6－16 所示。各引脚功能如下：

(1) DIN，串行二进制数输入端；

(2) SCLK，串行时钟输入端；

(3) $\overline{CS}$，芯片选择，低电平有效；

(4) DOUT，串行数据输出端；

(5) AGND，模拟地；

(6) REFIN，基准电压输入端；

(7) OUT，DAC 模拟电压输出端；

(8) VDD，正电源电压端。

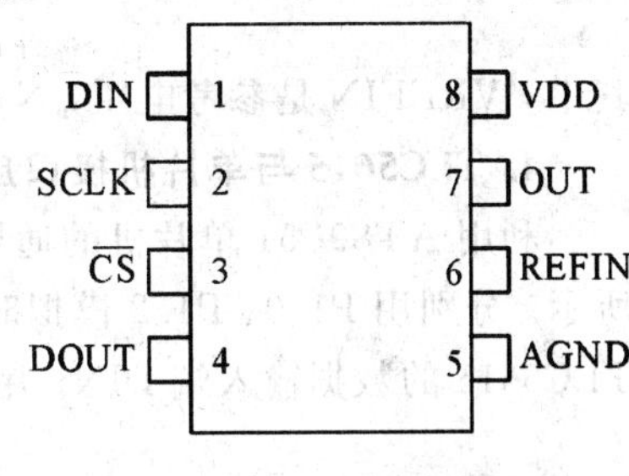


图 6－16　TLC5615 引脚排列

**3. TLC 5615 时序及工作过程**

TLC5615 的工作电源一般要求在 4.5～5.5 V，通常取 5 V；高电平输入电压不小于 2.4 V；低电平输入电压不高于 0.8 V，基准输入电压为 2V～(VDD－2)，通常取 2.048 V，负载电阻一般不小于 2 kΩ。

TLC5615 工作时序如图 6－17 所示。可以看出，只有当片选 $\overline{CS}$ 为低电平时，串行输入数据才能被移入 16 位移位寄存器。当 $\overline{CS}$ 为低电平时，在每一个 SCLK 时钟的上升沿将 DIN 的一位数据移入 16 位移寄存器。注意，二进制最高有效位被导前移入。接着，$\overline{CS}$ 的上升沿将 16 位移位寄存器的 10 位有效数据锁存于 10 位 DAC 寄存器，供 DAC 电路进行转换。当片选 $\overline{CS}$ 为高电平时，串行输入数据不能被移入 16 位移位寄存器。注意：$\overline{CS}$ 的上升和下降都必须发生在 SCLK 为低电平期间。从图中可以看出，最大串行时钟速率为：

$$f(\mathrm{sclk})_{\max}=\frac{1}{t_w}(\mathrm{CH})+t_w(\mathrm{CS})\approx 14\ \mathrm{MHz}$$

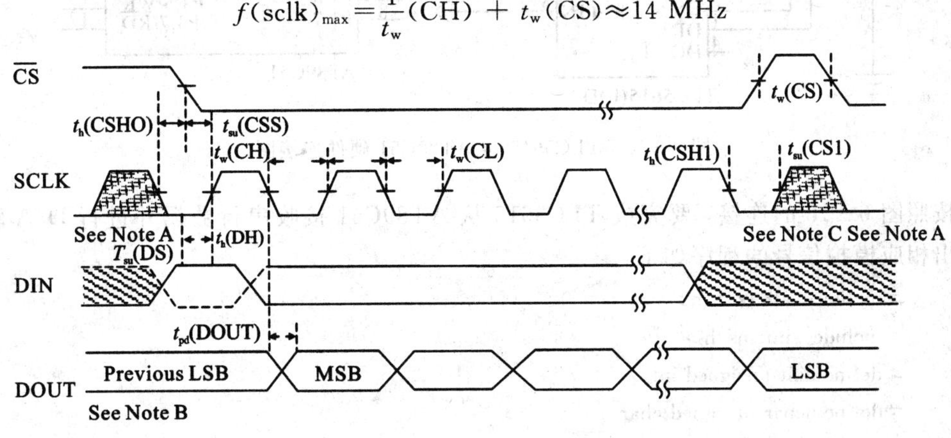


图 6－17　TLC5615 时序

TLC5615 有两种工作方式。从图 6－15 可以看出，16 位移位寄存器分为高 4 位虚拟位、低 2 位填充位以及 10 位有效位。在 TLC5615 工作时，只需要向 16 位移位寄存器按先后输入 10 位有效位和低 2 位填充位，2 位填充位数据任意，这是第一种方式，即 12 位数据序列。第二种方式为级联方式，即 16 位数据序列，可以将本片的 DOUT 接到下一片的 DIN，需要向 16 位移位寄存器按先后输入高 4 位虚拟位、10 位有效位和低 2 位填充位，由于增加了高 4 位虚拟位，所以需要 16 个时钟脉冲。无论工作在哪一种方式，输出电压为：

$$V_{OUT} = V_{REFIN} \times \frac{N}{1024}$$

其中，VREFIN 是参考电压，N 为输入的二进制数。

**4. TLC5615 与单片机接口应用**

利用 AT89C51 单片机的通用 I/O 口(P1 口)与 TLC5615 构成的 DAC 电路如图 6－18 所示。分别用 P1.0、P1.2 模拟时钟 SCLK 和片选信号，待转换的二进制数从 P1.1 输出到 TLC5615 的数据输入端 DIN。用一只电压表测量转换好的模拟电压值。

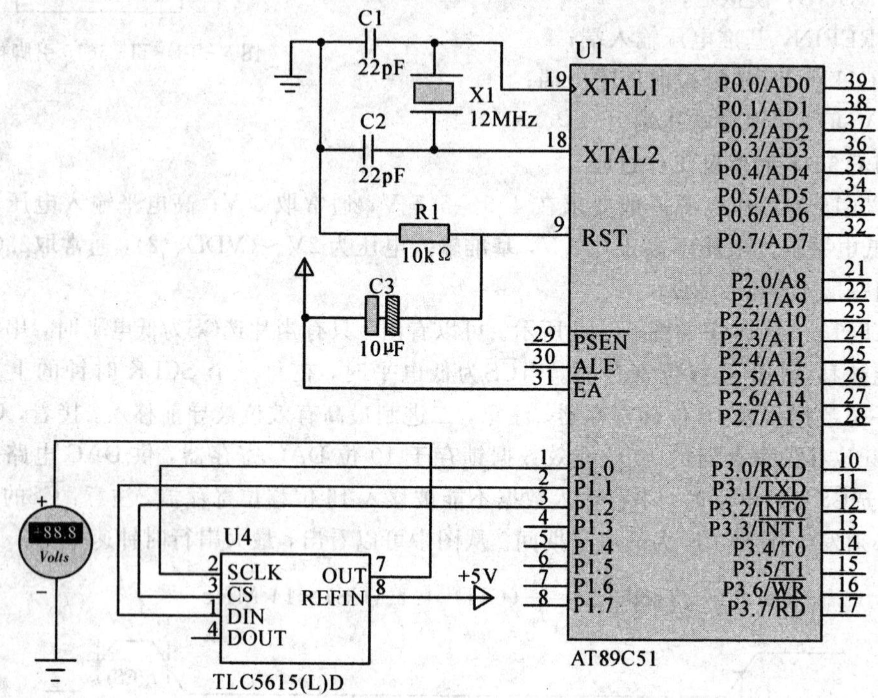


图 6－18　TLC5615 与 AT89C51 硬件连接图

按照图 6－18 的连接，要完成 TLC5615 从 AT89C51 接收串行数据并进行 D/A 转换后输出相应模拟信号的程序如下：

```
#include<at89x51.h>
#include<intrins.h>
#define uint unsigned int
#define uchar unsigned char
sbit DA_din=P1^1;
sbit DA_sck=P1^0;
sbit DA_cs=P1^2;
uint code table[]={1023,1000,995,990,985,981,980,970,960,910,860,810,760, 710,660,
            610,560,510,460,410,360,310,260,210,160,110,60,10};

void delay(uint z)
{    uint x,y;
   for(x=z;x>0;x--)
```

```
        for(y=64;y>0;y--);
}

void DA_5615(uint j)
{     uint i;
      uint temp=table[j];
      DA_cs=1;
      DA_sck=0;
      DA_cs=0;
      temp=temp<<6;
      for(i=0;i<12;i++)
      { DA_din=temp&0x8000;
        DA_sck=1;
        _nop_();
        DA_sck=0;
        temp=temp<<1;
      }
      DA_cs=1;
}

void main()
{   uint i;
    while(1)
    {   for(i=0;i<28;i++)
          { DA_5615(i);
            delay(1000);
          }
        for(i=27;i>0;i--)
          { DA_5615(i);
            delay(1000);
          }
    }
}
```

我们将要进行转换的数据放入 table 数组中。DA_5615 子函数完成串行数据按位送入 TLC5615 进行数据转换的功能，按照 TLC5615 时序要求将$\overline{CS}$置 1，SCLK 置 0，再将$\overline{CS}$清零，这样将要转换的数据左移 6 位之后(因为需要转换的数据最大只有 1023，10 位二进制)，通过循环移位操作将 12 位数据一位一位地送入 DIN。主函数只要反复调用 DA_5615 子函数，将送入的数据按 table 数组中的数据从 table[0]到 table[27]再从 table[27]到 table[0]反复变化，这样电压表测量的电压值会从 4.9 V 到 0 V，再从 0 V 到 4.9 V 之间反复变化。

## 6.5 项目小结

本项目介绍了单片机常用的外接 8 位并行 D/A 转换芯片 DAC0832 的原理和应用。通过两个任务学习了采用单片机和 DAC0832 实现各种信号发生器的设计方法。

DAC0832 完成数字信号到模拟信号的转换后是以电流形式输出，必须外接运算放大器把电流转换成电压信号。DAC0832 与单片机根据接口方式不同有三种工作方式：直通方式、单缓冲方式和双缓冲方式。实际应用中根据实际情况选择合适的工作方式。

在介绍并行 D/A 转换芯片的应用之后，以 TLC5615 为例介绍了串行 D/A 转换芯片的特点、工作原理和应用方法。

## 习　题

1. 在单片机应用系统中为什么要进行 A/D 和 D/A 转换？它们的作用是什么？

2. DAC0832 与 8051 单片机接口时有哪些控制信号？作用分别是什么？

3. 使用 DAC0832 时，单缓冲方式如何工作？双缓冲方式如何工作？它们各占用 8051 外部 RAM 的哪几个单元？软件编程有什么区别？

4. 怎样用 DAC0832 得到电压输出信号？有哪几种方法？

5. 多片 D/A 转换器为什么必须采用双缓冲接口方式？

6. 试用 DAC0832 芯片设计单缓冲方式的 D/A 转换器接口电路，并编写 2 个程序，分别使 DAC0832 输出负向锯齿波和 15 个正向阶梯波。

7. 根据图 6－19 的电路接法，判断 DAC0832 是工作在直通方式、单缓冲方式还是双缓冲方式？欲用 DAC0832 产生如图 6－20 所示波形，则如何编程？（设满量程电压 5 V，周期为 2 s。）

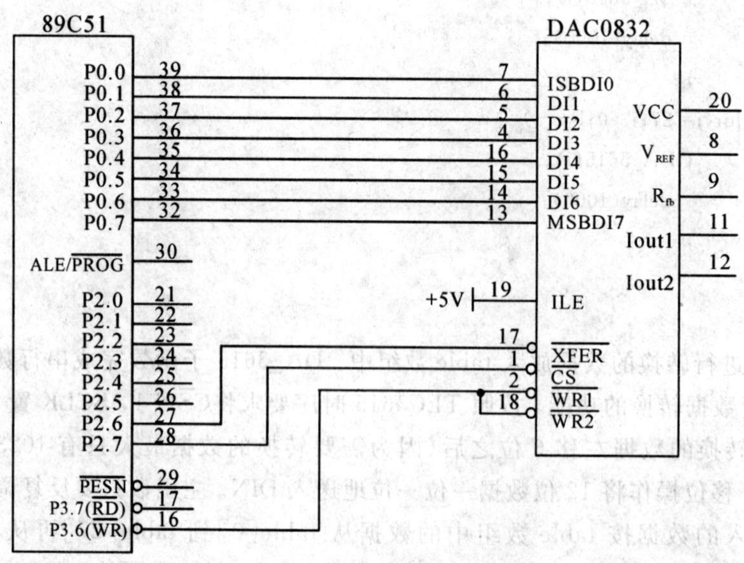

图 6－19　DAC0832 与单片机的连接电路

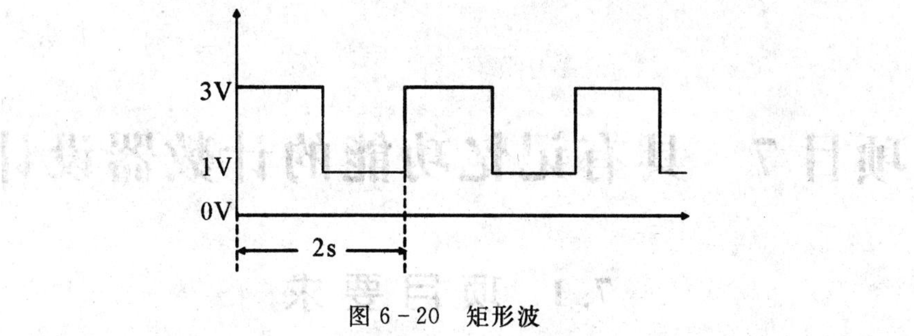

图6-20　矩形波

8. TLC5615的主要特点是什么？简述其工作原理。

9. 参照任务2，将图6-19的硬件电路作修改，设计成一个完整的信号发生器，通过按键控制输出锯齿波、三角波、方波或正弦波，并写出完整的程序。

# 项目 7 具有记忆功能的计数器设计

## 7.1 项 目 要 求

本项目要求以 STC89C52 单片机为核心，设计一个计数器，该计数器具有记忆功能，即在每次系统运行之后，可以接着上次的计数值继续计数。

项目重难点：

(1) 串行 EEPROM 的扩展；

(2) 串行器件的时序分析；

(3) 串行器件的软件编程；

(4) $I^2C$ 总线的原理。

技能培养：

(1) 掌握单片机系统扩展的方法；

(2) 掌握单片机外部存储器的访问方法；

(3) 掌握 $I^2C$ 总线型器件的时序分析及软件编程方法；

(4) 掌握单片机与外部存储器的接口电路设计。

## 7.2 理 论 知 识

单片机内部虽然具有存储器，但是写入程序存储器(ROM)中的内容是无法更改的，而数据存储器(RAM)中的内容，掉电后信息会丢失。如果我们需要记录一些总是变化的数据，而且这些数据可以在下次系统运行时继续使用，那么这时单片机内部的存储器显然不能满足要求，这种情况下必须扩展外部存储器来记录这些数据信息。

目前具有 $I^2C$(Inter-Integrated Circuit)总线协议的 EEPROM(Electrically Erasable Programmable Read-Only Memory，电可擦可编程只读存储器)存储器芯片在单片机系统中得到了广泛应用，这种存储器芯片与单片机接口电路设计简单，使用方便。

### 7.2.1 $I^2C$ 总线的概念

$I^2C$ 总线产生于 20 世纪 80 年代，是一种由 PHILIPS 公司开发的两线式串行总线，用于连接微控制器及其外围设备。

$I^2C$ 总线只有二根信号线，一根是双向的数据线 SDA，另一根是时钟线 SCL。在 CPU 与被控 IC 之间、IC 与 IC 之间进行双向传送。各种被控制电路均并联在这条总线上，但就像电话机只有拨通各自的号码才能工作一样，每个电路和模块都有唯一的地址。在信息的传输过程中，$I^2C$ 总线上并接的每一模块电路既是主控器(或被控器)，又是发送器(或接收器)，这取决于它所要完成的功能。CPU 发出的控制信号分为地址码和控制量两部分，地址码用来选址，即接通需要控制的电路，确定控制的种类；控制量决定应该调整的类别（如对比度、亮度等）及需要调整的量。这样，各控制电路虽然挂在同一条总线上，却彼此独立，互不相关。图7-1所示为$I^2C$器件与微控制器的连接结构。

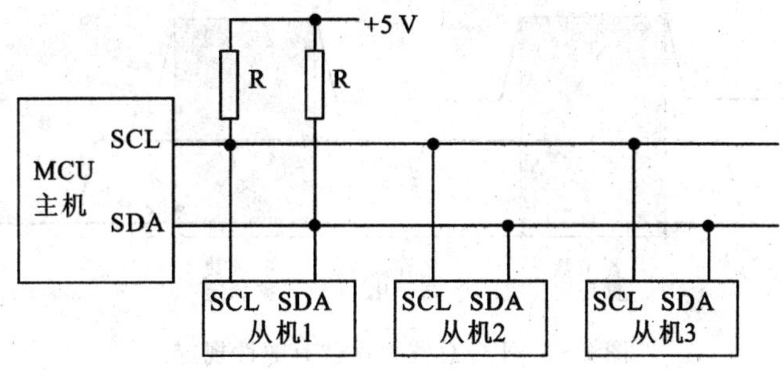


图7-1　$I^2C$总线系统硬件结构图

$I^2C$总线具有以下特点：

(1) 两条总线线路：一条串行数据线(SDA)，一条串行时钟线(SCL)。

(2) 每个连接到总线的器件都可以使用软件根据它的唯一的地址来识别。

(3) 传输数据的设备间是简单的主从关系。

(4) 当某个器件向总线上发送信息时，它就是发送器(也叫主器件)，而当其从总线上接收信息时，又成为接收器(也叫从器件)。

(5) 它是一个多主机总线，两个或多个主机同时发起数据传输时，可以通过冲突检测和仲裁来防止数据被破坏；其仲裁原则为：当多个主器件同时想占用总线时，如果某个主器件发送高电平，而另一个主器件发送低电平，则发送电平与此时SDA总线电平不符的那个器件将自动关闭其输出级。

(6) 串行的8位双向数据传输，位速率在标准模式下可达100 kb/s，在快速模式下可达400 kb/s，在高速模式下可达3.4 Mb/s。

**$I^2C$总线在传送数据过程中共有3种类型信号：起始信号、终止信号和应答信号。**

**(1) 起始信号(S)：SCL为高电平时，SDA由高电平向低电平跳变，开始传送数据；**

**(2) 终止信号(P)：SCL为高电平时，SDA由低电平向高电平跳变，结束传送数据；**

**(3) 应答信号(ACK)：接收器在接收到8位数据后，在第9个时钟周期，拉低SDA电平。**

开始信号和结束信号都是由主机发出的，在开始信号产生后，总线就处于被占用的状态；在结束信号产生后，总线就处于空闲状态。$I^2C$总线的时序图如图7-2所示。

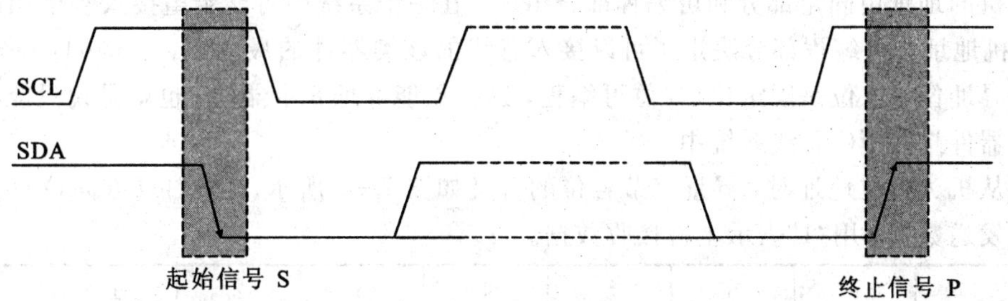


图7-2　$I^2C$总线起始信号和结束信号

**I$^2$C 总线协议规定：I$^2$C 总线进行数据传送时，时钟信号为高电平期间，数据线上的数据必须保持稳定，只有在时钟线上的信号变为低电平期间，数据线上的高电平或低电平状态才允许变化，如图 7－3 所示。**

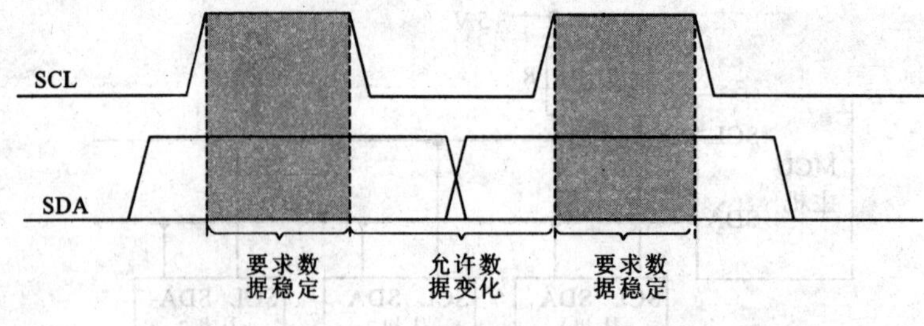


图 7－3　I$^2$C 总线数据位有效性规定

## 7.2.2　I$^2$C 总线的数据传输格式及过程

I$^2$C 总线上传送的数据信息包括地址信息和真正的数据信息。在进行一次数据传输前，主机首先发送“起始信号”，接着传送从机地址，在第一个字节的第 8 位是数据的传送方向。主机发送完地址信息并得到“应答信号”后，就可以进行数据传送(最高位在前)，每次传送完一个字节，得到“应答信号”后再进行下一个字节的传送。在全部数据传送完毕后，主机发送“终止信号”，表示本次数据传送结束。I$^2$C 总线上进行一次数据传输的格式如图 7－4 所示。

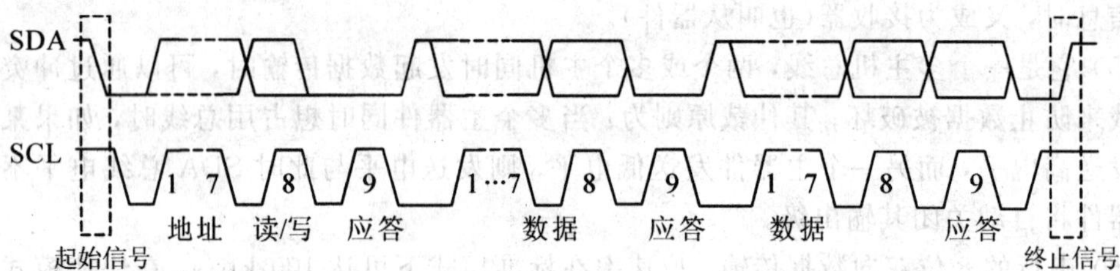


图 7－4　I$^2$C 总线数据传输格式

## 7.2.3　I$^2$C 总线的寻址

I$^2$C 总线规定：在发送完起始信号后的第一个字节接着发出从机的地址信号(即寻址信号)，从机的地址有 7 位和 10 位两种。第一个字节的最低位为方向位(R/$\overline{W}$)。主机发送地址时，总线上的每个从机都将发送来的地址码与自己的地址进行比较，如果相同，则认为自己正被主机寻址，然后根据方向位将自己确定为发送设备或接收设备。

从机的地址由固定部分和可编程部分组成。在一个系统中可能希望接入多个相同的从机，从机地址中可编程部分决定了可以接入总线的该类器件的最大数目。例如：一个从机的 7 位寻址位有 4 位是固定位，3 位可编程，这时仅能寻址 8 个器件，也就是说只能有 8 个同样的器件接入 I$^2$C 总线系统中。

当从机为 7 位地址时，寻址字节各位的含义如图 7－5 所示。最低位(方向位)用“0”表示主机发送数据，用“1”表示主机接收数据。

| 位： | 7 | 6 | 5 | 4 | 3 | 2 | 1 | 0 |
|---|---|---|---|---|---|---|---|---|
| 从机地址 | 1 | 0 | 1 | 0 | × | × | × | R/$\overline{W}$ |

图 7－5　7 位寻址字节各位的含义

在 7 位寻址方式中，在总线的一次数据传输过程中，可以有以下几种组合方式：

(1) 主机向从机写数据，整个传送过程中数据传输方向保持不变。数据格式如图 7－6 所示。

| | | | | | | | | |
|---|---|---|---|---|---|---|---|---|
| S | 从机地址 | 0 | A | 数据 | A | 数据 | A/$\overline{A}$ | P |

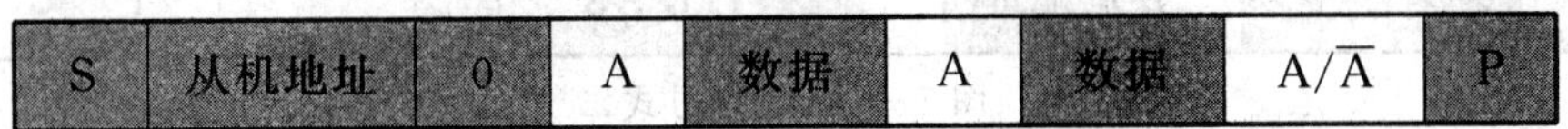

S：起始信号；A：应答信号(SDA 低电平)；P：终止信号；$\overline{A}$：非应答信号(SDA 高电平)

图 7－6　组合方式一

(2) 主机从从机读数据，整个传送过程中数据传输方向保持不变。数据格式如图 7－7 所示。

| | | | | | | | | |
|---|---|---|---|---|---|---|---|---|
| S | 从机地址 | 1 | A | 数据 | A | 数据 | $\overline{A}$ | P |

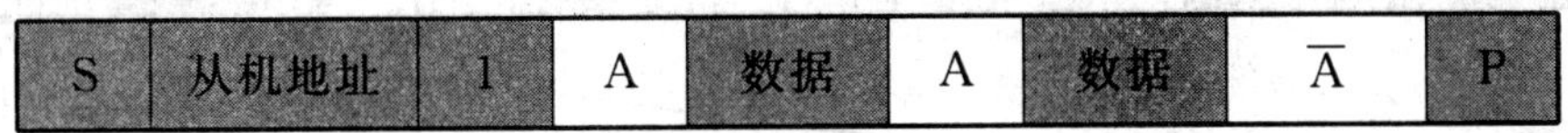

图 7－7　组合方式二

(3) 复合格式。主机先向从机写完数据之后，接着从从机读数据。当需要改变传输方向时，起始信号和从机地址都被重复产生一次。但两次方向位($R/\overline{W}$)正好相反。数据格式如图 7－8 所示。

| | | | | | | | | | | | | |
|---|---|---|---|---|---|---|---|---|---|---|---|---|
| S | 从机地址 | 0 | A | 数据 | A/$\overline{A}$ | S | 从机地址 | 1 | A | 数据 | $\overline{A}$ | P |

图 7－8　组合方式三

当从机地址为 10 位时，从机地址由起始信号后的头两个字节组成。第一个字节的头 7 位是 11110XX 的组合，其中最后两个 XX 是 10 位地址的两个最高位，第一个字节的第 8 位是方向位($R/\overline{W}$)。如果方向位 $R/\overline{W}=0$，则第二个字节是 10 位从机地址剩下的 8 位，如果 $R/\overline{W}=1$，则下一个字节是从机发送给主机的数据。

在 10 位寻址方式中，可能有的数据传输格式有：

(1) 主机向从机写数据，传输方向不改变。当起始信号后有 10 位数据时，每个从机将第一个字节的从机地址与自己的地址比较，并测试方向位是否为 0。此时，很可能超过一个器件发现地址相同，并产生一个应答信号(A1)。所有发现地址相同的从机将第二个字节的从机地址与自己的地址比较，此时只有一个从机发现地址相同并产生一个应答信号(A2)，匹配的从机将保持被主机寻址，直到接收到终止信号。数据传输格式如图 7－9 所示。

| | | | | | | | | | | | |
|---|---|---|---|---|---|---|---|---|---|---|---|
| S | 从机地址 11110XX | $R/\overline{W}$ 0 | A | 从机低 8 位地址 | A | 数据 | A | | 数据 | A/$\overline{A}$ | P |

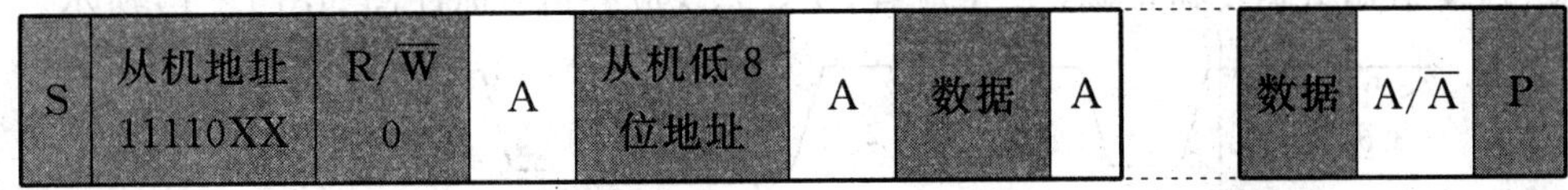

图 7－9　组合方式一

(2) 主机从从机读数据，传输方向不变。在起始信号后的第一个字节，主机发送“11110XX0”，这时数据传输方向是“0”，表示主机写数据到从机，这是因为还有 8 位地址码未发送，在第二个字节，主机继续发送其余的 8 位地址码。当主机得到被寻址的从机应答信号之后，再次发送起始信号(Sr)，在这个起始信号之后，紧接着发出一个字节从机地址，刚才被寻址的从机检查第二次起始信号后的第一个字节的前 7 位和第一次起始信号后的前 7 位是否相同，并检查第 8 位是否为“1”，如果匹配，则从机认为它是真正被寻址的器件，再次发送应答信号。此后这个匹配的从机一直保持被寻址，主机从从机这里读走数据，直到主机发出终止信号。数据传输格式如图 7－10 所示。

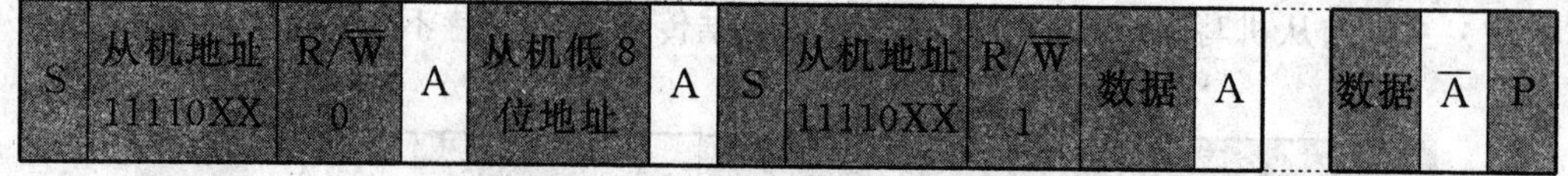


图 7－10　组合方式二

(3) 复合格式。主机先向从机写数据，接着从相同的从机读数据。数据传输格式如图 7－11所示。

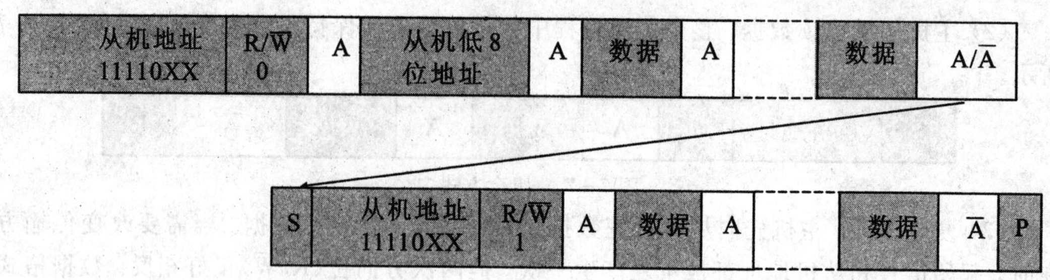


图 7－11　组合方式三

(4) 组合格式。主机先写数据到一个 7 位地址的从机，接着写数据到一个 10 位地址的从机。数据传输格式如图 7－12 所示。

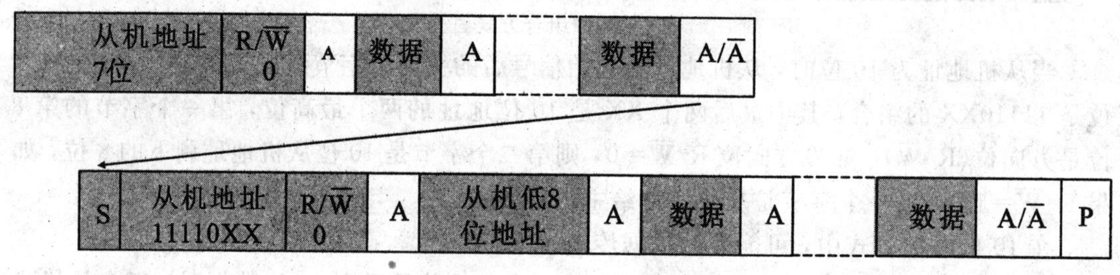


图 7－12　组合方式四

## 7.2.4　I²C 总线应答信号

I²C 总线规定：每传送一个字节的数据后，都要有一个应答信号，以确定数据传送是否被对方收到。应答信号由接收设备产生，在 SCL 信号为高电平期间，接收设备将 SDA 拉成低电平，表示数据传输正确，产生应答。I²C 总线应答信号时序图如图 7－13 所示。

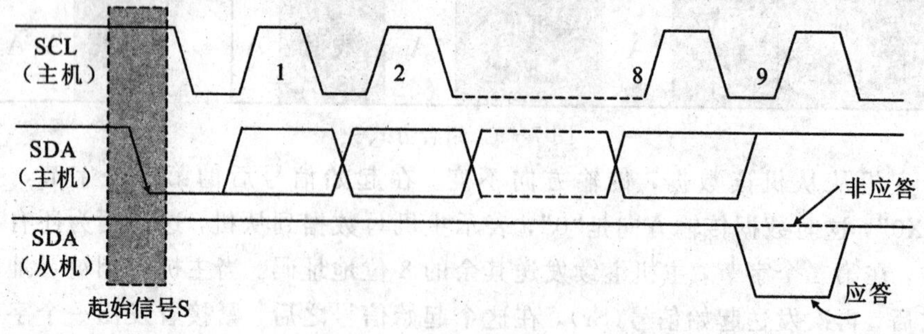


图 7－13　I²C 总线应答信号时序图

当主机为接收设备时，主机对最后一个字节不应答，用来向发送设备表示数据传送结束。

# 7.3　项目分析与实施

根据项目要求，本项目中的关键是如何在系统断电之前将计数器的计数值保存起来，并在下次系统运行时，接着上次的计数值继续计数。要实现这个功能，必须在单片机外部接存储器以保存计数值。

项目的显示部分和按键处理部分已经在项目 2 中介绍，此处不再赘述。

**1. 任务要求和分析**

1）任务要求

要求以 STC89C52 单片机为控制核心，设计最大计数值为 9999 的计数器，该计数器对外部脉冲进行计数，并将结果显示在数码管上，由独立按键控制计数器的运行、停止和清零。在系统断电之前，当按下“停止/保存”键时，系统会自动记录计数器的当前计数值，下次系统上电之后，按下“运行”键，系统会从上次的计数值接着继续计数。按下“清零”键，计数器从零开始重新计数。

2）任务分析

51 单片机内部具有 2 个 16 位的定时/计数器，只需要让其工作在计数模式，就可以对外部脉冲计数。为了记录计数值，我们在单片机外部扩展具有 I$^2$C 总线结构的 EEPROM 存储器芯片，EEPROM 存储器具有掉电不丢失的特点，我们可以将计数值存入这个存储器。

在系统的硬件电路设计方面，就需要考虑外接存储器芯片与 51 单片机的接口电路设计。

在系统的软件程序设计方面，由于 51 单片机不具有硬件 I$^2$C 总线控制单元，所以必须通过软件指令模拟 I$^2$C 总线的工作时序。

**2. 器件及设备选择**

目前，具有 I$^2$C 总线接口的 EEPROM 有许多种，主要有 fairchild（仙童）公司的 FM24C02/04/08/16，National semiconductor（国家半导体）公司的 NM24C02/03/04/08，Atmel 公司的 AT24C01/02/04/08/16 等。这里选择 Atmel 公司的 AT24C08 作为存储芯片。

1）AT24C08 引脚介绍

AT24C08 是 Atmel 公司生产的串行电可擦的可编程存储器，数据保存周期可达 100 年。同系列的产品有 AT24C01/02/04/08/16 等。AT24C08 芯片的封装有直插式和贴片式两种，芯片引脚图如图 7－14 所示。各引脚名称及功能如下：

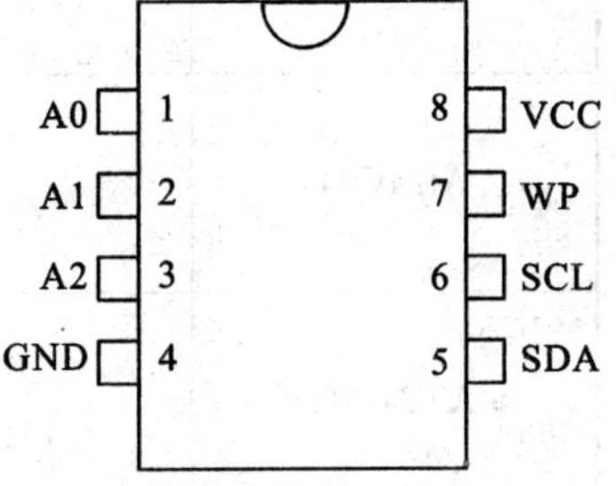


图 7－14　AT24C08 引脚

（1）A0～A2：可编程地址输入端；

（2）GND：电源地；

（3）SDA：串行数据输入/输出端；

（4）SCL：串行时钟输入端；

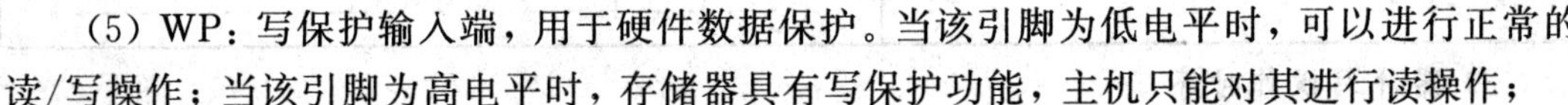

（5）WP：写保护输入端，用于硬件数据保护。当该引脚为低电平时，可以进行正常的读/写操作；当该引脚为高电平时，存储器具有写保护功能，主机只能对其进行读操作；

（6）VCC：电源。

2）器件存储器组织及寻址

AT24C08 的存储容量为 8 kbit，内部分成 64 页，每页 16 个字节，共 10246 个字节。同系列 AT24C01/04/08/16 的存储器容量分别为：

AT24C01 的存储容量为 1 kbit，内部分成 16 页，每页 8 个字节，共 128 个字节；

AT24C02 的存储容量为 2 kbit，内部分成 32 页，每页 8 个字节，共 256 个字节；

AT24C04 的存储容量为 4 kbit，内部分成 32 页，每页 16 个字节，共 512 个字节；

AT24C16 的存储容量为 16 kbit，内部分成 128 页，每页 16 个字节，共 2048 个字节。

由于 $I^2C$ 总线可挂接多个串行接口器件，在 $I^2C$ 总线中每个器件应有唯一的器件地址。AT24C 系列的器件地址为 7 位数据(即一个 $I^2C$ 总线系统中理论上可挂接 128 个不同地址的器件)，它和 1 位数据方向位构成一个器件寻址字节，最低位 D0 为方向位(读/写)。器件寻址字节中的最高 4 位(D7～D4)为器件型号地址，不同的 $I^2C$ 总线接口器件的型号地址是厂家给定的。AT24C 系列 EEPROM 的型号地址皆为 1010，器件地址中的低 3 位为引脚地址 A2A1A0，对应器件寻址字节中的 D3、D2、D1 位，在硬件设计时由连接的引脚电平给定。AT24C 系列存储器芯片因容量不同，对 3 位寻址码有不同的规定。如表 7-1 所示。

AT24C01/02 存储器的 3 位器件硬件寻址码 A2、A1、A0 全部使用，也就是说，在一个总线上可以挂接 8 个相同 AT24C01 或 AT24C02。

AT24C04 存储器只有 A2 和 A1 作为器件硬件寻址，也就是说，在一个总线上可以挂接 4 个相同 AT24C04。A0 引脚悬空，作为器件内部页面寻址。

AT24C08 存储器，仅有 A2 作为器件硬件寻址，也就是说，在一个总线上只能挂接 2 个相同 AT24C08。A1、A0 引脚悬空，作为器件内部页面寻址。

AT24C16 存储器，3 位器件硬件寻址码都不能用，也就是说，在一个总线上只能挂接 1 个相同 AT24C16。A2、A1、A0 引脚悬空，作为器件内部页面寻址。

页面寻址也就是片内寻址，其寻址范围为 00～FFH，也就是说页面寻址可达 256 个字节。

**表 7-1　AT24C 系列器件识别控制字**

| 型号 | 存储容量 | 器件识别控制字节 | | | | | | | |
|---|---|---|---|---|---|---|---|---|---|
| | | MSB | | | | | | | LSB |
| AT24C01/02 | 1k/2k bit (128/256 B) | 1 | 0 | 1 | 0 | A2 | A1 | A0 | $R/\overline{W}$ |
| At24C04 | 4k bit (512 B) | 1 | 0 | 1 | 0 | A2 | A1 | P0 | $R/\overline{W}$ |
| AT24C08 | 8k bit (1024 B) | 1 | 0 | 1 | 0 | A2 | P1 | P0 | $R/\overline{W}$ |
| AT24C16 | 16k bit (2048 B) | 1 | 0 | 1 | 0 | P2 | P1 | P0 | $R/\overline{W}$ |

3）器件写操作时序

串行 EEPROM 的写操作一般有两种方式：一种是字节写入方式，一种页面写入方式。

(1) 字节写入方式。这种方式下，主机一次只向从机写一个字节的数据。主机先发送起始信号，然后发送一个字节的含有器件地址的写操作控制字，得到从机应答信号之后，再送一个字节的存储器单元子地址，再次得到从机应答信号之后，主机就可以发送要写入的数据到从机，从机接收完毕给出应答信号，主机发送终止信号给从机。字节写入的时序如图 7－15 所示。

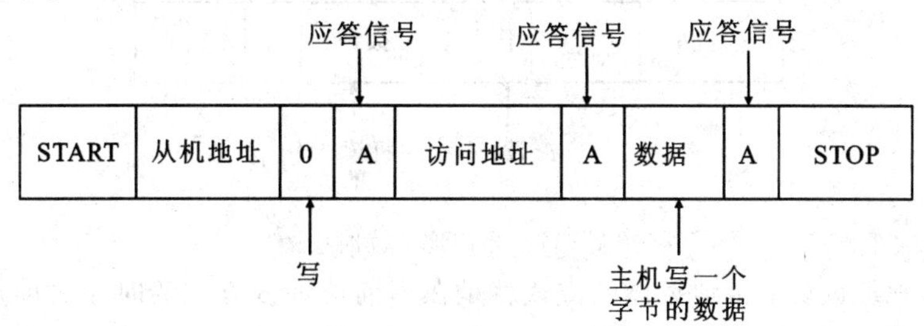


图 7－15　字节写入时序图

(2) 页写入方式。这种方式下，主机一次可以向从机连续写入一页的数据(每页的字节数随器件型号而不同)。这种方式与字节写入的起始部分是相同的。主机先发送起始信号，然后发送一个字节的含有器件地址的写操作控制字，得到从机应答信号之后，再送一个字节需要被连续写入的存储器单元首地址，再次得到从机应答信号之后，主机就可以连续发送最多一页的数据，这些数据存放在刚才指定起始地址开始的连续单元中。每写入一个字节，从机都会发出应答信号，写入完毕后，主机发送终止信号给从机。页写入的时序图如图 7－16 所示。对于 AT24C01/02 采用页写入时，每次最多写入 8 个字节；对于 AT24C04/08/16 采用页写入时，每次最多写入 16 个字节。

**页写入与字节写入相比，省去了每次在写入数据之前都要先写入存储器子地址的步骤，提高了写入的效率。主机每写入一个字节的数据，器件内部数据字地址计数器的内容自动加 1，指向下一个存储单元，当内部数据字地址计数器的内容达到此页最后一个字节地址之后，地址计数器的内容会自动变成此页首地址，随后主机发送来的数据将被写入从此页的首地址开始的连续单元中，覆盖原来的数据，这种现象称为“地址上卷”。所以在进行页写入时，应注意器件每页的容量。**

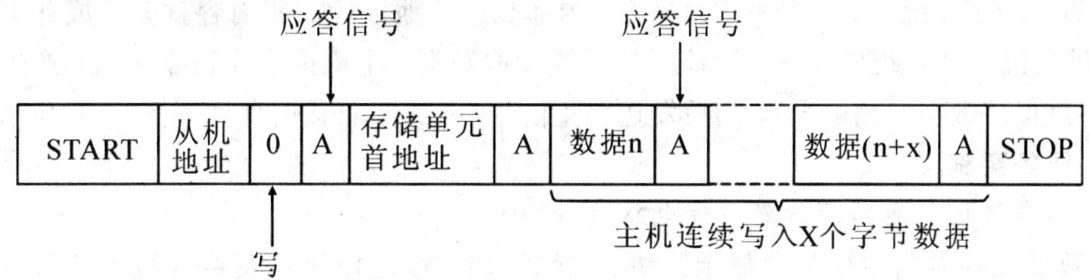


图 7－16　页写入时序图

4) 器件读操作时序

串行 EEPROM 的读操作一般有三种方式：一种是当前地址读；一种是随机读；一种是连续地址读。

(1) 当前地址读。这种方式下，器件内部数据字地址计数器的内容是最后一次读/写操作访问的存储单元地址加 1。只要芯片不掉电，这个地址一直有效。当主机发送完起始信号后，接着发送一个字节的含有器件地址的读操作控制字，从机发送应答信号，随后从机就会将当前地址单元的数据随时钟送上数据线。主机读取完数据之后，产生一个非应答信号(保持数据线高电平)，随后发送终止信号。当前地址读操作的时序如图 7－17 所示。

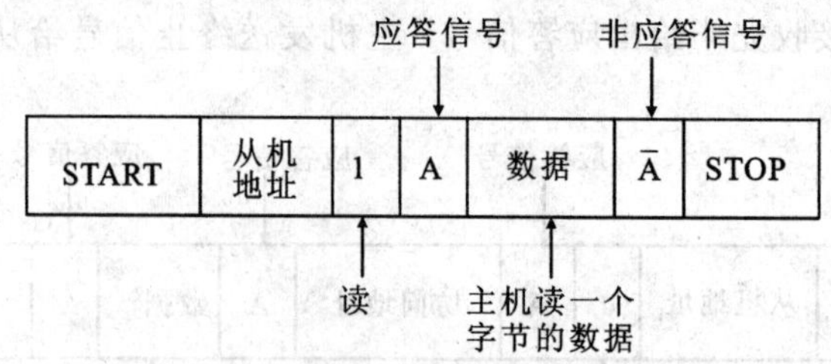


图 7－17　当前地址读时序图

(2) 随机地址读。随机地址读的方式就是在当前地址读方式的时序之前加上需要读取的单元地址，时序图如图 7－18 所示。主机发送起始信号后，先写入一个含有器件地址的写操作控制字，从机发送应答信号；主机再次写入一个字节的需要读取的存储单元地址，从机再次发送应答信号；接着主机重新发送一个起始信号并写入一个含有器件地址的读操作控制字，随后刚才被寻址的器件就会随时钟将指定存储单元中数据送到数据线上。主机读取完数据之后，产生一个非应答信号(保持数据线高电平)，随后发送终止信号。

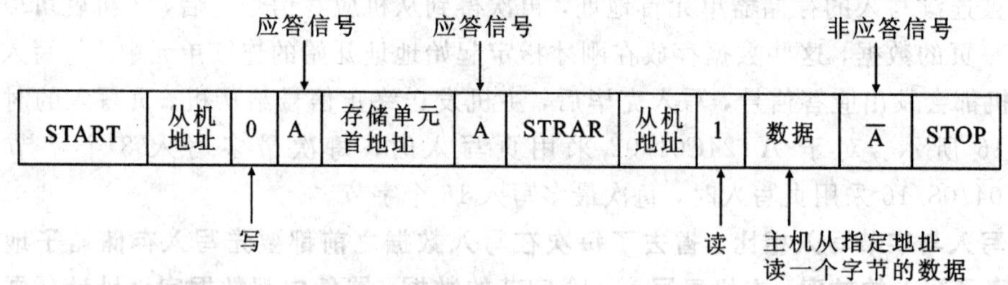


图 7－18　随机地址读时序

(3) 连续地址读(页读)。连续地址读与随机地址读的时序基本相似。主机在得到从机的应答之后，就可以从指定地址连续读一页的数据。当连续读操作时，每读一个字节数据，器件内部数据字地址计数器内容自动加 1，指向下一个单元。若内部数据字地址计数器内容达到此页最后一个字节地址后，下一次读操作，内部数据字地址计数器内容就会变成此页的首地址，随后主机就会从此页第一个地址开始继续读取数据。主机读取完数据之后，产生一个非应答信号(保持数据线高电平)，随后发送终止信号。连续地址读时序图如图7－19所示。

### 3. 任务实施

1) 具有记忆功能的计数器硬件电路设计

计数器硬件电路主要包含显示模块、记忆模块、按键模块以及单片机。显示模块中使用数码管作为显示器件，其接口电路在项目 2 中已有介绍。记忆模块使用 AT24C08 串行存储器，它与单片机的接口主要是 SCL、SDA 引脚的连接，我们 SCL 接 P2.1 引脚，SDA 接 P2.0 引脚。按照本书配套的实验板原理图，在 proteus 软件下绘制出的硬件原理图如图 7－20 所示。图 7－20 中的 $I^2C$ 总线调试器并不是硬件电路必须的部分，只是为了帮助程序调试。

系统运行起来后，通过按下“运行”键启动计数器工作，当需要停止计数并保存数据时，按下“停止/保存”键，若要给计数器清零，按下“清零”键。

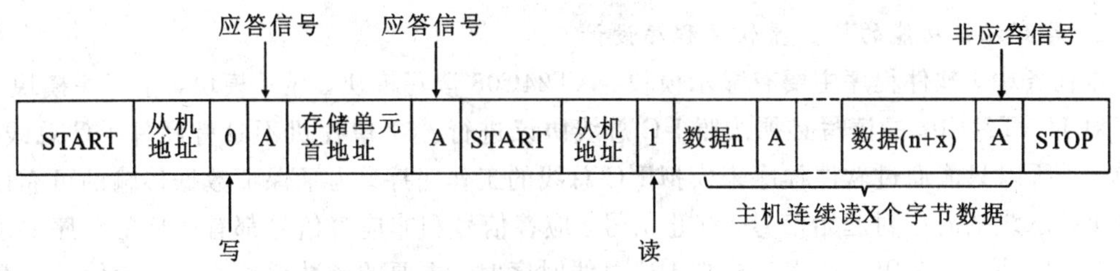


图 7-19　连续地址读时序

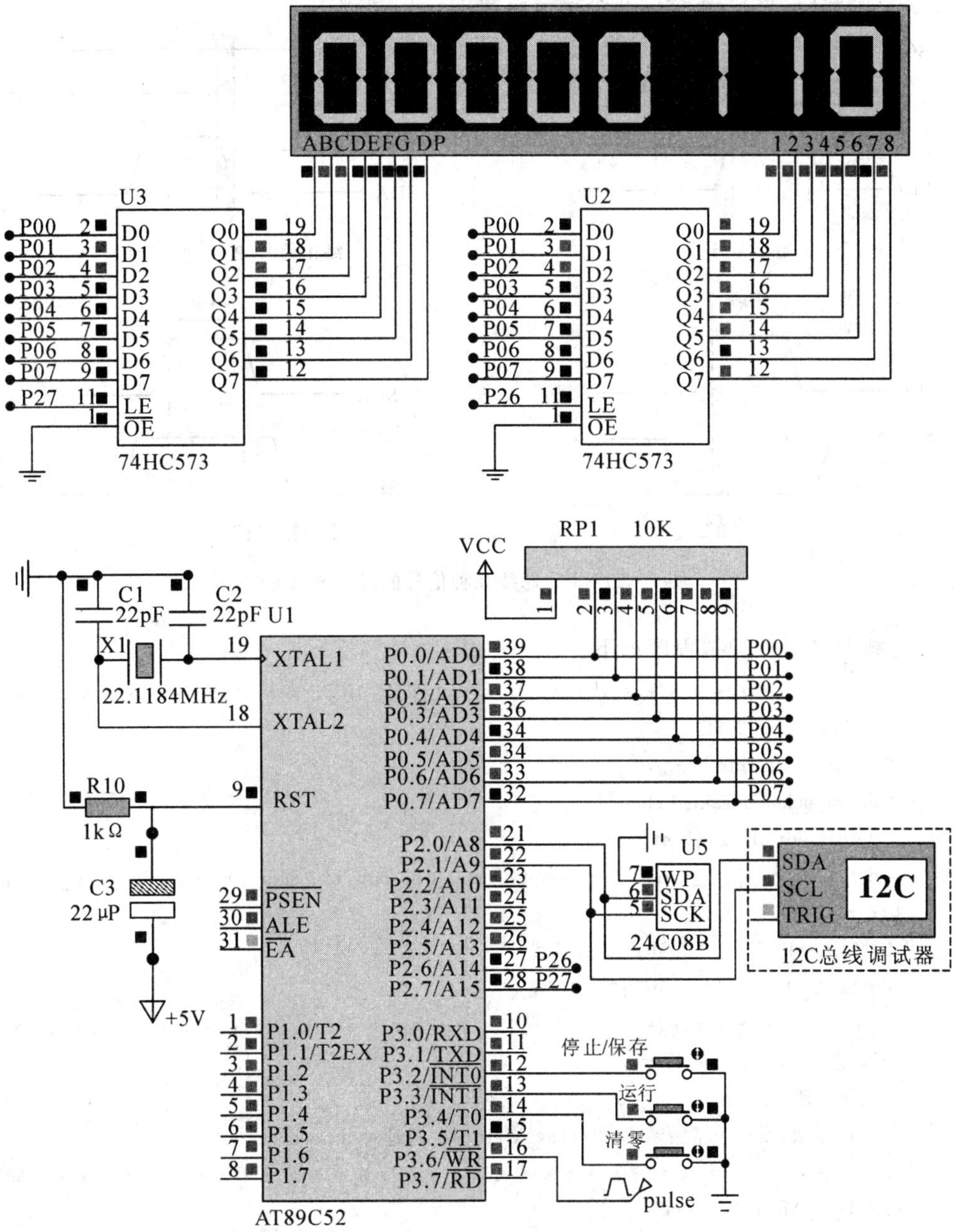

图 7-20　具有记忆功能的计数器硬件电路原理图

2）具有记忆功能的计数器软件程序设计

本任务中，软件程序主要有显示模块、AT24C08 读写模块，显示模块，主程序模块。

对于 AT24C08 的读写必须按照 $I^2C$ 总线协议进行。51 单片机不具有硬件 $I^2C$ 总线控制单元，所以只能通过软件程序来模拟 $I^2C$ 总线的工作时序。为了保证数据传输的可靠性，标准 $I^2C$ 总线的时序对起始信号、终止信号、应答信号和非应答信号都有严格的时序要求，如图 7-21 所示。在用软件程序模拟 $I^2C$ 总线时序时，主要的函数模块有：起始信号函数、终止信号函数、应答信号函数、非应答信号函数、写一个字节函数、读一个字节函数、连续写几个字节函数(页写)、连续读几个字节函数。

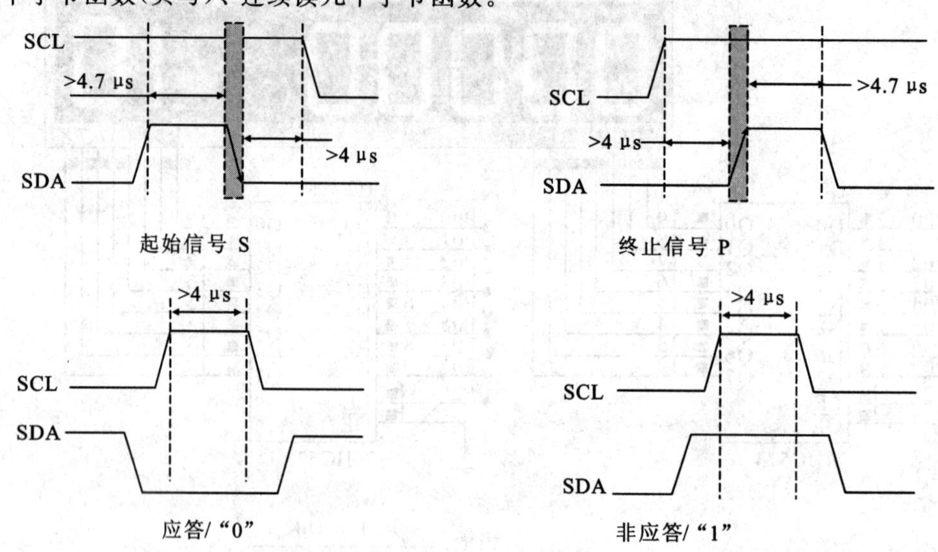


图 7-21 $I^2C$ 总线几种信号的时序要求

$I^2C$ 总线具体软件模拟程序如下：

```
/*********************** 文件名：IIC.c ***************/
#include<reg52.H>
#include <intrins.h>
#define uchar unsigned char
#define uint unsigned int
#define delay_5us() {_nop_();_nop_();_nop_();_nop_();_nop_();_nop_();_nop_();_nop_();_nop_();}
sbit SCL=P2^1;        //声明"时钟"线
sbit SDA=P2^0;        //声明"数据"线
/*****************************************
*函数名称：delayms ()
*功能：延时函数
*入口参数：x——晶振频率 22.1184 MHz 时，约延时 time(ms)
*****************************************/
void DelayMs(uchar time)
{   uchar i;
    while(time--)
```

```
    for(i=0;i<240;i++);
}
/*************************************
* 函数名称：start_iic ()
* 功能：产生 IIC 总线起始信号
*************************************/
void start_iic()
{   SDA=1;
    SCL=1;
    delay_5us();
    SDA=0;
    delay_5us();
    SCL=0;
}
/*************************************
* 函数名称：stop_iic ()
* 功能：产生 IIC 总线终止信号
*************************************/
void stop_iic()
{   SDA=0;
    SCL=1;
    delay_5us();
    SDA=1;
    delay_5us();
}
/*************************************
* 函数名称：ack_iic ()
* 功能：产生 IIC 总线应答信号
*************************************/
void ack_iic()
{   SDA=0;
    SCL=1;
    delay_5us();
    SCL=0;
    SDA=1;
}
/*************************************
* 函数名称：nack_iic ()
* 功能：产生 IIC 总线非应答信号
*************************************/
void nack_iic()
{   SDA=1;
    SCL=1;
    delay_5us();
```

```
    SCL=0;
    SDA=0;
}
/*****************************************
*函数名称: write_byte ()
*功能: 向 IIC 总线存储器写入一个字节的数据
*入口参数: c——需要写入的数据
*****************************************/
void write_byte(uchar c)
{   uchar i;
    for (i=0;i<8;i++)
    { if(c&0x80)    SDA=1;
    else SDA=0;
    SCL=1;
    delay_5us();
    SCL=0;
    c=c<<1;
    }
    SCL=0;
    DelayMs(10);
}
/*****************************************
*函数名称: write_string()
*功能: 向 IIC 总线存储器写入"num"个字节的数据
*入口参数: string——需要被写入数据目前存放的首地址
*入口参数: num——需要写入的字节数
*入口参数: address——数据被写入存储器后,在存储器内部存放的首地址
*****************************************/
void write_string( uchar *string,uchar num,uchar address )
{uchar ii;
 for(ii=0;ii<num;ii++)
 {  start_iic();                     //启动 IIC 总线
   write_byte(0xa0);                 //发送从机地址
  ack_iic();                         //应答
  write_byte(address+ii);            //发送要写入的存储单元地址
  ack_iic();
  write_byte(string[ii]);            //发送需要写入的数据
  ack_iic();
  stop_iic();                        //终止
  DelayMs(10);                       //延时
  }
}
/*****************************************
*函数名称: read_byte ()
```

```
* 功能：从 IIC 总线存储器读出一个字节的数据
* 返回值：value——读出的数据
* * * * * * * * * * * * * * * * * * * * * * * * * * * * * * * * * * * * * * * * * */
uchar read_byte()
{   uchar i;
    uchar value=0;
    SDA=1;
    for(i=0;i<8;i++)
       {value=value<<1;
        SCL=1;
        delay_5us();
        if(SDA==1) value=value|0x01;
        delay_5us();
        SCL=0;
        }
    SCL=0;
    return value;
}
/* * * * * * * * * * * * * * * * * * * * * * * * * * * * * * * * * * * * * * * * *
* 函数名称：read_string ()
* 功能：从 IIC 总线存储器读出"num"个字节的数据
* 入口参数：string——从存储器读出来的数据需要存放位置的首地址
* 入口参数：num——需要读出的字节数
* 入口参数：address——需要读出的数据在存储器中的存储单元首地址
* * * * * * * * * * * * * * * * * * * * * * * * * * * * * * * * * * * * * * * * * */
void read_string( uchar *string,uchar num,uchar address)
{   uchar jj;
    for(jj=0;jj<num;jj++)
       {   start_iic();
           write_byte(0xa0);              //发送从机地址和写指令
           ack_iic();
           write_byte(address+jj);        //发送需要需要读出数据的存储单元地址
           ack_iic();
           start_iic();                   //发送从机地址和读指令
           write_byte(0xa1);
           ack_iic();
           *string=read_byte();           //读一个字节的数据
           string++;
           SCL=0;
           nack_iic();
           stop_iic();
           DelayMs(10);
           }
}
```

程序中通过宏定义：

“# define delay_5us(){_nop_();_nop_();_nop_();_nop_();_nop_();_nop_();_nop_();_nop_();_nop_();}”产生微妙级的延时，系统的晶振频率为 22.1184 MHz，一条空指令“_nop_();”的执行时间为一个机器周期，约 0.54 μs，9 条空指令总延时 4.88 μs，达到了起始信号、终止信号、应答信号、非应答信号的延时要求。

本任务的主函数流程图如图 7－22 所示，键扫描及处理模块的流程图如图 7－23 所示。

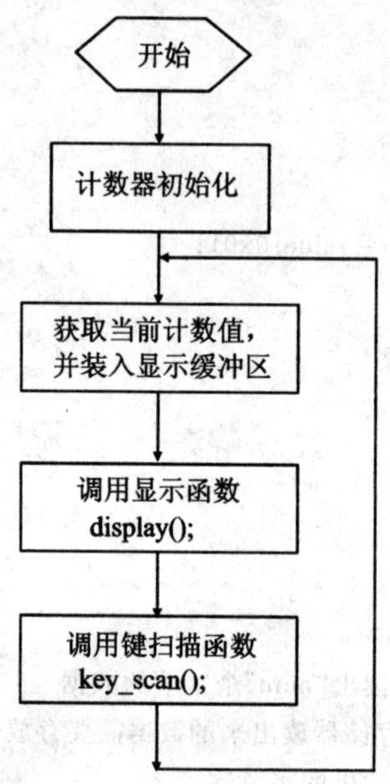


图 7－22 主函数流程图

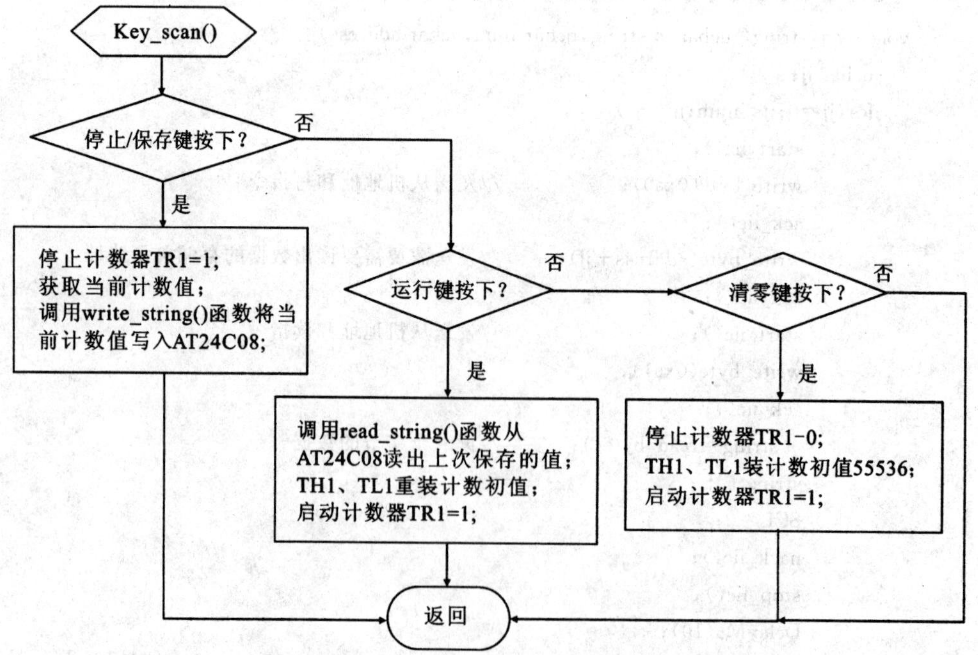


图 7－23 键扫描及处理模块流程图

详细程序如下：

```
/*********************文件名：couter.c *************/
#include<reg52.H>
#include "I2C.h"
sbit save_key=P3^2;        //声明“停止/保存”键
sbit run_key=P3^3;         //声明“运行”键
sbit clear_key=P3^4;       //声明“清零”键
sbit duan_LE=P2^7;         //声明段码锁存使能位
sbit wei_LE=P2^6;          //声明位码锁存使能位
uchar pos_scan;            //位码选择
uchar dsy_num;             //显示缓冲索引，即从左至右第几个数码管
uint count_num;            //记录当前计数值
uchar code dis_table[11]={0x3f,0x06,0x5b,0x4f,0x66,0x6d,0x7d,0x07,0x7f,0x6f,0x00};
// 0, 1, 2, 3, 4, 5, 6, 7, 8, 9, 灭
uchar dis_buf[]={0x3f,0x3f,0x3f,0x3f,0,0,0,0}; //显示缓冲，存放要显示的数字，
uchar write_data[2];       //存放需要写入 AT24C08 的数据
uchar read_data[2];        //存放从 AT24C08 中读来的数据

/************************************
函数名：init_t1()
功能：定时 T1 初始化
************************************/
void init_t1()
{  TMOD=0x50;
   TH1=55536/256;          //装入初始值
   TL1=55536%256;          //装入初始值
   EA=1;                   //开总中断
   ET1=1;                  //开分中断
}
/************************************
函数名：display()
功能：数码管动态显示
************************************/
void display()
{  wei_LE=1;
   P0=pos_scan;                      //锁存位码
   wei_LE=0;
   duan_LE=1;                        //段码锁存打开
   P0= dis_buf[dsy_num];             //送段码
   duan_LE=0;
   pos_scan=_crol_(pos_scan,1);      //位码移位
   dsy_num=(dsy_num+1)%8;            //位码循环移位
   DelayMs(3);
```

```
    P0=0xff;                                    // 消影
}
/*************************************
函数名：key_scan()
功能：键扫描及处理
*************************************/
void key_scan()
{   if(save_key==0)
    { DelayMs(10);                              //延时去抖动
      if(save_key==0)
      {   TR1=0;
          write_data[0]=count_num/256;          //将当前计数值放入数据中，等待写入存储器
          write_data[1]=count_num%256;
          write_string(write_data,2,0x00 );     //调用连续写函数
          while(! save_key);                    //等待键释放
      }
    }
    if(run_key==0)
     { DelayMs(10);
     if(run_key==0)
    {  read_string(read_data,2,0x00);           //调用连续读函数
       while(! run_key);
       TH1=((read_data[0] * 256 + read_data[1]) + 55536)/256; //将读回的数据装入TH1、TL1
       TL1=((read_data[0] * 256+read_data[1])+55536)%256;
       TR1=1;                                   //启动定时器
     }
    }
      if(clear_key==0)
      { DelayMs(10);
        if(clear_key==0)
    {     TR1=0;
          TH1=55536/256;                        //重新装入初始值
          TL1=55536%256;
          TR1=1;
          while(!clear_key);
            }
      }
}
/*************************************
函数名：main()
功能：修改显示缓冲区的内容，调用键扫描及显示函数等
```

```
* * * * * * * * * * * * * * * * * * * * * * * * * * * * * * * * * * * * * * */
void main(void)
{    uchar j=0;
     init_t1();
     pos_scan=0xfe;          // 设置位码选择初值，即选中左边第一个数码管
     dsy_num=0;
     duan_LE=0;              //锁存器的锁存使能关闭
     wei_LE=0;
while(1)
{    count_num=TH1 * 256+TL1-55536;      //当前记录脉冲数
     dis_buf[4]=dis_table[count_num/1000];  //将当前计数值装入相应显示缓冲区
     dis_buf[5]=dis_table[(count_num%1000)/100];
     dis_buf[6]=dis_table[(count_num%100)/10];
     dis_buf[7]=dis_table[count_num%10];//
     display();
     key_scan();
   }
}
/* * * * * * * * * * * * * * * * * * * * * * * * * * * * * * * * * * * * * * *
函数名：couter_T1()
功能：定时器 1 中断服务函数
* * * * * * * * * * * * * * * * * * * * * * * * * * * * * * * * * * * * * * *
* */
void  couter_T1()  interrupt 3
{  TH1=55536/256;
   TL1=55536%256;
}
```

程序分析：

(1) 在计数器初始化函数 init_t1()中，语句

```
TH1=55536/256; //装入初始值
TL1=55536%256; //装入初始值
```

表示为计数器装入的初始值为“55536”，这是因为我们设计的计数器计数范围为 0～9999，共 10 000 个脉冲，当计数器记录脉冲达到 10 000 时，产生中断，由此计数初值为“55536”。

(2) 变量“count_num”记录当前计数器记录了多少个脉冲，在主函数 main()中对应的语句为

```
count_num=TH1 * 256+TL1-55536; //当前记录脉冲数
```

这里之所以减去“55536”是因为计数器是从“55536”开始计数的。

(3) 在键扫描及处理函数 key_scan()中，语句

```
TH1=((read_data[0] * 256+read_data[1])+55536)/256; //将读回的数据装入 TH1、TL1
TL1=((read_data[0] * 256+read_data[1])+55536)%256;
```

中，“read_data[0] * 256”是因为在读出计数值时，将高位放在 read_data[0]中，乘以“256”相当于左移 8 位，恢复它原来的权值。这里加“55536”是因为计数初值为“55536”。从

AT24C08 中读回的计数值加上“55536”才是再次启动计数器时计数器的初值。

(4) 程序中包含的头文件“I2C. h”是对“IIC. c”文件中各函数的声明。在程序调试时，只需将“IIC. c”文件和“ couter. c ”文件添加到一个工程中，并在“couter. c”文件中包含头文件“I2C. h”，就可以直接在“couter. c”文件中使用“IIC. c”文件中的所有函数。这体现了模块程序设计的思想，以后有关单片机控制 $I^2C$ 总线的 AT24C 系列的器件就可以直接使用“IIC. c”模块，节省程序开发时间。

(5) “I2C. h”文件的内容如下：

```
# include <intrins. h>
# define uchar unsigned char
# define uint unsigned int
void DelayMs(uchar);
void start_iic();
void stop_iic();
void ack_iic();
void nack_iic();
void write_byte(uchar);
void write_string( uchar * ,uchar,uchar );
uchar read_byte();
void read_string( uchar * ,uchar,uchar);
```

3) 软硬件联合调试

将程序生成的 HEX 文件链接到 Proteus 软件下绘制的原理单片机模块中，按下“仿真运行”后，会自动弹出 $I^2C$ 总线调试器窗口，如图 7－24 所示。点击原理图中的“运行”键，$I^2C$ 总线调试器窗口会连续显示两行的内容，如图 7－24 中前两行所示，因为点击“运行”键后，会连续从 AT24C08 中读两个字节的数据，当点击“停止/保存”键后，在 $I^2C$ 总线调试器窗口显示的是存放数据的地址及数据。图中“A0、A1”为写入的控制，方向分别为“写和读”；“S”为启动信号，“Sr”为重启动信号，“A”为应答信号，“N”为非应答信号，“P”为终止信号。

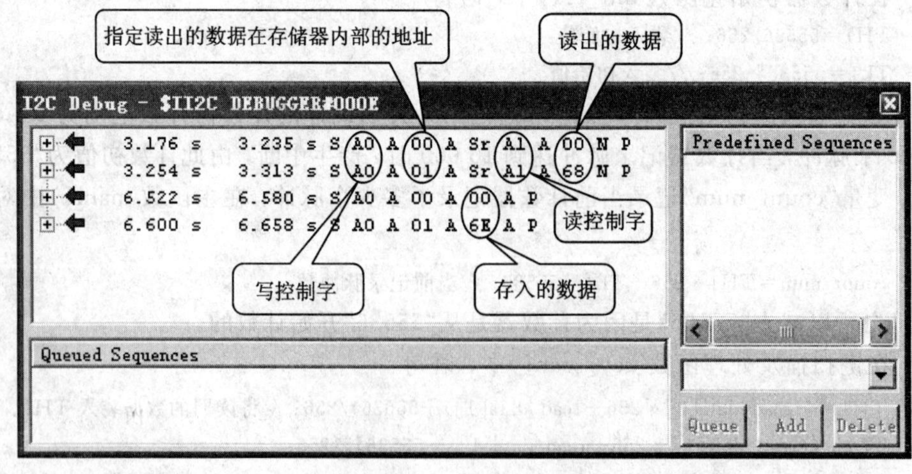


图 7－24 $I^2C$ 总线调试器窗口

当按下 Protues 软件中的“暂停”按钮后，在“Debug”菜单下，选择“I2C Memory Internal Memory”，会弹出如图 7－25 所示的窗口，在这个窗口中可以观察 $I^2C$ 存储器中每个单元的内容。

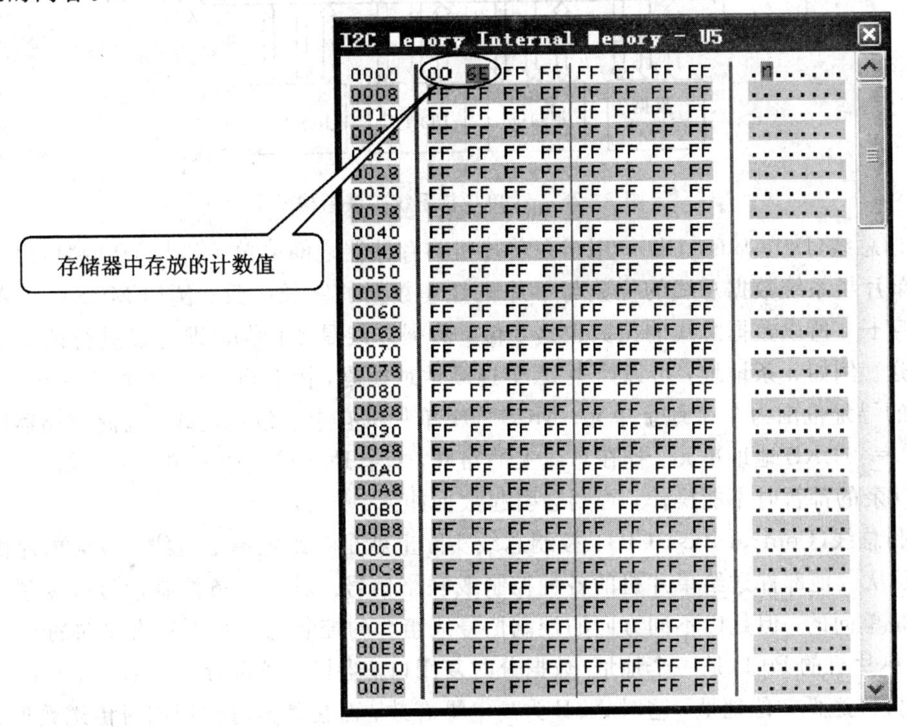


图 7－25　$I^2C$ 存储器内部存储单元观察窗口

# 7.4　项目拓展

## 7.4.1　数据存储器扩展

$I^2C$ 总线型存储器是采用串行的方式读/写数据。51 单片机的 P0 口和 P2 口的第二功能是作为扩展外部存储器的地址线来使用，这时可以扩展并行方式的程序存储器和数据存储器。一般我们会选择片内程序存储器较大的单片机型号，免去扩展外部程序存储器的麻烦。但是单片机内部数据存储器一般较小，51 单片机的数据存储器只有 128 B，当单片机用于实时数据采集系统时，需要处理的数据量较大，此时会出现片内数据存储器不够用的情况，需要扩展外部数据存储器。

51 单片机属总线结构型单片机，系统扩展通常采用总线结构形式。所谓总线，就是指连接系统中各扩展部件的一组公共信号线。单片机系统的扩展通常有：程序存储器扩展、数据存储器扩展、I/O 口扩展。

图 7－26 所示为以 51 单片机为核心的系统扩展结构。整个扩展系统以 8051 芯片为核心，通过三类总线把各扩展部件连接起来。

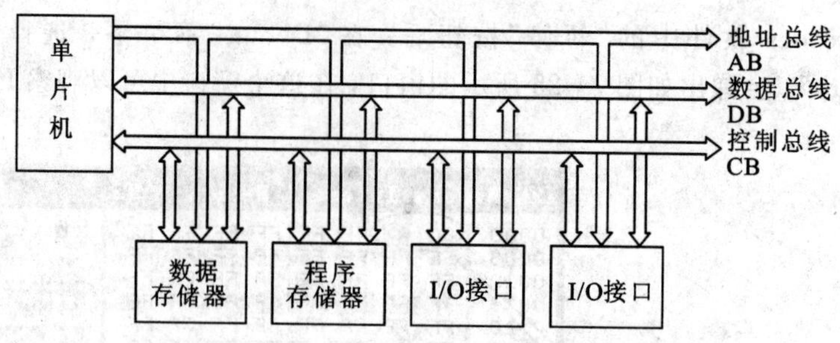


图 7-26　51 单片机系统扩展结构图

数据总线(Data Bus, DB)：用于在单片机与存储器之间或单片机与 I/O 端口之间传送数据。单片机系统数据总线的位数与单片机处理数据的字长一致。例如 MCS-51 单片机是 8 位字长，所以数据总线的位数也是 8 位。数据总线是双向的，即可以进行两个方向的数据传送。例如 $n$ 条地址，可以产生 $2^n$ 个连续地址编码，因此可访问 $2^n$ 个存储单元，即通常所说的寻址范围为 $2^n$ 个地址单元。MCS-51 单片机有十六位地址线，因此存储器展范围可达 $2^{16}=64$ KB 地址单元。挂在总线上的器件，只有地址被选中的单元才能与 CPU 交换数据，其余的都暂时不能操作，否则会引起数据冲突。

控制总线(Control Bus, CB)：控制总线实际上就是一组控制信号线，包括单片机发出的，以及从其他部件送给单片机的各种控制或联络信号。对于一条控制信号线来说，其传送方向是单向的，但是由不同方向的控制信号线组合的控制总线则表示为双向的。

51 单片机的 P0 口是一个地址/数据分时复用口。当扩展外部存储器时，在某些时钟周期，P0 口传送低 8 位地址，这时 ALE 为高电平有效；而在其他时钟周期时传送数据，这时 ALE 为无效的低电平。当需要访问外部存储器时，先从 P0 送出需要访问外部存储器单元的低 8 位地址，然后再从 P0 口送出数据，所以必须先将送出的地址信息锁存。利用 P0 口输出低八位地址和 ALE 同时有效的条件，即可用锁存器把低 8 位地址锁存下来。所以系统的低 8 位地址是从锁存器输出端送出的，而 P0 口本身则又可直接传送数据。高 8 位地址总线则是直接由 P2 口组成的。51 单片机与外部存储器的接口电路如图 7-27 所示。图 7-28为 51 单片机访问外部数据存储器时的时序。

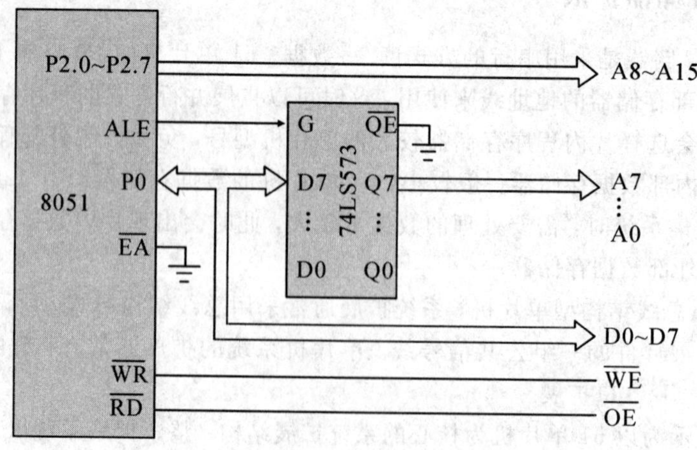


图 7-27　51 单片机与外部存储器的接口电路

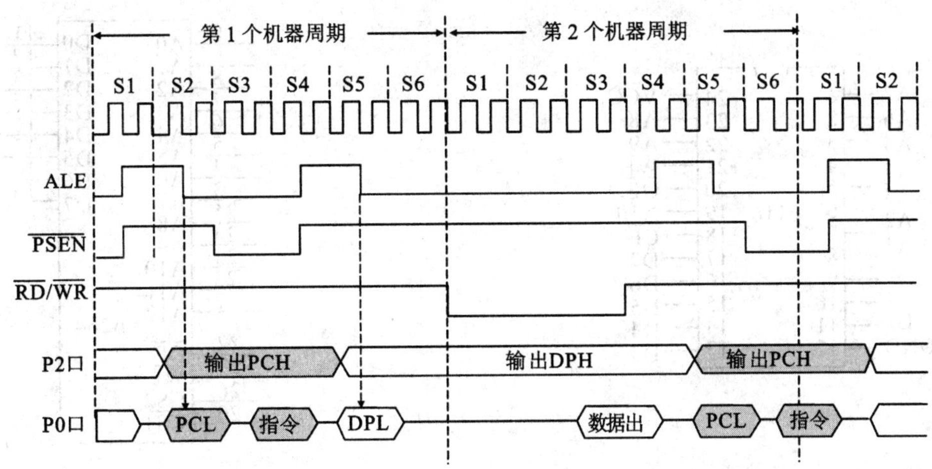


图 7-28　51 单片机访问外部数据存储器时序

CPU 从外部 RAM 读数据时，先将 P0 口输出的低 8 位地址信号在 ALE 有效时送至锁存器保存并输出，这样由 P2 口和锁存器共同输出 16 位地址信号，然后 RD 端输出读外部数据存储器有效低电平信号，选通外部 RAM，这样 CPU 就可通过 P0 口从数据总线上读入外部 RAM 指定单元送出的数据。CPU 对外部 RAM 进行写操作时，除用$\overline{\text{WR}}$信号取代$\overline{\text{RD}}$信号以外，其余工作时序与读操作相同。

## 7.4.2　常见数据存储器芯片扩展举例

数据存储器亦称随机存取存储器，简称 RAM，用于暂存各类数据。它的特点是在系统运行过程中，随时可进行读写两种操作；一旦掉电，原存入数据全部消失(成为随机数)。

RAM 按工作方式可分为静态(SRAM)和动态(DRAM)二种。对静态 RAM，只要电源供电，存在其中的信息就能可靠保存。而动态 RAM 需要周期性地刷新才能保存信息。动态 RAM 集成密度大、功耗低、价格便宜，但需要增加刷新电路。在单片机中多使用静态 RAM。

**1. 常见数据存储器芯片介绍**

目前广泛用于单片机系统扩展数据存储器的芯片主要有 INTEL 公司 62 系列 MOS 型静态随机存储器，具体芯片型号有 6116(2KB)、6264(8KB)、62128(16KB)、62256(32KB)、62512(64KB)等。

图 7-29 所示为几种存储器的引脚图，图中各引脚的功能如下：

(1) A0～A$i$：地址输入线；

(2) D0～D7：双向三态数据线；

(3) $\overline{\text{CE}}$：片选信号输入线，低电平有效；

(4) $\overline{\text{OE}}$：读选通输入线，低电平有效；

(5) $\overline{\text{WE}}$：写允许信号输入线，低电平有效；

(6) VCC：电源，+5V；

(7) GND：接地端。

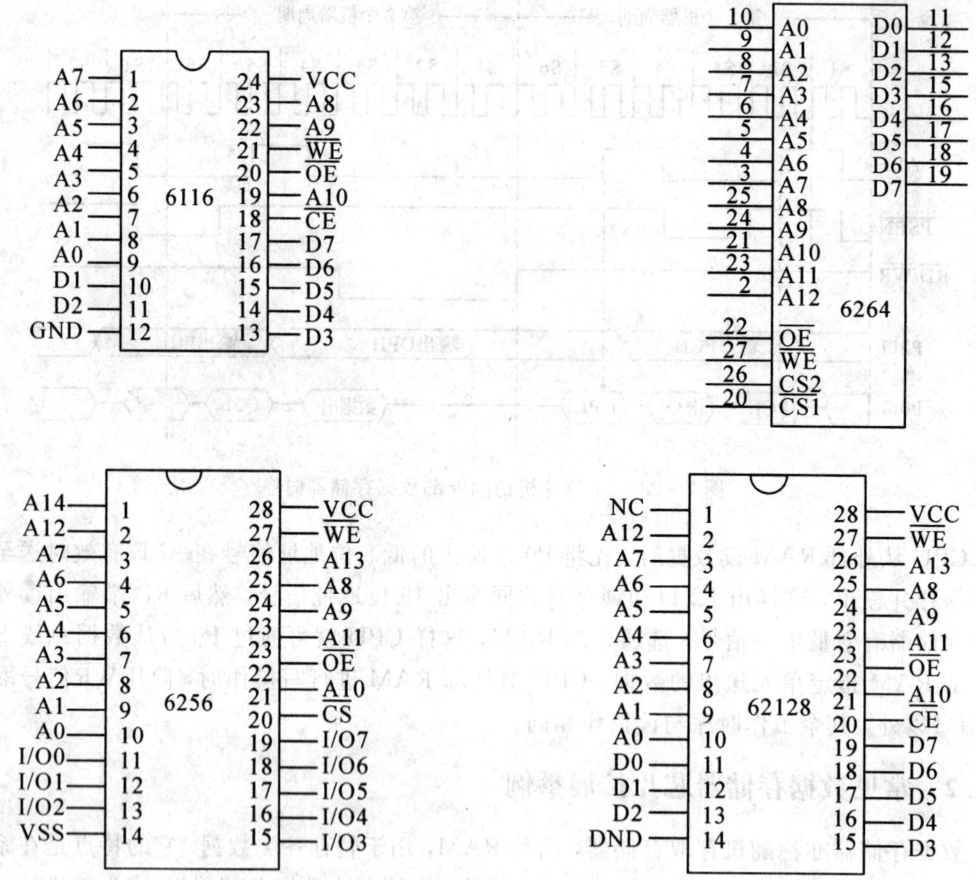


图 7－29　常见静态随机存储器引脚图

在进行数据存储器扩展时序要考虑以下三点：

(1) 依据系统容量，并考虑市场价格，选定合适的芯片。

(2) 确定所扩展存储器的地址范围，并依照选定芯片的引脚功能和排列图，将引脚接入单片机系统中。

(3) 所选 RAM 芯片工作速度匹配。

**2. 数据存储器与单片机的接口电路**

以 6264 为例，51 单片机与 6264 芯片的具体接口电路如图 7－30 所示。

51 单片机有 16 条地址线，最大可以扩展 64KB，地位范围为：0000H～FFFFH。但是不是每一片存储器的容量都有 64KB，也不是每次都需要扩展 64KB 的存储器。图 7－30 中，使用的 6264 存储器容量为 8KB，地址线条数为 13 条，由于 P2.7、P2.6、P2.5 引脚悬空，取 0 或 1 都可以，则地址范围为：×××0 0000 0000 0000～×××1 1111 1111 1111，具体来说地址范围可以是：0000H～1FFFH、2000H～3FFFH、4000H～5FFFH、…、8000H～FFFF 八种情况中的任何一种。也就是说当 P2 口和 P0 口送出地址码是 0000H 和 2000H 时，选中的是同一个存储单元，这就出现了同一存储单元具有多个地址的现象，即地址重叠。

解决地址重叠的办法是：通过译码电路（或门），使不参与寻址的其余地址线

P2.7.P2.6.P2.5=000 时，其输出才为 0，并接到片选信号端，此时各存储单元的地址唯一，这也称为全译码。

图 7-30 接口电路采用部分译码。

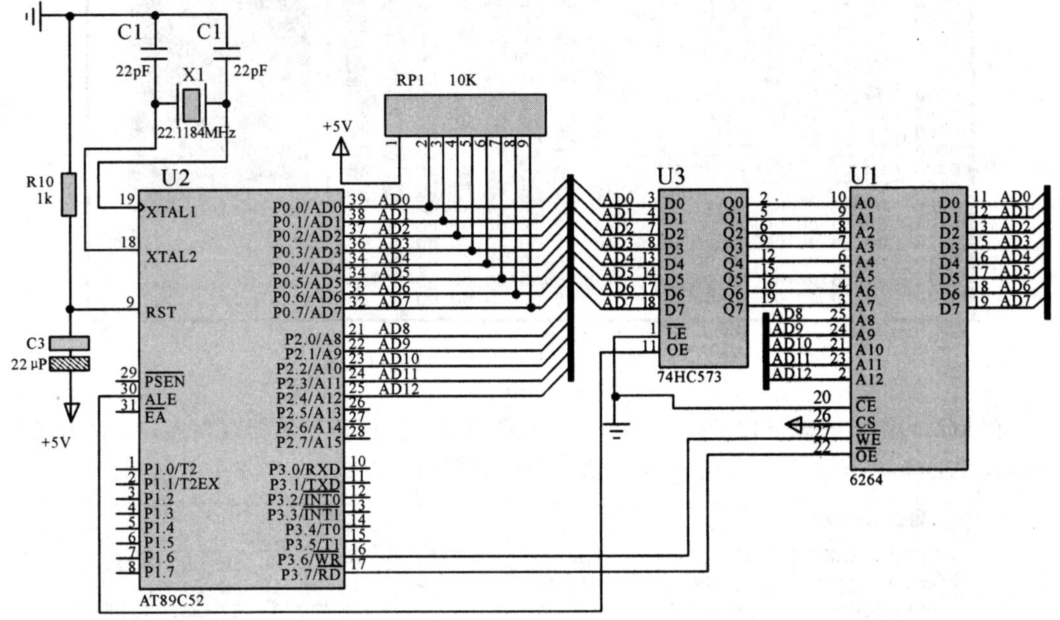


图 7-30　6264 与单片机接口电路

**当采用部分译码时，P2 口其余未接地址线的引脚，不能再作 I/O 口使用。**

以下程序是往地址为 0000H～00FFH 的单元中依次存入 00H～FFH 的数据。

```
# include "absacc.h"
void main(void)
{   unsigned int i;
  for(i=0;i<=0X00FF;i++)
    XBYTE[i]=i%256; //往地址为 i 的存储单元放入数据"i%256"数据
  while(1);
}
```

程序中的核心语句是："XBYTE[i]=i%256;"这条语句的作用是对外部存储器写数据，表示往地址为 i 的存储单元放入数据"i%256"数据。

XBYTE 是一个地址指针(可当成一个数组名或数组的首地址)，它在文件 absacc.h 中由系统定义，表示指向外部 RAM(包括 I/O 口)的存储单元。在头文件"absacc.h"中，有这样一条宏定义语句：

```
# define XBYTE ((unsigned char volatile xdata * ) 0)
```

其含义是定义 XBYTE 为　指向 xdata 地址空间 unsigned char 数据类型的指针，指针值为 0。这样，可以就直接用 XBYTE[0xnnnn]或 *(XBYTE+0xnnnn)访问外部 RAM 了。

图 7-31 是在 Proteus 软件里仿真运行后，在"Debug"菜单下点击"Memory Contents-U1"出现的窗口，可以看到地址为 0000H～00FFH 的单元中的数据依次为 00H～FFH。

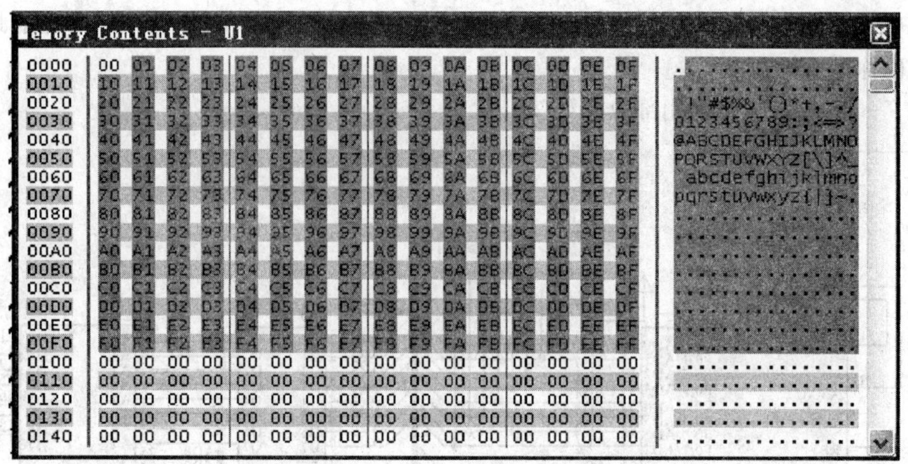


图 7－31　Proteus 环境下存储器窗口内容

在 keil 的调试状态下也可以观察外部存储器的内容，打开存储器观察窗口，在地址栏中输入“X：0000H”就会看到从 0000H 单元开始的存储器内容，如图 7－32 所示。

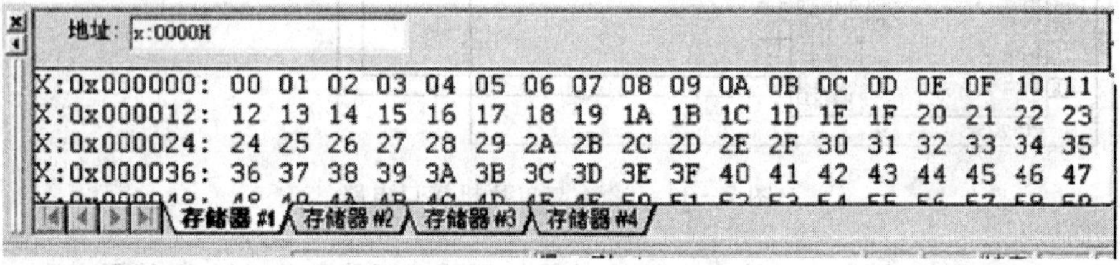

```
地址: x:0000H
X:0x000000: 00 01 02 03 04 05 06 07 08 09 0A 0B 0C 0D 0E 0F 10 11
X:0x000012: 12 13 14 15 16 17 18 19 1A 1B 1C 1D 1E 1F 20 21 22 23
X:0x000024: 24 25 26 27 28 29 2A 2B 2C 2D 2E 2F 30 31 32 33 34 35
X:0x000036: 36 37 38 39 3A 3B 3C 3D 3E 3F 40 41 42 43 44 45 46 47
存储器 #1  存储器 #2  存储器 #3  存储器 #4
```

图 7－32　keil 环境下存储器窗口

**在存储器窗口还可以观察内部 ROM 区、内部 RAM 区的内容，地址栏的具体输入如下：**

**c：0（ROM 存储器 CODE 区）；**

**d：0（内部 RAM 的 DATA 区，低 128 字节）；**

**i：0（内部 RAM 的 IDATA 区，全部 256 字节）；**

**x：0（外部 RAM 的 XDATA 区）。**

## 7.5 项目总结

本章主要通过“具有记忆功能计数器设计”介绍 51 单片机存储器的扩展。当 51 单片机外接 $I^2C$ 总线型器件时，应注意：

（1）51 单片机不具有硬件 $I^2C$ 总线控制单元，需要软件模拟 $I^2C$ 总线时序；

（2）$I^2C$ 总线协议对起始信号、终止信号、应答信号、非应答信号的时序有严格规定，软件模拟时需注意延时时间。

（3）当对 $I^2C$ 总线型存储器进行读/写时，要严格按照 $I^2C$ 总线的传输协议。

当 51 单片机扩展并行外部 RAM 时，在硬件接口电路方面，应注意扩展后存储器的编址范围。

# 习　题

1. 什么是 $I^2C$ 总线？它有什么特点？

2. $I^2C$ 总线中有几种类型的信号？

3. $I^2C$ 总线的从器件地址有几位？

4. 51 单片机是如何做到 P0 地址线和数据线复用的？

5. 51 单片机外部 RAM 的寻址范围是多少？

6. 什么是全译码和部分译码？

7. 设 51 单片机扩展外部 RAM，使用 62256 芯片，请画出采用部分译码和全译码的接口电路，并写出两种方式下的寻址范围。

# 附录　本书中使用的实验板中的各模块原理图

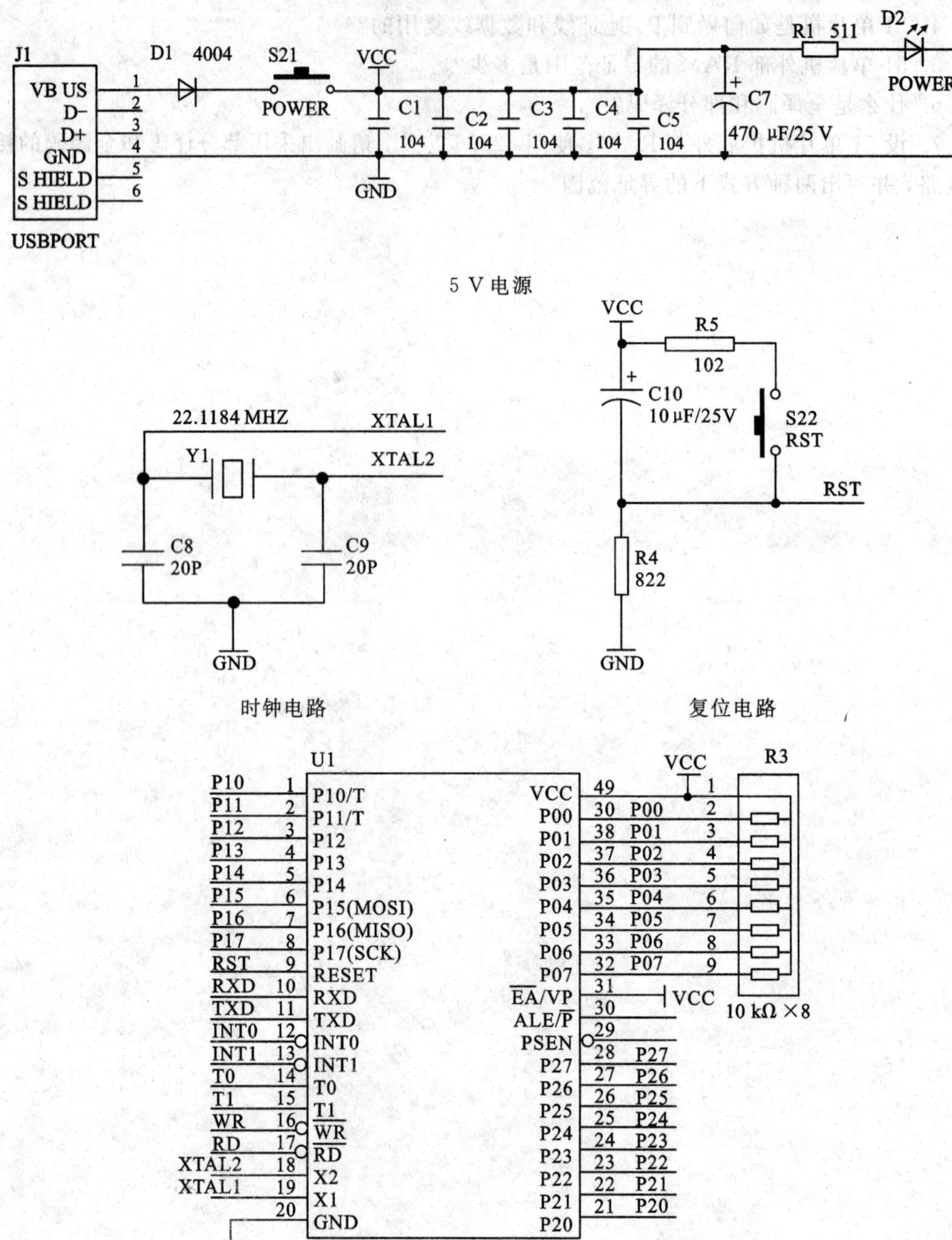


5 V电源

时钟电路

复位电路

微型单片机

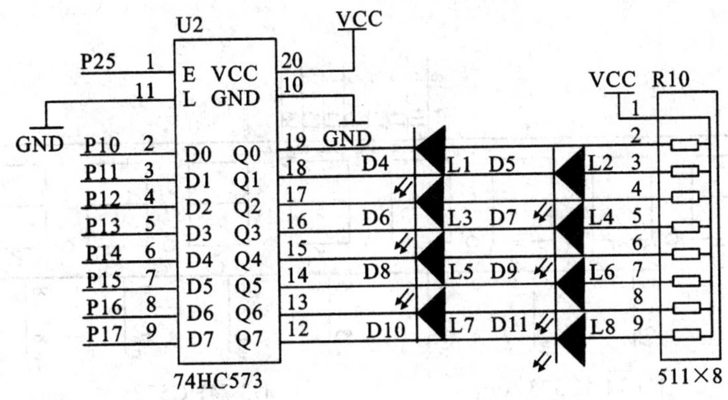


流水灯

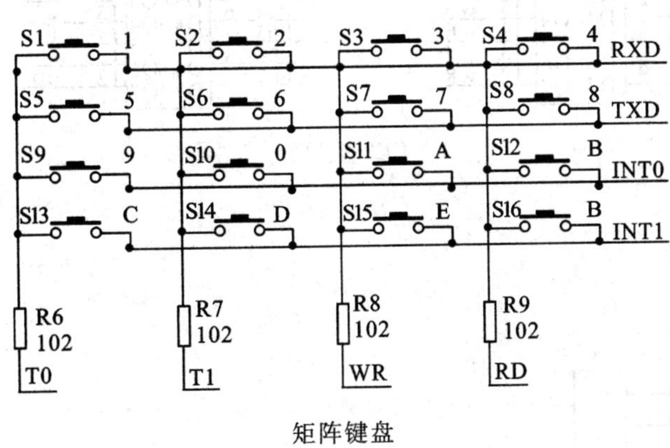


矩阵键盘

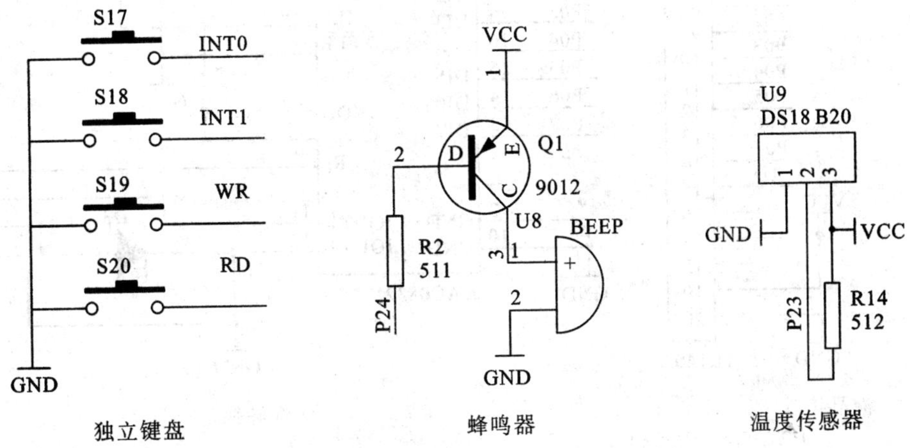


独立键盘　　蜂鸣器　　温度传感器

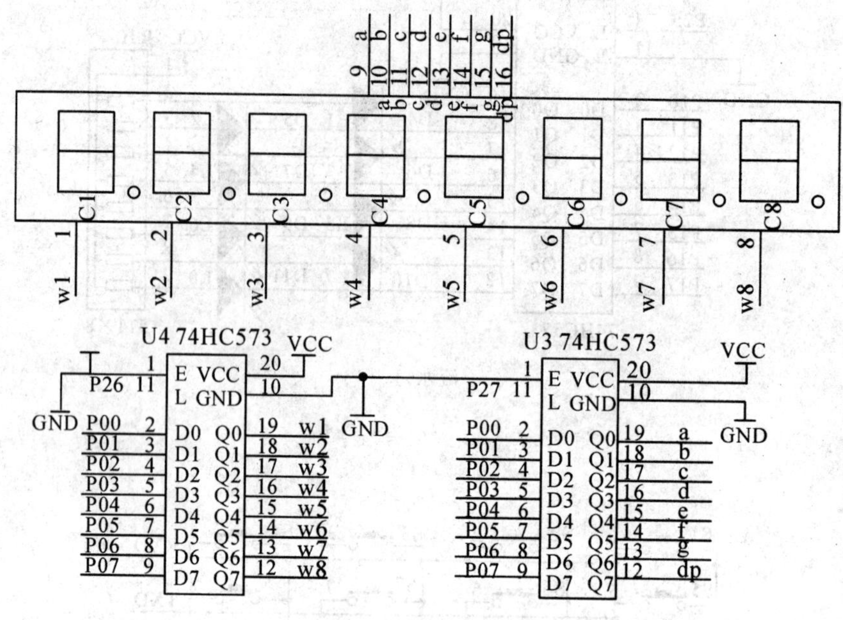


LED 数码管

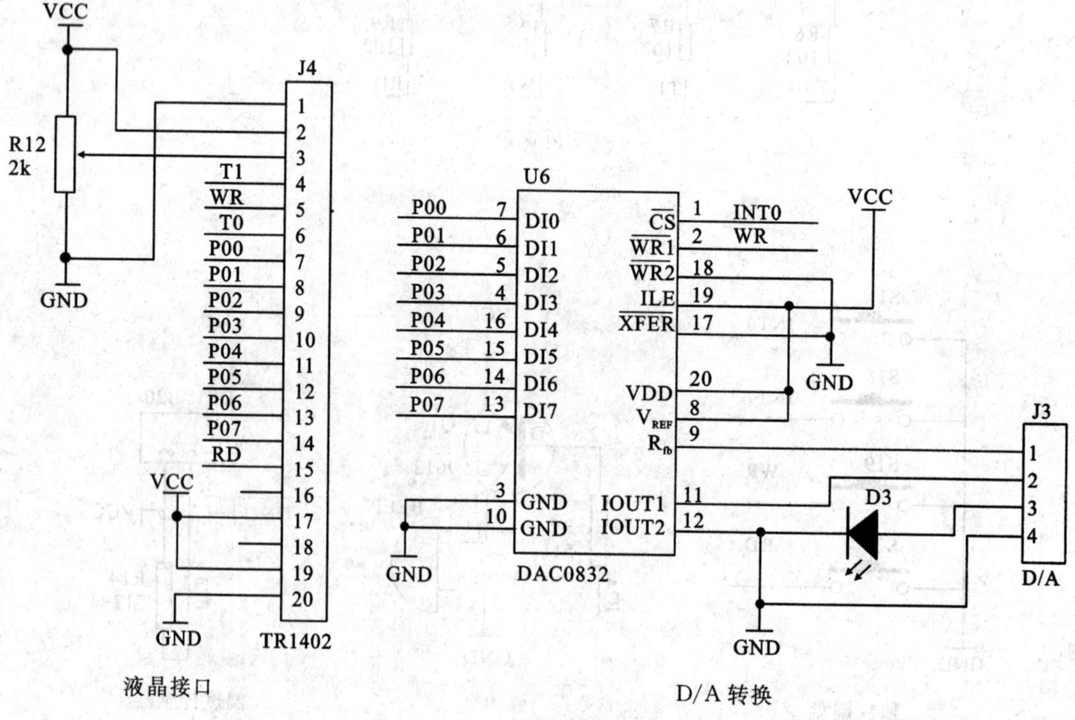


液晶接口　　　　　　　　　　　　D/A 转换

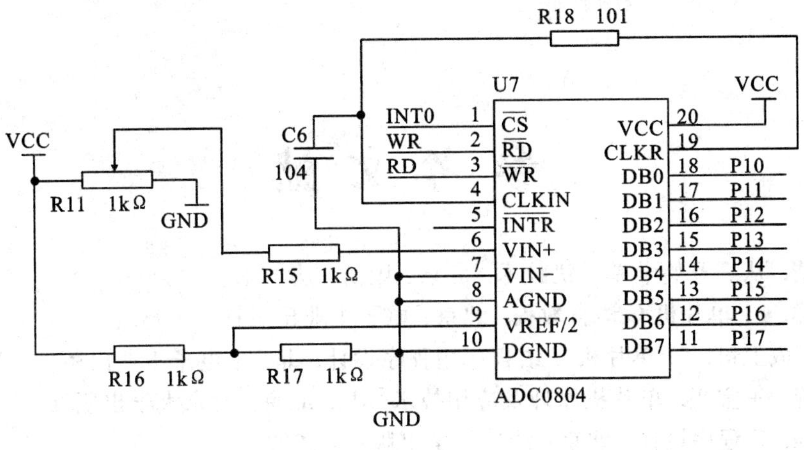


A/D 转换

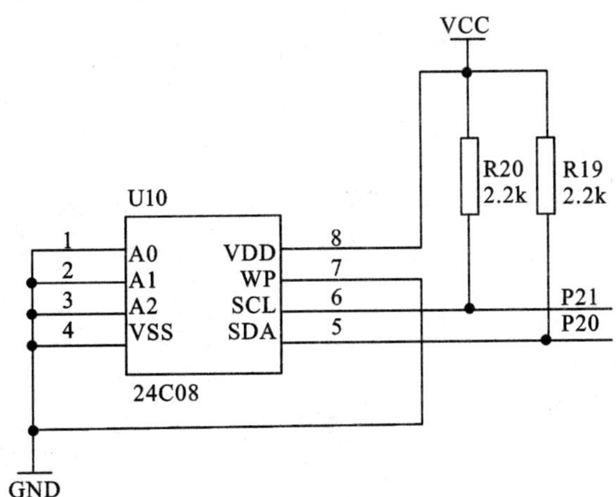


EEPROM 存储

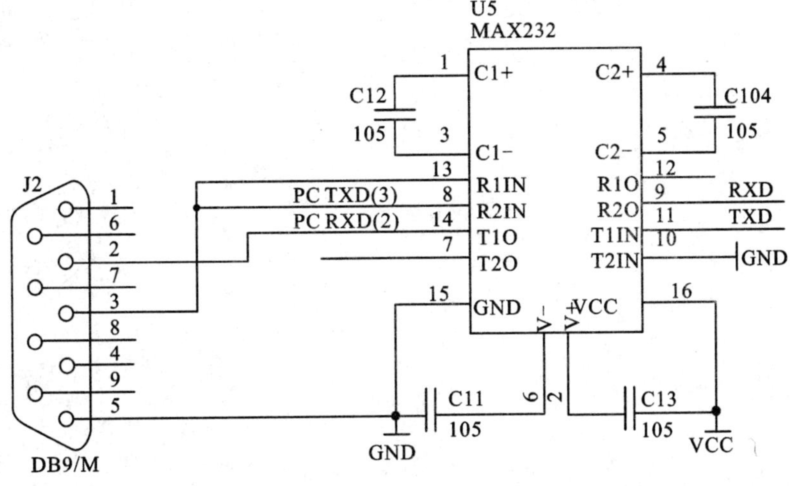


串行通信

# 参 考 文 献

[1] 刘建清. 从零开始学单片机技术. 北京：国防工业出版社，2006.
[2] 郭天祥. 51 单片机 C 语言教程. 北京：电子工业出版社，2008.
[3] 戴佳，戴卫恒. 51 单片机 C 语言应用程序设计. 北京：电子工业出版社，2006.
[4] 魏立峰，王宝兴. 单片机原理及应用技术[M]. 北京：北京大学出版社，2006.
[5] 谭浩强. C 程序设计. 北京：清华大学出版社，1997.
[6] 宏晶科技. STC Microcontroller Handbook. 2007.